高等职业教育自动化类专业课程改革创新教材

S7-1200 PLC 编程与调试项目化教程

主　编　张安洁　应再恩
副主编　孙凌杰　黄　鹏　林景山

北京理工大学出版社
BEIJING INSTITUTE OF TECHNOLOGY PRESS

内容简介

本书从工学结合的教学要求出发,结合企业工控项目的实际技术需要,以项目导向任务驱动的方式组织教材。全书分为九个学习模块,内容涵盖 S7-1200 的认识,博途软件的使用,位逻辑指令、定时器/计数器指令、功能指令的编程与调试,函数块与组织块的编程与调试,数字量控制系统和 S7-1200 的编程与调试,PLC 在运动控制系统中的应用。在每个学习模块后面都有配套练习,以便于使用者进一步学习和提高。

本书可作为高职高专院校机电、电气相关专业的教材,也可以作为工程技术人员学习 PLC 的参考书。

版权专有　侵权必究

图书在版编目(CIP)数据

S7-1200 PLC 编程与调试项目化教程／张安洁,应再恩主编 .—北京:北京理工大学出版社,2020.6(2022.12重印)

ISBN 978-7-5682-8551-3

Ⅰ.①S… Ⅱ.①张… ②应… Ⅲ.①PLC 技术-程序设计-教材 Ⅳ.①TM571.61

中国版本图书馆 CIP 数据核字(2020)第 096675 号

出版发行 /	北京理工大学出版社有限责任公司
社　　址 /	北京市海淀区中关村南大街 5 号
邮　　编 /	100081
电　　话 /	(010)68914775(总编室)
	(010)82562903(教材售后服务热线)
	(010)68944723(其他图书服务热线)
网　　址 /	http://www.bitpress.com.cn
经　　销 /	全国各地新华书店
印　　刷 /	唐山富达印务有限公司
开　　本 /	787 毫米×1092 毫米　1/16
印　　张 /	19
字　　数 /	448 千字
版　　次 /	2020 年 6 月第 1 版　2022 年 12 月第 4 次印刷
定　　价 /	53.00 元

责任编辑／张鑫星
文案编辑／张鑫星
责任校对／周瑞红
责任印制／施胜娟

图书出现印装质量问题,请拨打售后服务热线,本社负责调换

在工业飞速发展的新时代，产品更新换代频繁，以可编程控制器（PLC）为核心的新型控制器在电气控制系统中不仅逐步取代了传统的继电器、接触器控制系统，而且PLC的产品更新换代也很频繁，PLC技术在各个行业得到了广泛应用。它具有各种工业自动化控制所必需的高可靠性、配置可扩展的灵活性等特点，且具有易于编程、使用维护方便等优点。它代表着控制技术的发展方向，被称为现代工业自动化的三大支柱之一。本书选用的是西门子S7-1200 PLC，该型号PLC在工控市场上拥有很高的占有率。它是西门子公司较新推出的面向自动化系统的一款小型控制器，采用模块化设计并具备强大的工艺功能，可满足不同场合的自动化需求。

本书体现项目导向、任务驱动的教学理念，并根据企业对机电、电气类人才技能结构的需求，进行教材更新以便适应行业的发展和新产品与技术的要求。与当前高职高专同类教材相比，本书具有以下特点：

（1）本书结合编者多年的教学和实践经验，并通过走访企业，充分了解行业对本课程的知识和技能要求，确定了学习PLC编程与调试的相关知识与项目，让课程学习能更好地满足企业实际的技术需要，也体现了高职院校对培养专业技能型人才的需求。

（2）本书采用项目化的教学模式进行编写，把涉及的知识贯穿到各个模块的任务中，任务内容较丰富和全面，且具有很强的可操作性和典型性，有助于培养学生的PLC编程能力。

（3）与教材配套的PLC是市场上应用广泛且是新型号的产品，体现了PLC产品的新技术，教材不仅采纳了传统的PLC应用案例，还加入了触摸屏、变频器、伺服驱动等常用PLC配套工控产品的应用，与企业的实际项目联系更紧密。

本书由台州职业技术学院张安洁、应再恩老师担任主编，台州职业技术学院孙凌杰、林景山老师、台州技师学院黄鹏老师担任副主编，另外在编写的过程中得到了台州职业技术学院机电一体化、电气自动化专业教师的支持和帮助，在此表示感谢。

由于编者水平有限，书中难免有错漏及疏忽之处，恳请广大读者批评指正。

编　者

- ▶ 模块1　认识 S7-1200 PLC ……………………………………………………… 1
  - 1.1　PLC 概述 ……………………………………………………………………… 1
  - 1.2　S7-1200 PLC 产品及硬件结构 ……………………………………………… 6
  - 1.3　S7-1200 PLC 的安装与接线 ………………………………………………… 11
  - 1.4　S7-1200 的编程语言 ………………………………………………………… 14
  - 1.5　S7-1200 的工作原理与程序结构 …………………………………………… 15

- ▶ 模块2　TIA 博途软件的使用 …………………………………………………… 22
  - 2.1　TIA 博途软件的特点与安装 ………………………………………………… 22
  - 2.2　TIA 博途软件界面的认识 …………………………………………………… 25
  - 2.3　项目的组态、仿真与调试 …………………………………………………… 29

- ▶ 模块3　位逻辑指令的编程与调试 ……………………………………………… 50
  - 3.1　指示灯的亮灭控制 …………………………………………………………… 50
  - 3.2　三相异步电机的正反转控制 ………………………………………………… 61
  - 3.3　三相异步电机的顺序启停控制 ……………………………………………… 70
  - 3.4　单按钮启停控制 ……………………………………………………………… 72
  - 3.5　故障信号显示控制 …………………………………………………………… 73

- ▶ 模块4　定时器/计数器指令的编程与调试 …………………………………… 76
  - 4.1　指示灯的延时循环控制 ……………………………………………………… 76
  - 4.2　三相电机 Y-△降压启动控制 ……………………………………………… 84
  - 4.3　运料小车自动往返控制 ……………………………………………………… 87
  - 4.4　电机计数循环正反转控制 …………………………………………………… 90
  - 4.5　十字路口交通灯控制 ………………………………………………………… 95

- ▶ 模块5　功能指令的编程与调试 ………………………………………………… 100
  - 5.1　开关灯次数比较控制 ………………………………………………………… 100
  - 5.2　十字路口交通灯控制（比较指令） ………………………………………… 103
  - 5.3　四人抢答器的设计 …………………………………………………………… 106
  - 5.4　摄氏温度转华氏温度 ………………………………………………………… 112

5.5 流水灯显示控制 …………………………………………………………… 117
5.6 LED 数码管显示控制 ……………………………………………………… 120
5.7 拓展知识 …………………………………………………………………… 125

▶ **模块 6 函数块与组织块的编程与调试** ………………………………………… 129

6.1 基于 FC 的两台电机启停控制 …………………………………………… 129
6.2 拓展任务：基于 FC 的两台电机 Y-△降压启动控制 …………………… 135
6.3 基于 FB 的三台电机 Y-△降压启动控制 ………………………………… 138
6.4 拓展任务：基于多重背景的三台电机 Y-△降压启动控制 ……………… 146
6.5 两台电机启停及制动控制 ………………………………………………… 149
6.6 电机断续运行的 PLC 控制 ………………………………………………… 152
6.7 电机定时启停的 PLC 控制 ………………………………………………… 160
6.8 拓展知识 …………………………………………………………………… 171

▶ **模块 7 数字量控制系统的编程与调试** ………………………………………… 178

7.1 自动开关门控制 …………………………………………………………… 178
7.2 Z3040 摇臂钻床控制系统设计 …………………………………………… 182
7.3 机械手的 PLC 控制 ………………………………………………………… 190
7.4 多种工作方式的机械手控制 ……………………………………………… 204
7.5 拓展知识 …………………………………………………………………… 211

▶ **模块 8 S7-1200 通信的编程与调试** …………………………………………… 214

8.1 两台电机的异地启停控制 ………………………………………………… 214
8.2 两台电机的正反向运行控制 ……………………………………………… 227
8.3 拓展知识 …………………………………………………………………… 231

▶ **模块 9 PLC 在运动控制系统中的应用** ………………………………………… 236

9.1 液体搅拌机的 PLC 控制 …………………………………………………… 236
9.2 机床主轴电机的转速控制 ………………………………………………… 247
9.3 PID 控制的应用 …………………………………………………………… 259
9.4 PWM 脉冲与高速计数器的应用 …………………………………………… 266
9.5 物料送仓控制系统的设计 ………………………………………………… 276

▶ **参考文献** ………………………………………………………………………… 296

模块 1 认识 S7-1200 PLC

1.1 PLC 概述

1.1.1 PLC 的产生与定义

1. PLC 的产生

传统的继电器—接触器控制系统存在设备体积大、调试维护工作量大、通用性及灵活性差、可靠性低、功能简单等缺点。1968 年，美国通用汽车制造公司为了解决传统控制普遍存在的问题，设想把计算机的完备功能、灵活及通用的优点与传统继电器—接触器控制系统相结合，制成一种适用于工业环境的通用控制装置，并把计算机的编程方法和程序输入方式简化，使不熟悉计算机的人也能很快掌握它的应用。

1969 年，美国数字设备公司（DEC）研制成功第一台 PLC，应用于美国通用汽车自动装配生产线上，取得了极大的成功。此后，这项研究技术迅速发展，从美国、日本、欧洲普及全世界。这种新型工业控制装置可以通过编程改变控制方案，且专门用于逻辑控制，所以人们称这种新型工业控制装置为可编程逻辑控制器（Programmable Logic Controller，PLC）。随着科技的发展，此控制器已远远超出逻辑控制功能，应称之为可编程序控制器 PC，但为了与个人计算机 PC 区别，因此其名字仍简称为 PLC。

2. 可编程控制器（PLC）的定义

国际电工委员会（IEC）对 PLC 的定义是：可编程控制器是一种数字运算操作的电子系统，专为在工业环境下应用而设计。它采用可编程序的存储器，用来存储执行逻辑运算、顺序控制、定时、计数和算术运算等操作的指令，并通过数字式或模拟式的输入和输出，控制各种类型的机械或生产过程。可编程控制器及其有关外围设备，都应按易于与工业控制系统连成一个整体、易于扩充其功能的原则设计。

1.1.2 PLC 的特点与应用

1. PLC 的特点

(1) 可靠性高、抗干扰能力强。

高可靠性是电气控制设备的关键性能。为了适应恶劣的工业环境，PLC 生产厂家在软硬件方面采用了多种措施提高其可靠性。硬件方面，PLC 利用现代大规模集成电路技术，采用严格的生产工艺制造，内部电路采取了先进的抗干扰技术，可靠性大大提高。从 PLC 的机外电路来说，使用 PLC 构成控制系统，和同等规模的继电接触器控制系统相比，电气接线及开关接点已减少到数百分之一甚至数千分之一，故障也就大大降低。为了增强可靠性，有的 PLC 采用了双 CPU，可靠性提高了一倍。此外，PLC 带有硬件故障自我检测功能，出现故障时可及时发出警报信息。在应用软件中，应用者还可以编入外围器件的故障自诊断程序，使系统中除 PLC 以外的电路及设备也获得故障自诊断保护。

(2) 易学易用，深受工程技术人员欢迎。

PLC 作为通用工业控制计算机，它的编程语言易于为工程技术人员所接受。梯形图语言的图形符号与表达方式和继电器电路图相当接近，只用 PLC 的少量开关量逻辑控制指令就可以方便地实现继电器电路的功能，为不熟悉电子电路、不懂计算机原理和汇编语言的人使用计算机从事工业控制打开了方便之门。

(3) 系统设计周期短，维护方便，改造容易。

PLC 用存储逻辑代替接线逻辑，大大减少了控制设备外部的接线，在外部设备安装的同时，进行实验室系统的开发，使控制系统设计及建造的周期大大缩短，同时维护也变得容易起来。更重要的是，使同一设备通过改变程序来改变生产过程成为可能。这很适合多品种、小批量的生产场合。

(4) 配套齐全，功能完善，适用性强。

PLC 发展到今天，已经形成了大、中、小各种规模的系列化产品，可以用于各种规模的工业控制场合。除了逻辑处理功能以外，现代 PLC 大多具有完善的数据运算能力，可用于各种数字控制领域。近年来 PLC 的功能单元大量涌现，使 PLC 渗透到了位置控制、温度控制、CNC 等各种工业控制中，加上 PLC 通信能力的增强及人机界面技术的发展，使用 PLC 组成各种控制系统变得非常容易。

(5) 体积小、质量轻，能耗低。

以超小型 PLC 为例，新近出产的产品底部尺寸小于 100 mm，质量小于 150 g，功耗仅数瓦。由于体积小很容易装入机械内部，是实现机电一体化的理想控制设备。

2. PLC 的应用

目前，PLC 已广泛应用于钢铁、石油、化工、电力、建材、机械制造、汽车、轻纺、交通运输、环保及文化娱乐等各个行业，使用情况大致可归纳为如下几类：

(1) 开关量的逻辑控制。

开关量的逻辑控制是 PLC 最基本、最广泛的应用领域，可用它取代传统的继电器控制电路，实现逻辑控制、顺序控制，既可用于单台设备的控制，又可用于多机群控制及自动化流水线。

(2) 模拟量控制。

在工业生产过程中，为了使可编程控制器能处理如温度、压力、流量、液位和速度等模拟量信号，PLC 厂家都有配套的 A/D、D/A 转换模块用于模拟量控制。

(3) 运动控制。

PLC 可以用于圆周运动或直线运动的控制。各主要 PLC 厂家几乎都有运动控制功能专用模块，如可驱动步进电机或伺服电机的单轴或多轴位置控制模块，广泛地用于各种机械、机床、机器人、电梯等场合。

(4) 过程控制。

过程控制是指对温度、压力、流量等模拟量的闭环控制。PLC 能编制各种各样的控制算法程序，完成闭环控制。如 PID 调节就是一般闭环控制系统中常用的调节方法。PID 处理一般是运行专用的 PID 子程序。过程控制在冶金、化工、热处理、锅炉控制等场合有非常广泛的应用。

(5) 数据处理。

现代 PLC 具有数学运算（含矩阵运算、逻辑运算）、数据传送、数据转换、排序、查表、位操作等功能，可以完成数据的采集、分析及处理。这些数据可以与存储器中的参考值比较，完成一定的控制操作，也可以利用通信功能传送到别的智能装置，或将它们打印制表。数据处理一般用于大型控制系统，如无人控制的柔性制造系统；也可用于过程控制系统，如造纸、冶金、食品工业中的一些大型控制系统。

(6) 通信及联网。

PLC 通信包含 PLC 之间的通信以及 PLC 与其他智能设备间的通信。随着计算机控制的发展，工厂自动化网络发展将会加快，各 PLC 厂商都十分重视 PLC 的通信功能，纷纷推出各自的网络系统。最新生产的 PLC 都具有通信接口，实现通信非常方便。

1.1.3 PLC 的分类与发展

1. PLC 的分类

PLC 的形式有多种，功能也不尽相同，对 PLC 进行分类时一般按照以下原则分类：

(1) 按硬件结构形式分类。根据硬件结构形式的不同，可大致将 PLC 分为整体式和模块式。整体式 PLC 将电源、CPU、存储器、I/O 系统都集中在一个小箱体内，小型 PLC 多为整体式 PLC。模块式 PLC 按功能分成若干模块，如电源模块、CPU 模块、输入/输出模块等，再根据系统要求，组合不同的模块，形成不同用途的 PLC 系统，中、大型的 PLC 多为模块式 PLC。

(2) 按 I/O 点数分类。根据 PLC 的 I/O 点数的多少，可将 PLC 分为小型机、中型机和大型机三类。小型 PLC 的输入/输出点数在 256 点以下，适合于单机控制或小型系统的控制；中型 PLC 的输入/输出点数为 256～2 048 个点，控制功能比较丰富，它适合中型或大型控制系统；大型 PLC 的输入/输出点数在 2 048 点以上，不仅能完成较复杂的算术运算，还能进行复杂的矩阵运算，可用于对设备进行直接控制，还可以对多个下一级的可编程序控制器进行监控。

(3) 按功能分类。根据 PLC 的功能强弱不同，可将 PLC 分为低档、中档、高档三类。

2. PLC 的发展

PLC 自问世以来，经过几十年的快速发展，其功能越来越强大，应用范围也越来越广泛，现已形成了完整的产品系列，强大的软、硬件功能已接近或达到计算机功能。PLC 产品在工业控制领域中无处不见，并扩展到楼宇自动化、家庭自动化、商业、公共事业、测试设备和农业等领域。

目前，PLC 控制系统主要朝着两个方向发展：一是向小型化、微型化方向发展；二是向大型化、网络化、高性能、多功能、智能化方向发展，实现大规模、复杂系统的数据共享和综合控制。PLC 已成为当前工业自动化领域使用量最多的控制设备，PLC 和机器人、CAD/CAM 被称为工业自动化三大支柱，并跃居这三大支柱的首位。

1.1.4 PLC 的组成及主要产品

1. PLC 的组成

PLC 系统包括硬件系统和软件系统。PLC 的硬件系统与计算机控制系统的组成十分相似，也具有中央处理器（CPU）、输入/输出（I/O）接口、电源、存储器、编程器、通信及扩展接口，如图 1-1 所示。

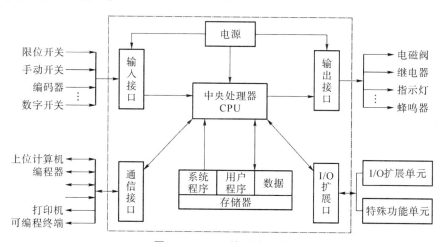

图 1-1 PLC 的硬件系统

1) 中央处理器 CPU

中央处理器 CPU 是系统运算、控制的中心。作为 PLC 的核心，CPU 的功能主要包括以下几个方面：CPU 接收从编程器或计算机输入的程序和数据，并送入用户程序存储器中存储；监视电源、PLC 内部各个单元电路的工作状态；诊断编程过程中的语法错误，对用户程序进行编译；在 PLC 进入运行状态后，从用户程序存储器中逐条读取指令，并分析、执行该指令；采集由现场输入装置送来的数据，并存入指定的寄存器中；按程序进行处理，根据运算结果，更新有关标志位的状态和输出状态或数据寄存器的内容；根据输出状态或数据寄存器的有关内容，将结果送到输出接口；响应中断和各种外围设备（如编程器、打印机等）的任务处理请求。

2）存储器

存储器是可编程控制器存放系统程序、用户程序及运算数据的单元，分为系统程序存储器、用户程序存储器和数据存储器。系统程序存储器用来存放由 PLC 生产厂家编写的系统程序，并固化在 ROM 中，用户不能更改。系统程序由三部分组成：系统管理程序、用户指令解释程序和标准程序模块及系统调用。用户程序存储器专门提供给用户存放程序和数据。数据存储器中存放用户程序中所使用器件的状态和数值等。PLC 产品手册中给出的"存储器类型"和"程序容量"是针对用户程序存储器而言的。

PLC 使用的存储器类型：

（1）随机存取存储器（RAM）：可读可写，易失性，工作速度高，价格便宜，改写方便，存放运行时的用户程序和数据。

（2）只读存储器（ROM）：只读不能写，非易失性的，保存系统程序。

（3）可电擦除可编程的只读存储器（EEPROM）：非易失性的，可读可写，用来保存用户程序和需长期保存的重要数据。

3）输入/输出模块

PLC 的输入/输出模块是联系外部现场设备和 CPU 的桥梁。数字量输入模块作用是接收各种外部控制信号，如按钮、选择开关、数字拨码开关、接近开关、光电开关、限位开关、压力继电器等送来的开关量输入信号。模拟量输入模块用来接收电位器、测速发电机、各种传感器提供的连续变化的模拟量电压、电流信号或者直接接收热电阻、热电偶提供的温度信号。输出模块的作用是根据 PLC 运算结果驱动外部执行机构。数字量输出模块用来控制接触器、电磁铁、指示灯、电磁阀、数字显示装置、报警装置等输出设备。模拟量输出模块的作用是把现场连续变化的模拟量标准电压或电流信号转换成适合可编程控制器内部处理的二进制数字信号，用来控制调节阀、变频器等执行装置。

4）电源模块

PLC 的电源模块将交流电源转换成供 CPU、存储器、输入输出模块等所需的直流电源，是整个 PLC 的能源供给中心。PLC 一般使用 AC 220 V 电源或 DC 24 V 电源。内部的开关电源为各模块提供不同电压等级的直流电源。小型 PLC 可以为输入电路和外部的电子传感器提供 DC 24 V 电源，驱动 PLC 负载的直流电源一般由用户提供。

5）编程器

编程器是 PLC 的重要组成部分，可将用户编写的程序写到 PLC 的用户程序存储区。因此，它的主要任务是输入、修改和调试程序，并可监视程序的执行过程。编程器分为电脑编程器和简易编程器。

6）通信及扩展接口

通信接口是 PLC 与网络、编程器、计算机及其他设备进行数据交换的接口。扩展接口用来增加 PLC 的功能模块。

PLC 的软件系统是指 PLC 工作所使用的各种程序的集合，它包括系统软件和应用软件两大部分。系统软件决定了 PLC 的基本功能，应用软件则规定了 PLC 的具体工作。

2. PLC 的主要产品

目前，全球 PLC 产品生产厂家有 200 多家，比较著名的有美国的 AB、通用（GE）；日本的三菱（MITSBISHI）、欧姆龙（OMRON）、富士电机（FUJI）、松下电工；德国的西门子（SIEMENS）；法国的 TE（Telemecanique）、施耐德（SCHNEIDER）；韩国的三星（SUMSUNG）与 LG 等。

我国 PLC 产品研制、生产和应用发展也很快。20 世纪 70 年代末和 80 年代初，我国引进了不少国外的 PLC 成套设备。此后，在传统设备改造和新设备设计中，PLC 的应用逐年增多，并取得显著的经济效益。我国从 20 世纪 90 年代开始生产 PLC，也拥有较多的 PLC，如台湾永宏、台达、深圳汇川、无锡信捷等。目前市场占有率最高的 PLC 生产厂家主要有日本三菱、德国西门子。

1.2 S7–1200 PLC 产品及硬件结构

1.2.1 S7–1200 PLC 产品

西门子 S7 系列 PLC 产品目前有 S7–200、S7–200 smart、S7–1200、S7–300、S7–400、S7–1500 等。原产品系列包括 S7–200、S7–200 smart、S7–300、S7–400，其中 S7–200、S7–200 smart 产品为小型 PLC，采用 STEP7–Micro/Win 软件编程；S7–300 和 S7–400 为中、大型 PLC，采用 STEP7 编程软件，需进行设备组态。

S7–1200 适用于中、小型控制系统的集成及应用，而 S7–1500 则应用于中、高端控制系统，适合较复杂的控制。S7 系列中，除 S7–200 外，S7–1200、S7–300、S7–400、S7–1500 的 PLC 都可在 TIA Portal 软件中进行项目的开发、编程、集成和仿真，可以在同一个开发环境下组态开发 PLC、人机界面（WinCC）和驱动系统等，并可通过仿真软件（S7–PLCSIM）进行项目的离线仿真、监控和调试。

本书采用的 PLC 型号为西门子新一代并广泛应用的 S7–1200 PLC。S7–1200 产品定位小型 PLC，与 S7–200 相比，在现场安装、接线、编程方式的灵活性方面，以及通信功能、系统诊断和柔性控制方面都有显著的提高和创新，更适合中、小型项目的开发与应用。它的硬件结构由紧凑模块化结构组成，系统 I/O 点数、内存容量均比 S7–200 多出 30%，能更好地满足市场针对小型 PLC 的需求。S7–1200 PLC 的主要特性可归纳为以下几点：模块紧凑；控制功能强大；编程资源丰富、通信方式多样灵活；开发环境高效。

1.2.2 S7–1200 PLC 的硬件结构

S7–1200 PLC 主要由 CPU、信号板、信号模块、通信模块和编程软件组成，各种模块安装在标准 DIN 导轨上。S7–1200 PLC 的硬件组成具有高度的灵活性，用户可以根据自身需求确定 PLC 的结构，系统扩展很方便。

1. CPU 模块

S7–1200 PLC 的 CPU 模块如图 1–2 所示。它将微处理器、电源、数字量输入输出电路、模拟量输入输出电路、PROFINET 以太网接口、高速运动控制功能组合到一个设计紧凑的外壳中。每块 CPU 内可以安装一块信号板，安装以后不会改变 CPU 的外形和体积。

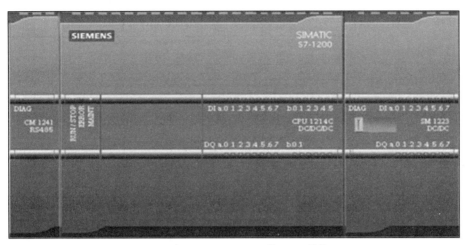

图 1-2　S7-1200 PLC 的 CPU 模块

CPU 不断地采集输入信号，执行用户程序，刷新系统的输出，并负责系统程序的调度、管理、运行和 PLC 的自诊断。与之前的西门子 S7-200 系列 CPU 模块相比，最大的区别在于它配置了以太网接口，并可以采用一根标准网线与安装有 STEP 7 Basic 或 TIA Portal 软件的 PC 进行通信。S7-1200 集成的 PROFINET 接口除用于计算机通信外，还可与 HMI（人机界面）、其他 PLC 或其他设备通信。此外它还通过开放的以太网协议支持与第三方设备的通信。

S7-1200 PLC 的外部结构如图 1-3 所示。S7-1200 CPU 带有集成电源（24 V 电源接口）和集成输入与输出，无须附加组件，随时可以使用。为了与编程设备通信，该 CPU 配有一个集成 TCP/IP 端口。通过以太网网络，CPU 能够与 HMI 操作员设备或其他 CPU 通信。

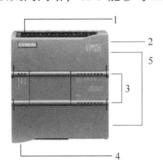

图 1-3　S7-1200 PLC 的外部结构

1—24 V 电源接口；2—存储卡插槽（上部保护盖下面）；3—板载 I/O 和 CPU 的运行模式的状态 LED；4—PROFINET 接口（CPU 的底部）；5—用户接线用的可插入端子排（保护盖下面）

目前西门子公司的 1200 系列 PLC 有 CPU 1211C、CPU 1212C、CPU 1214C、CPU 1215C、CPU 1217C 等型号。不同的 CPU 模块提供了不同的特征和功能，这些特征和功能可帮助用户针对不同的应用创建有效的解决方案。S7-1200 PLC 的 I/O 端子与 S7-200 PLC 刚好相反，接线时要注意。S7-1200 系列不同型号 PLC 的技术规范见表 1-1。CPU 版本特性见表1-2。

表1-1 S7-1200系列不同型号PLC的技术规范

特性	CPU 1211C	CPU 1212C	CPU 1214C	CPU 1215C	CPU 1217C
本机数字量I/O点数	6入/4出	8入/6出	14入/10出	14入/10出	14入/10出
本机模拟量I/O点数	2入	2入	2入	2入/2出	2入/2出
工作存储器/KB	50	75	100	125	150
装载存储器/MB	1	2	4	4	4
保持性存储器/KB	10				
过程映像大小	输入（I）/输出（Q）：1 024/1 024（B）				
位存储器/MB	4 096		8 192		
信号模块扩展个数	无	2	8	8	8
信号板、电池板或通信板	1				
通信模块	3				
最大本地数字量I/O点数	14	82	284	284	284
最大本地模拟量I/O点数	13	19	67	69	69
高速计数器	最多可以组态6个使用任意内置或信号板输入的高速计数器				
脉冲输出（最多4点）	100 kHz	100 kHz或20 kHz		1 MHz或100 kHz	
上升沿/下降沿中断点数	6/6	8/8	12/12	12/12	12/12
脉冲捕获输入点数	6	8	14	14	14
传感器电源输出电流/mA	300	300	400	400	400
数据日志的数量、大小	数量：每次最多打开8个； 大小：每个数据日志为500 MB或受最大可用装载存储器容量限制				
存储卡（选件）	有				
实时时钟保持时间	通常为20天，40℃时至少12天（免维护超级电容）				
PROFINET接口	1			2	
实数数学运算执行速度	2.3 μs/指令				
布尔运算执行速度	0.08 μs/指令				
外形尺寸/mm	90×100×75	90×100×75	110×100×75	130×100×75	150×100×75

表1-2　CPU版本特性

版本	电源电压	输入电压	输出电压	输出电流
DC/DC/DC	DC 24 V	DC 24 V	晶体管输出 DC 24 V	0.5 A，MOSFET
DC/DC/Relay	DC 24 V	DC 24 V	继电器输出 DC 5～30 V 或 AV 5～250 V	2 A，DC 30 W/AC 200 W
AC/DC/Relay	AV 85～264 V	DC 24 V	继电器输出 DC 5～30 V 或 AV 5～250 V	2 A，DC 30 W/AC 200 W

2．信号模块（SM）

输入（Input）模块和输出（Output）模块简称为 I/O 模块，数字量（又称为开关量）输入模块和数字量输出模块简称为 DI 模块和 DQ 模块，模拟量输入模块和模拟量输出模块简称为 AI 模块和 AQ 模块，它们统称为信号模块，简称为 SM。信号模块如图 1-4 所示。

信号模块用于扩展控制器的输入和输出通道，可以使 CPU 增加附加功能，安装在 CPU 模块的右边，扩展能力最强的 CPU 可以扩展 8 个信号模块，以增加数字量和模拟量输入、输出点。数字量 I/O 模块可以选用 8 点、16 点的 DI 或 DQ 模块，或 8DI/8DQ、16DI/16DQ 模块来满足不同的需要，具体见表 1-3。DQ 模块有继电器输出和 DC 24 V 输出两种。模拟量 I/O 模块也分输入模块 AI、输出模块 AQ。AI 模块用于 A-D 转换，AQ 模块用于 D-A 转换。有 4 路、8 路的 13 位 AI 模块和 4 路的 16 位 AI 模块，具体见表 1-4。双极性模拟量满量程转换后对应的数字为 -27 648～27 648，单极性模拟量转换后为 0～27 648。

CPU 模块内部的工作电压一般为 5 V，而 PLC 的外部输入/输出信号电压一般较高，如 DC 24 V 或 AC 220 V。从外部引入的尖峰电压和干扰噪声可能损坏 CPU 中的元器件，或使 PLC 不能正常工作。在信号模块中，用光耦合器、光敏晶闸管、小型继电器等器件来隔离 PLC 的内部电路和外部的输入、输出电路。信号模块除了传递信号外，还有电平转换与隔离的作用。

表1-3　数字量 I/O 模块

型号	型号
SM1221，8 输入 DC 24 V	SM1222，8 继电器输出（双态），2 A
SM1221，16 输入 DC 24 V	SM1223，8 输入 DC 24 V/8 继电器输出，2 A
SM1222，8 继电器输出 2 A	SM1223，16 输入 DC 24 V/16 继电器输出，2 A
SM1222，16 继电器输出 2 A	SM1223，8 输入 DC 24 V/8 输出 DC 24 V，0.5 A
SM1222，8 输出 DC 24 V，0.5 A	SM1223，16 输入 DC 24 V/16 输出 DC 24 V，0.5 A
SM1222，16 输出 DC 24 V，0.5 A	SM1223，8 输入 AC 230 V/8 继电器输出，2 A

表 1-4 模拟量 I/O 模块

型号	相关说明
SM1231 模拟量输入模块	4 路、8 路的 13 位模块和 4 路的 16 位模块;模拟量输入可选 ±10 V、±5 V、0~20 mA、4~20 mA 等多种量程
SM1231 热电偶和热电阻模块	有 4 路、8 路热电偶(TC)模块和 4 路、8 路的热电阻(RTD)模块,可选多种量程的传感器
SM1232 模拟量输出模块	有 2 路、4 路的模拟量输出模块,-10~+10 V 电压输出为 14 位,0~20 mA、4~20 mA 电流输出为 13 位
SM1234 模拟量输入/输出模块	4 路模拟量输入,2 路模拟量输出,相当于 SM1231 4×13 bit 模块和 SM1232 2×14 bit 模块的组合

3. 信号板(SB)

信号板(Signal Board)为 S7-1200 PLC 所特有的,通过信号板(SB)给 CPU 模块增加 I/O。每一个 CPU 模块都可以添加一个具有数字量或模拟量 I/O 的 SB。CPU 正面可以安装一块信号板,如图 1-5 所示,可以安装 4DI、4DQ、2DI/2DQ、热电偶、热电阻、1AI、1AQ、RS485 信号板和电池板。DI、DQ 信号板的最高频率为 200 kHz。信号板(SB)的技术规范见表 1-5。

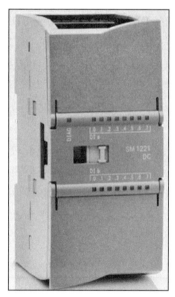

图 1-4 信号模块

图 1-5 安装信号板

表 1-5 信号板(SB)的技术规范

模块分类	模块名称	模块作用
DI/DQ	SB1221	数字量输入信号板 DI4
	SB1222	数字量输出信号板 DQ4
	SB1223	数字量输入/输出信号板 DI2/DQ2

续表

模块分类	模块名称	模块作用
AI/AQ	SB1231	模拟量输入信号板 AI1×12BIT
	SB1231	热电偶和热电阻模拟量输入信号板 AI1×RTD、AI1×TC
	SB1232	模拟量输出信号板 AQ1×12 BIT
通信板	CB1241	带有 RS485 接口，9 针 D-sub 插座

4. 存储卡

如果确实需要安全保护数据，可将用户程序存储在存储卡内，用这种方式可保证断电时不会丢失数据或程序。存储卡以 FLASH EPROM 提供最大 512 KB 存储器。它们是直接在 CPU 内编程，因此不需要 MC 编程器。存储卡在 CPU 上的中央数据管理方面也起到重要作用，这是因为连接 I/O 模块的所有参数化数据都安全地存储在存储卡上。要插入存储卡，需打开 CPU 顶盖，然后将存储卡插入到插槽中。

5. 集成的通信接口与通信模块

PROFINET 是基于工业以太网的现场总线，CPU 集成的 PROFINET 接口可以与计算机、其他 S7 CPU、PROFINET I/O 设备和使用标准的 TCP 协议的设备通信。

通信模块安装在 CPU 模块的左边，最多可以安装 3 块通信模块，可以使用点对点模块、PROFIBUS 模块、工业远程通信模块、AS-i 接口模块和 IO-Link 模块。通信模块接入 PLC 后，可使 PLC 与计算机，或 PLC 与 PLC 进行通信，有的还可实现与其他控制部件，如变频器、温控器通信，或组成局部网络。通信模块代表 PLC 的组网能力，是代表 PLC 性能的重要内容。

1.3 S7-1200 PLC 的安装与接线

1.3.1 S7-1200 PLC 的安装

S7-1200 PLC 的 CPU、SM 和 CM 模块都可以很方便地安装到标准 DIN 导轨或面板上，可使用 DIN 导轨卡夹将设备固定到 DIN 导轨上。这些卡夹还能掰到一个伸出位置以提供设备面板安装时所用的螺钉安装位置。S7-1200 安装时要注意以下几点：

（1）可以将 S7-1200 安装在面板或标准导轨上，并且可以水平或垂直安装 S7-1200。

（2）S7-1200 采用自然冷却方式，因此要确保其安装位置的上、下部分与临近设备之间至少留出 25 mm 的空间，并且 S7-1200 与控制柜外壳之间的距离至少为 25 mm（安装深度）。

（3）当采用垂直安装方式时，其允许的最大环境温度要比水平安装方式降低 10 ℃，此时要确保 CPU 被安装在最下面。

1.3.2 S7-1200 PLC 的接线

在安装和移动 S7-1200 模块及其相关设备时，一定要切断所有的电源。S7-1200 设计安装和现场接线的注意事项如下：

(1) 使用正确的导线，采用 0.50～1.50 mm² 的导线。

(2) 尽量使用短导线（最长 500 m 屏蔽线或 300 m 非屏蔽线），导线要尽量成对使用，用一根中性或公共导线与一根热线或信号线相配对。

(3) 将交流线和高能量快速开关的直流线与低能量的信号线隔开。

(4) 针对闪电式浪涌，安装合适的浪涌抑制设备。

(5) 外部电源不要与 DC 输出点并联用作输出负载，这可能导致反向电流冲击输出，除非在安装时使用二极管或其他隔离栅。

图 1-6 所示为 CPU 1215C 的 3 种版本的接线端子及外部接线图，其他型号的 PLC 外部结构与其类似。下面以 CPU 1215C 型号为例介绍 S7-1200 PLC 的端子排构成及外部接线。

1. 电源端子

AC/DC/RLY 型的 CPU 1215C 为交流供电。L1、N 端子是模块电源的输入端子，一般直接使用交流电 AC 120～240 V，L1 端子接交流电源相线，N 端子接交流电源的中性线。DC/DC/RLY 与 DC/DC/DC 型的 CPU 1215C 为直流供电。标有朝里箭头的 L+、M 端子时，模块电源的输入端子一般使用 DC 24 V。

2. 传感器电源端子

CPU 上标有朝外箭头的 L+、M 端子为输出 24 V 直流电源，为输入元器件和扩展模块供电。注意不要将外部电源接至此端子，以防损坏设备。

3. 输入端子

DI a (0～7)、DI b (0～5) 为输入端子，共 14 个输入点。1M 为输入端子的公共端，可接直流电源的正端（源型输入）或负端（漏型输入）。DC 输入端子若连接交流电源将会损坏 PLC。CPU 1215C 有两路模拟量输入端子，可接收外部传感器或变送器输入的 0～10 V 电压信号，AI0 和 AI1 端子连接输入信号的正端，3M 端子连接输入信号的负端。

4. 输出端子

DQ a (0～7)、DQ b (0～1) 为输出端子，共 10 个输出点。输出类型分为继电器输出和晶体管输出，继电器输出型可以接交流或直流负载，晶体管输出型只能接直流负载。图 1-6 (a)、图 1-6 (b) 为继电器输出，每 5 个一组，分为两组输出，每组有一个对应的公共端子 1L、2L，使用时注意同组的输出端子只能使用同一种电压等级，其中 DQ a (0～4) 的公共端子为 1L，DQ a (5～7) 和 DQ b (0～1) 的公共端子为 2L。图 1-6 (c) 为晶体管输出，4L+ 连接外部 DC 24 V 电源 "+" 端，4M 为公共端 DC 24 V 电源 "-" 端，连接外部 PLC 输出端子驱动负载能力有限，要注意相应的技术指标。CPU 1215C 还有两路模拟量输出端子，可输出两路 0～20 mA 的电流，其中 AQ0 和 AQ1 端子连接输出信号的正端，2M 端子连接输出信号的负端。

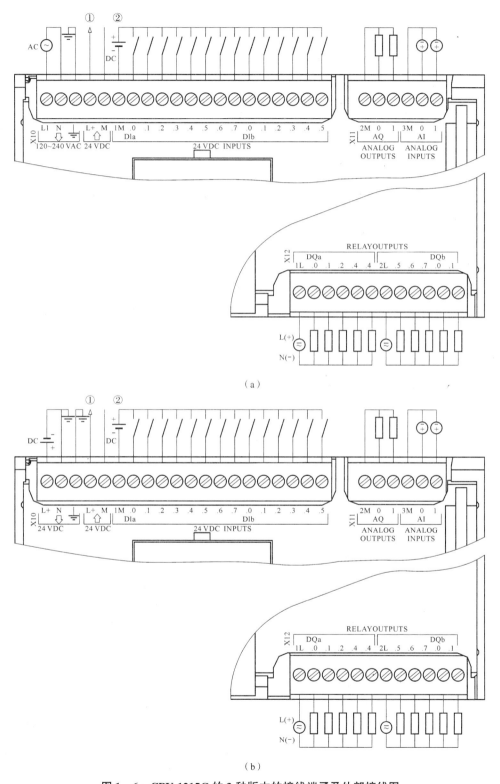

图1-6 CPU 1215C 的 3 种版本的接线端子及外部接线图

(a) CPU 1215C AC/DC/RLY 外部接线图；(b) CPU 1215C DC/DC/RLY 外部接线图

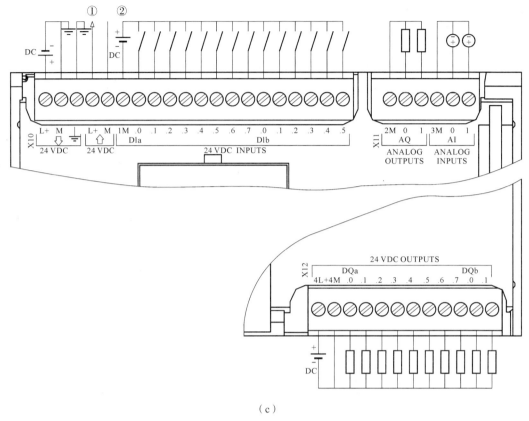

(c)

图1-6 CPU 1215C的3种版本的接线端子及外部接线图（续）

(c) CPU 1215C DC/DC/DC 外部接线图

1.4 S7-1200的编程语言

可编程控制器的编程语言是编制PLC应用软件的工具。它是以PLC的输入口、输出口、机内元件进行逻辑组合以及数量关系实现系统的控制要求，并存储在机内的存储器中。国际电工委员会（IEC）在PLC标准中推荐了五种编程语言。对于一款具体的PLC，生产厂家可在这五种表达方式中提供其中的几种编程语言供用户选择。也就是说，并不是所有的PLC都支持全部的五种编程语言。五种编程语言具体如下。

1. 梯形图（Ladder Diagram，LAD）

梯形图语言是一种以图形符号及其在图中的相互关系表示控制关系的编程语言，使用最广泛。它的图形符号和继电器线路图中的符号十分相似。可编程控制器中参与逻辑组合的元件可看成和继电器一样的器件，具有常开、常闭触点及线圈，且线圈的得电及失电将导致触点的相应动作，再用母线代替电源线，用能量流概念来代替继电器线路中的电流概念，采用绘制继电器线路图类似的思路绘出梯形图。需要说明的是，PLC中的继电器等编程元件并不是实际物理元件，而是机内存储器中的存储单元，它的所谓接通不过是相应存储单元置1而已。

2. 指令表（Instruction List，IL）

指令表也叫作语句表，是程序的另一种表示方法。语句表中语句指令以一定的顺序排列而成。一条指令一般由助记符和操作数两部分组成，有的指令只有助记符没有操作数，称为无操作数指令。指令表程序和梯形图程序有严格的对应关系。程序编制完毕输入机内运行时，对简易的编程设备，不具有直接读取图形的功能，梯形图程序只有改写成指令表才能送入可编程控制器运行。

3. 顺序功能图（Sequential Function Chart，SFC）

顺序功能图常用来编制顺序控制类程序。它包含步、动作、转换三个要素。顺序功能编程法可将一个复杂的控制过程分解为一些小的工作状态，对这些小的工作状态的功能分别处理后再以一定的顺序控制要求连接组合成整体的控制程序。

4. 功能块图（Function Block Diagram，FBD）

功能块图是一种类似于数字逻辑电路的编程语言，熟悉数字电路的人比较容易掌握。该编程语言用类似与门、或门的方框来表示逻辑运算关系，方框的左侧为逻辑运算的输入变量，右侧为输出变量，信号自左向右流动，就像电路图一样，它们被"导线"连接在一起。

5. 结构文本（Structured Text）

为了增强 PLC 的数学运算、数据处理、图表显示、报表打印等功能，许多大、中型 PLC 都配备了 PASCAL、BASIC、C 语言等高级编程语言，这种编程方式叫作结构文本。它能实现复杂的数学运算而且非常简洁和紧凑。在 S7-1200 中这种语言被称为 S7-SCL 结构化控制语言。

S7-1200 使用梯形图 LAD、函数块图 FBD 和结构化控制语言 SCL 这三种编程语言。

1.5 S7-1200 的工作原理与程序结构

1.5.1 PLC 的工作原理

PLC 的工作原理与计算机的工作原理基本上是一致的，可以简单地表述为在系统程序的管理下，通过运行应用程序完成用户任务。PLC 是在确定了工作任务，装入了专用程序后成为一种专用机，系统工作任务管理及应用程序执行是以循环扫描方式完成的。当 PLC 正常运行时，它将不断重新扫描过程。

1. 操作系统与用户程序

CPU 的操作系统用来组织与具体的控制任务无关的所有的 CPU 功能。操作系统的任务包括处理暖启动，刷新输入/输出过程映像，调用用户程序，检测中断事件和调用中断组织块，检测和处理错误，管理存储器以及处理通信任务等。

用户程序包含处理具体的自动化任务所必需的所有功能。用户程序由用户编写并下载到 CPU，用户程序的任务包括：

（1）检查是否满足暖启动需要的条件，例如限位开关是否在正确的位置，安全继电器是否处于正常的工作状态。

（2）处理过程数据，例如用读取的数字量输入信号来控制数字量输出信号，读取和处理模拟量输入信号，输出模拟量值。

（3）用 OB（组织块）中的程序对中断事件做出反应，例如在诊断错误中断 OB82 中发出报警信号，以及编写处理错误的程序。

2. CPU 的工作模式

S7-1200 CPU 有以下三种工作模式：STOP（停止）模式、STARTUP（启动）模式和 RUN（运行）模式。CPU 的状态 LED 指示当前工作模式。

在 STOP 模式下，CPU 处理所有通信请求（如果有的话）并执行自诊断，但不执行用户程序，过程映像也不会自动更新。只有在 CPU 处于 STOP 模式时，才能下载项目。

在 STARTUP 模式下，执行一次启动组织块（如果存在的话）。上电后 CPU 进入 STAPTUP 模式，进行上电诊断和系统初始化，检查到某些错误时，将禁止 CPU 进入 RUN 模式，保持在 STOP 模式。在 RUN 模式的启动阶段，不处理任何中断事件。

在 RUN 模式下，重复执行扫描周期，即重复执行程序循环组织块 OB1。中断事件可能会在程序循环阶段的任何点发生并进行处理。处于 RUN 模式下时，无法下载任何项目。

CPU 支持通过暖启动进入 RUN 模式。在暖启动时，所有非保持性系统及用户数据都将被复位为来自装载存储器的初始值，保留保持性用户数据。

在 CPU 内部的存储器中，设置了一片区域来存放输入信号和输出信号的状态，它们被称为过程映像输入区和过程映像输出区。CPU 的操作模式从 STOP 切换到 RUN 时，进入启动模式，CPU 执行下列操作，如图 1-7 所示。

阶段 A 复位过程映像输入区（I 存储区）。

阶段 B 用上一次 RUN 模式最后的值或替代值来初始化输出。

阶段 C 执行一个或多个启动 OB，将非保持性 M 存储器和数据块初始化为其初始值，并启用组态的循环中断时间和时钟事件。如果启动 OB 不止一个，首先执行 OB 100，然后按递增的编号执行其他启动 OB。

阶段 D 将外设输入状态复制到过程映像输入区。

阶段 E（整个启动阶段）将中断事件保存到队列，以便在 RUN 模式进行处理。

阶段 F 将过程映像输出区（Q 区）的值写到外设输出。

启动阶段结束后，进入 RUN 模式。

为了使 PLC 的输出及时地响应各种输入信号，CPU 反复地分阶段处理各种不同的任务（图 1-7）：

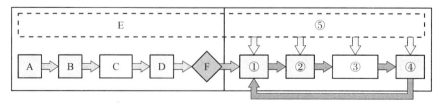

图 1-7　启动与运行过程示意图

阶段①将过程映像输出区的值写到输出模块。

阶段②将输入模块处的输入传送到过程映像输入区。

阶段③执行一个或多个程序循环 OB，首先执行主程序 OB1。

阶段④处理通信请求和进行自诊断。

上述任务是按顺序执行的。这种为完成 PLC 所承担的工作，系统周而复始地依一定顺序完成一系列的具体工作，这种循环工作方式称为扫描循环。执行一次扫描工作所需的时间称为扫描周期。在扫描循环的任意阶段（阶段⑤）出现中断事件时，执行中断程序。

CPU 没有用于切换运行模式的物理开关。运行模式（STOP 或 RUN）可使用编程软件的操作员面板上的按钮来切换。另外，该操作员面板还提供了用于执行全面存储器复位的按钮 MRES，并具有可显示 CPU 状态的 LED 指示灯。除编程软件切换运行模式外，还可以在用户程序中用 STP 指令使 CPU 进入 STOP 模式。

3. CPU 的启动方式

CPU 有冷启动和暖启动两种方式。下载了用户程序的块和硬件组态后，下一次切换到 RUN 模式时，CPU 执行冷启动。冷启动时复位输入，初始化输出；复位存储器，即清除工作存储器、非保持性存储区和保持性存储区，并将装载存储器的内容复制到工作寄存器。存储器复位不会清除诊断缓冲区，也不会清除永久保存的 IP 地址。

冷启动之后，在下一次下载之前的 STOP 到 RUN 模式的切换均为暖启动。暖启动时所有非保持的系统数据和用户数据被初始化，不会清除保持性存储区。

暖启动不对存储器复位，可以用在线与诊断视图的"CPU 操作面板"上的"MRES"按钮来复位存储器。S7-1200 CPU 之间通过开放式用户通信进行的数据交换只能在 RUN 模式进行。移除或插入中央模块将导致 CPU 进入 STOP 模式。

4. RUN 模式 CPU 的操作

下面是 RUN 模式各阶段任务的详细介绍。

1) 写外设输出

在扫描循环的第一阶段，操作系统将过程映像输出中的值写到输出模块并锁存起来。梯形图中某输出位的线圈"通电"时，对应的过程映像输出位中的二进制数为 1。信号经输出模块隔离和功率放大后，继电器输出模块中对应的硬件继电器的线圈通电，其常开触点闭合，使外部负载通电工作。若梯形图中某输出位的线圈"断电"，对应的过程映像输出位中的二进制数为 0。将它送到继电器型输出模块，对应的硬件继电器的线圈断电，其常开触点断开，外部负载断电，停止工作。

可以用指令立即改写外设输出点的值，同时将刷新过程映像输出。

2) 读外设输入

在扫描循环的第二阶段，读取输入模块的输入，并传送到过程映像输入区。外接的输入电路闭合时，对应的过程映像输入位中的二进制数为 1，梯形图中对应的输入点的常开触点接通，常闭触点断开。外接的输入电路断开时，对应的过程映像输入位中的二进制数为 0，梯形图中对应的输入点的常开触点断开，常闭触点接通。

可以用指令立即读取数字量或模拟量的外设输入点的值，但是不会刷新过程映像输入。

3) 执行用户程序

PLC 的用户程序由若干条指令组成，指令在存储器中按顺序排列。从第一条指令开始，逐条顺序执行用户程序中的指令，包括程序循环 OB 调用 FC 和 FB 的指令，直到最后一条指令。

在执行指令时，从过程映像输入/输出或别的位元件的存储单元读出其 0、1 状态，并根据指令的要求执行相应的逻辑运算，运算的结果写入到相应的过程映像输出和其他存储单元，它们的内容随着程序的执行而变化。

程序执行过程中，各输出点的值被保存到过程映像输出，而不是立即写给输出模块。在程序执行阶段，即使外部输入信号的状态发生了变化，过程映像输入的状态也不会随之改变，输入信号变化了的状态只能在下一个扫描周期的读取输入阶段被读入。执行程序时，对输入/输出的访问通常是通过过程映像，而不是实际的 I/O 点，这样做有以下好处：

(1) 在整个程序执行阶段，各过程映像输入点的状态是固定不变的，程序执行完后再用过程映像输出的值更新输出模块，使系统的运行稳定。

(2) 由于过程映像保存在 CPU 的系统存储器中，访问速度比直接访问信号模块快得多。

4) 通信处理与自诊断

在扫描循环的通信处理和自诊断阶段，处理接收到的报文，在适当的时候将报文发送给通信的请求方。此外还要周期性地检查固件、用户程序和 I/O 模块的状态。

5) 中断处理

事件驱动的中断可以在扫描循环的任意阶段发生。有事件出现时，CPU 中断扫描循环，调用组态给该事件的 OB。OB 处理完事件后，CPU 在中断点恢复用户程序的执行。中断功能可以提高 PLC 对事件的响应速度。

5. CPU 的状态指示灯

CPU 模块提供状态指示灯，位于 CPU 前面的 LED 状态指示灯的颜色指示出 CPU 的当前工作状态。

(1) RUN/STOP 指示灯：黄色灯指示 STOP 模式，绿色灯指示 RUN 模式，闪烁灯指示 STARTUP 模式。

(2) ERROR 指示灯：红色闪烁时，表明出现 CPU 内部错误、存储卡错误或组态错误；红色灯常亮时，表明硬件出现故障。

(3) MAINT（维护）指示灯：在插入或取出存储卡或版本错误时，黄色灯将闪烁；如果有 I/O 点被强制或安装电池板后电量过低，黄色灯将会常亮。

CPU 状态指示灯详细说明见表 1-6。

表 1-6 CPU 状态指示灯详细说明

说明	RUN/STOP 黄色/绿色	ERROR 红色	MAINT 黄色
断电	灭	灭	灭
启动、自检或固件更新	闪烁（黄色和绿色交替）	—	灭
停止模式	亮（黄色）	—	—
运行模式	亮（绿色）	—	—
取出存储卡	亮（黄色）	—	闪烁
错误	亮（黄色或绿色）	闪烁	—

续表

说明	RUN/STOP 黄色/绿色	ERROR 红色	MAINT 黄色
请求维护 强制 I/O 需要更换电池（若安装电池板）	亮（黄色或绿色）	—	亮
硬件出现故障	亮（黄色）	亮	灭
LED 测试或 CPU 固件出现故障	闪烁（黄色和绿色交替）	闪烁	闪烁
CPU 组态版本未知或不兼容	亮（黄色）	闪烁	闪烁

1.5.2　S7-1200 的程序结构

1. 程序的块

S7-1200 与 S7-300/400 的程序结构基本相同，编程时采用了块的概念。采用块的概念便于大规模程序的设计和理解，可以设计标准化的块程序进行重复调用，程序结构清晰明了，修改方便，调试简单。

PLC 用户程序中的块包括组织块、函数块、函数和数据块。S7-1200 PLC 用户程序块见表 1-7，其中，OB、FB、FC 都包含程序，统称为代码（Code）块。被调用的代码块又可以调用别的代码块，这种调用称为嵌套调用。CPU 模块的手册给出了允许嵌套调用的层数，即嵌套深度。代码块的个数没有限制，但是受到存储器容量的限制。在块调用中，调用者可以是各种代码块，被调用的块是 OB 之外的代码块。

表 1-7　S7-1200 PLC 用户程序块

块	简要描述
组织块（OB）	操作系统与用户程序的接口，决定用户程序的结构
函数块（FB）	用户编写的包含经常使用的功能的子程序，有专用的背景数据块
函数（FC）	用户编写的包含经常使用的功能的子程序，没有专用的背景数据块
背景数据块（DB）	用于保存 FB 的输入变量、输出变量和静态变量，其数据在编译时自动生成
全局数据块（DB）	存储用户数据的数据区域，供所有的代码块共享

2. 组织块

组织块（Organization Block，OB）是操作系统与用户程序的接口，由操作系统调用，用于控制扫描循环和中断程序的执行、PLC 的启动和错误处理等。组织块的程序是由用户编写的。每个组织块必须有一个唯一的 OB 编号，123 之前的某些编号是保留的，其他 OB 的编号应大于或等于 123。CPU 中特定的事件触发组织块的执行，OB 不能相互调用，也不能被 FC 和 FB 调用。只有启动事件（例如诊断中断或周期性中断事件）可以启动 OB 的执行。各种组织块由不同的事件启动，且具有不同的优先级，而循环执行的主程序则在组织块 OB1 中。

1) 启动组织块

当 CPU 的工作模式从 STOP 切换到 RUN 时，执行一次启动（Startup）组织块，来初始化程序循环 OB 中的某些变量。执行完启动 OB 后，开始执行程序循环 OB。可以有多个启动 OB，默认的为 OB100，其他启动 OB 的编号应大于或等于 123。

2) 程序循环组织块

OB1 是用户程序中的主程序，CPU 循环执行操作系统程序，在每一次循环中，操作系统程序调用一次 OB1。因此 OB1 中的程序也是循环执行的。允许有多个程序循环 OB，默认的是 OB1，其他程序循环 OB 的编号应大于或等于 123。

3) 中断组织块

中断处理用来实现对特殊内部事件或外部事件的快速响应。如果没有中断事件出现，CPU 循环执行组织块 OB1 和它调用的块。如果出现中断事件，例如诊断中断和时间延迟中断等，因为 OB1 的中断优先级最低，操作系统在执行完当前程序的当前指令（即断点处）后，立即响应中断。CPU 暂停正在执行的程序块，自动调用一个分配给该事件的组织块（即中断程序）来处理中断事件。执行完中断组织块后，返回被中断的程序的断点处继续执行原来的程序。这意味着部分用户程序不必在每次循环中处理，而是在需要时才被及时地处理。处理中断事件的程序放在该事件驱动的 OB 中。组织块的种类及简要说明见表 1-8。

表 1-8 组织块的种类及简要说明

组织块种类	说明
启动组织块	当 CPU 的工作模式从 STOP 切换到 RUN 时，执行一次启动（Startup）组织块，可不使用
程序循环组织块	循环执行的程序，允许有多个循环组织块，可以调用其他块
延时中断组织块	在指定的时间过后，执行中断程序
循环中断组织块	在特定的时间段，执行中断程序
硬件中断组织块	根据硬件事件触发，执行中断程序
诊断错误组织块	诊断模块被启用并检测到错误时，执行中断程序
时间错误中断组织块	超过最大循环时间时，执行中断程序

3. 函数块

函数块（Function Block, FB）是用户编写的子程序。它们有一个放在数据块中的变量存储区，而数据块是与其函数块相关联的，称为背景数据块。调用函数块时，需要指定背景数据块，后者是函数块专用的存储区。CPU 执行 FB 中的程序代码，将块的输入、输出参数和局部静态数据保存在背景数据块中，以便可以从一个扫描周期到下一个扫描周期快速访问它们。FB 的典型应用是执行不能在一个扫描周期结束的操作。在调用 FB 时，打开了对应的背景数据块，后者的变量可以供其他代码块使用。调用同一个函数块时使用不同的背景数据块，可以控制不同的设备。

4. 函数

函数（Function, FC）是用户编写的子程序，它包含完成特定任务的代码和参数。FC

和 FB 有与调用它的块共享的输入/输出参数。执行完 FC 和 FB 后，返回调用它的代码块。

函数是快速执行的代码块，用于执行下列任务：完成标准的和可重复使用的操作，例如算术运算；完成技术功能，例如使用位逻辑运算的控制。可以在程序的不同位置多次调用同一个 FC，这可以简化频繁的重复执行的任务的编程。

函数没有固定的存储区，函数执行结束后，其临时变址中的数据就丢失了。可以用全局数据块或 M 存储区来存储那些在函数执行结束后需要保存的数据。由于函数没有指定的数据块，不能存储信息，常常用于编制重复发生且复杂的自动化过程。

5. 数据块

数据块是用于存放执行代码块时所需的数据区，数据块没有指令。它分为全局数据块和背景数据块两种。

（1）全局数据块：存储供所有的代码块使用的数据，所有的 OB、FB 和 FC 都可以访问它们。

（2）背景数据块：存储供特定的 FB 使用的数据。

关于以上程序块的用法，在后面的文章中会详细介绍。

练习

1. 填空题

（1）S7-1200PLC 主要由_____、_____、_____、_____和编程软件组成，各种模块安装在标准 DIN 导轨上。

（2）CPU 1215C 最多可以扩展_____个信号模块、_____个通信模块。信号模块安装在 CPU 的_____边，通信模块安装在 CPU 的_____边。

（3）CPU 1215C 有集成的_____点数字量输入、_____点数字量输出、_____点模拟量输入、_____点模拟量输出。

（4）CPU 1215C AC/DC/RLY 型号的 PLC 供电电源一般是 AC_____V 电源，CPU 1215C DC/DC/DC 型号的 PLC 供电电源一般是 DC_____V 电源。

（5）STEP 7 标准软件包配置了三种基本的编程语言，分别是_____、_____、_____。其中最常用语言的英文简称为_____。

（6）S7-1200 CPU 有以下三种工作模式：_____、_____、_____。

（7）当 S7-1200 CPU 处于停止模式时，STOP/RUN 灯亮_____色；处于运行模式时，STOP/RUN 灯亮_____色。

2. 简答题

（1）什么是可编程控制器？

（2）PLC 有哪些特点？

（3）西门子公司的 1200 系列 PLC 有哪些型号？

（4）CPU 模块提供状态指示灯有哪几个？其中 RUN/STOP 指示灯有哪几种显示方式？

（5）PLC 用户程序中的块包括哪些？

模块 2　TIA博途软件的使用

2.1　TIA 博途软件的特点与安装

2.1.1　TIA 博途软件的特点

TIA 博途是西门子自动化的全新工程设计软件平台，它将所有自动化软件工具集成在统一的开发环境中，是将所有自动化任务整合在一个工程设计环境下的软件，并且考虑直观、高效、可靠等关键因素，在界面设置、窗口规划布局等方面进行优化布置。S7-1200 用 TIA 博途中的 STEP 7 Basic（基本版）或 STEP 7 Professional（专业版）编程。TIA Portal V14 作为整个系统应用解决方案的组态平台，它构建了一个统一的整体系统环境，包括 SIMATIC STEP7、SIMATIC WinCC、SINATIC Start drive。在这个平台上，不同功能的软件包可以在这个平台上同时运行，给用户带来全新的设计体验。

TIA 博途 V14 软件的主要特点如下：

（1）TIA 博途 V14 软件提高了设计效率，所有的自动化任务采用统一的工程工具。

（2）创新的自动化设备。控制器除了支持 SIMATIC S7-1200 PLC、S7-300 PLC、S7-400PLC 以外，还支持 S7-1500 PLC；支持通信的设备类型丰富；驱动可以组态 SIMATIC G120 变频器、V90PN 伺服驱动器。

（3）TIA 博途直观、灵活、应用简便。软件组态直观，自动生成管理程序，编程灵活并可重复利用已有的自动化解决方案，快速又可靠。

（4）无缝的驱动系统集成与工程设计。其具备自动系统诊断、集成安全系统及高性能 PROFINET 通信功能、控制器与 HMI 驱动直接交互、创新的编程语言、强大的库功能和在线功能。

（5）强大的兼容性，最大的投资保护及多重知识产权保护，可量身打造系统解决方案，客户反馈良好。

（6）强大的 PLCSIM 仿真软件，具有硬件 PLC 的功能，无须针对仿真进行调整，为工程项目调试带来极大的便利。

2.1.2 TIA 博途软件的安装

安装 TIA 博途软件对计算机硬件的最低要求如下：处理器主频 3.3 GHz，内存 8 GB 以上，硬盘 300 GB 以上，15.6 英寸宽屏显示器，分辨率 1 920×1 080。

TIA 博途软件可用的计算机操作系统主要有非家庭版的 Windows 7、Windows 8 及 Windows10。博途 V14 软件安装文件如图 2-1 所示。先安装 1 号 STEP 7 Professional V14 软件，在安装过程中需要安装 6 号 Sim_EKB_Install 密钥软件，后安装 2 号 WinCC Professional 软件，再安装 S7-PLCSIM 软件，剩下再安装其他需要的文件。

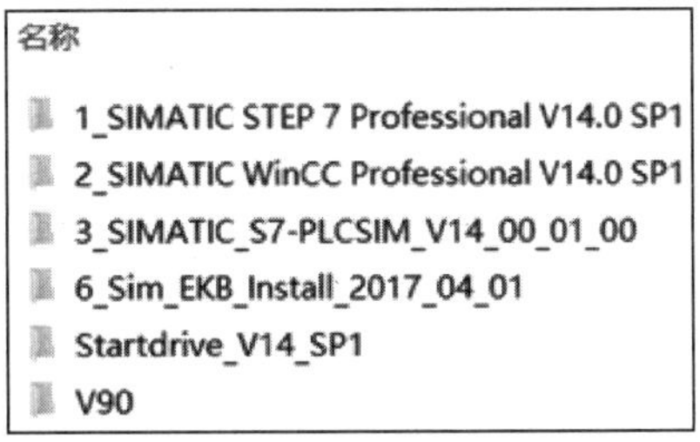

图 2-1　博途软件安装文件

1 号 STEP 7 Professional V14 软件安装过程如下：

双击博途 V14 软件"SIMATIC STEP7 Professional V14 SP1"应用程序，进入解压操作界面，单击"下一步"，弹出"欢迎使用 STEP 7 Professional V14.0 SP1 安装程序"窗口，如图 2-2 所示。单击"下一步"，出现语言选择按钮，一般选择简体中文，继续单击"下一步"进入解压，选择解压路径，再单击"下一步"，等待解压，解压好后，软件自动启动或手动单击安装图标进入安装界面。

图 2-2　V14 解压操作界面

注意：安装西门子博途 V14 时，有时会遇到要求重新启动计算机的情况，界面显示"必须重新启动计算机，然后才能运行安装程序，要立即重新启动计算机吗？"这样的对话框，但是重启后，还是被要求重新启动计算机，循环往复。此时可以通过删除注册表键值的办法来解决，按住"win+R"打开"运行"窗口，在"运行"中输 regedit，按"回车"键进入注册表编辑器。删除 HKEY_LOCAL_MACHINE \ SYSTEM \ CurrentControlSet \ Control \ Session Manager 下面的键值 PendingFileRenameOperations 就可以继续安装了。

打开解压好的软件，双击"Start.exe"启动安装程序，首先打开选择安装语言对话框，选择安装语言"中文"。选择所要安装的产品以及要安装的位置，选择好后单击"下一步"，如图 2-3 所示。

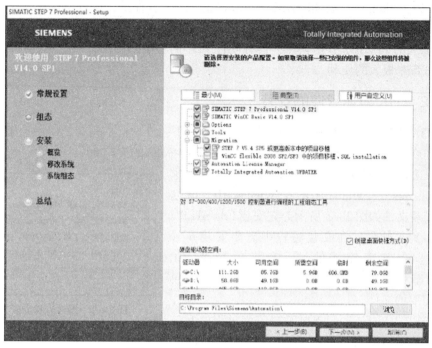

图 2-3　产品配置及安装位置选择

选择条款以及权限设置，左边的方框上打上"√"。单击"下一步"，弹出安装概览窗口，单击"安装"。当出现"许可证传送"对话框时，如图 2-4 所示，这里暂时不做选择，打开"Sim_EKB_Install"安装密钥 。打开密钥软件后，首先选择左边"需要的密钥"，再将右边的项目全选，单击"安装长密钥"；然后选择左边"STEP 7 Professional"，再将右边的项目全选，单击"安装长密钥"，如图 2-5 所示。安装好后关闭该软件单击博途安装界面，再单击图 2-4 的"重试许可证传送"选项进入下一步等待安装，大概 20 min 即可安装完成。安装完成后，会提示"重启"计算机。选择"是，立即重启计算机"，重新启动计算机，安装过程就结束了。重启后，双击桌面上的快捷方式，即可进入软件。在 Windows 10 操作系统中安装，若出现 Step 7 的许可无法彻底完成，则可以在 TIA PortalV14 属性中兼容性界面下，把兼容模式"以兼容模式运行这个程序"选项打钩。

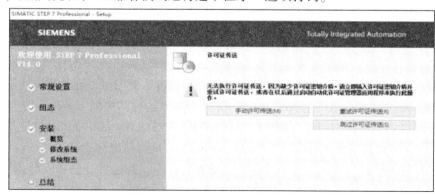

图 2-4　"许可证传送"对话框

模块2 TIA博途软件的使用

图 2-5 安装密钥界面

安装完 1 号 STEP 7 Professional V14 软件后，安装 2 号 SIMATIC WinCC Professional V14 软件，在安装 WinCC 时，如果出现安装密钥单击跳过，是否激活，单击"是"。3 号 SIMATIC_S7-PLCSIM_V14 为仿真软件，安装步骤比较简单，在此不再详述。

2.2 TIA 博途软件界面的认识

2.2.1 TIA 博途软件的视图介绍

TIA 博途集成软件功能丰富、操作方便，自动化项目可以使用两个不同视图：Portal 视图，一种面向任务的项目任务视图；项目视图，一种包含项目所有组件和相关工作区的视图，Portal 视图和项目视图可以相互切换，TIA 软件的 Portal 视图与项目视图如图 2-6 所示。

(a)

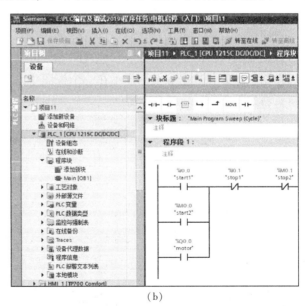
(b)

图 2-6 TIA 软件的 Portal 视图与项目视图
(a) Portal 视图；(b) 项目视图

1. Portal 视图

它是面向任务的工作模式，使用简单、直观，可以更快地开始项目设计。通过 Portal 视图，可以访问项目所有的组件。Portal 视图布局如图 2-7 所示，左边栏是启动选项，列出了安装软件包所涵盖的功能，根据不同的选择栏会自动筛选出可以进行的操作，右面的操作面板会更详细地列出具体的操作项目。

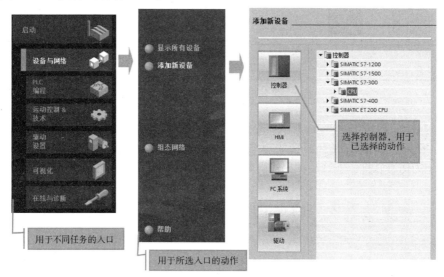

图 2-7 Portal 视图布局

（1）动作：可以查看已经选定的导航入口中可以使用的动作。

（2）选择面板：所有导航入口中都可以使用选择面板，选择面板中显示的内容根据当前选择而定。

2. 项目视图

项目视图显示项目的全部组件。在该视图中，可以方便地访问设备和块。项目的层次化结构、编辑器、参数和数据等全部显示在一个视图中。项目视图布局如图 2-8 所示，左边是项目树，右边是工作区、任务卡等。

图 2-8 项目视图布局

(1) 项目树：显示整个项目的各种元素，访问所有的设备和项目数据。在项目树中的内容十分丰富，可以执行以下任务：添加新设备，编辑现有的设备，扫描并更改现有项目数据的属性。项目树可以访问所有的设备和项目数据，打开处理数据的编辑器。项目树（英文界面）如图2-9所示。

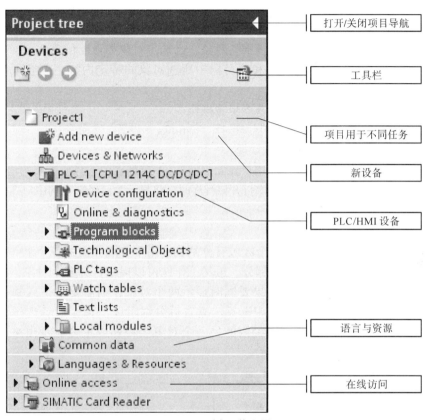

图2-9 项目树（英文界面）

项目树包含以下信息：添加新设备，在同一项目中，可以有多个不同的设备；通过设备与网络可以浏览项目的拓扑视图、网络视图和设备视图；对于已经生成的设备，都有一个独立的文件夹，且有一个内部项目名称，属于该设备的对象和活动等均组织在该文件夹之中；语言与资源可以指定项目语言及该文件夹内的文本所使用的语言；项目导航中的"在线访问"区中，可以找到建立编程设备成PC与被连接目标系统之间的在线连接时可以使用的全部网络接入方法。在各个接口符号处，可以获得相应接口的状态信息，也可以查看可访问设备、显示并编辑接口的属性信息。

(2) 工作区：工作区内显示可以打开并进行编辑的对象。这类对象包括编辑器、视图以及表。

(3) 检查器窗口：检查器窗口显示与已选对象或者已执行活动等有关的附加信息。检查器窗口由属性、信息、诊断等选项卡组成。属性：该选项卡用于显示被选择对象的属性。在该选项卡中是可以更改，允许编辑的。信息：该选项卡显示被选择对象的其他信息及与被执行动作（如编译）有关的信息。

(4) 诊断：该选项卡提供与系统诊断事件和已组态报警事件等有关的信息。

(5) 编辑器栏：用于显示已打开的编辑器，可以使用编辑器栏在打开的对象之间实现快速切换。

(6) 任务卡：根据被编辑或被选定对象的不同，使用任务卡，可以自动提供执行的附加操作。这些活动包括从库或者硬件目录中选择对象等。可以选用的任务卡位于界面右侧的工具栏中，可以使用哪些任务卡具体取决于已经安装的产品。根据工作区被编辑或被选定对象的不同，使用任务卡可以执行附加的可用动作。这些动作包括：从某个库中选择对象、从硬件目录中选择对象、搜索和替换项目中的对象、已选定对象的诊断信息。

(7) 详细视图：将显示总览窗口和项目树中所选对象的特定内容，内容可以是文本列表或者变量。

若要更改用户界面语言，可按照以下步骤操作。

(1) 在"Options（选项）"菜单中，选择"Settings（设置）"命令。

(2) 在导航区中选择"General（常规）"组。

(3) 从"User interface language（用户界面语言）"下拉列表中选择所需要的语言，则用户界面语言将会更改成所需要的语言，下次打开该程序时，将显示为已经选定的用户界面语言。

2.2.2 工作区的窗口介绍

工作区承担编程等主要工作，这个区域有分割线，用于分隔界面的各个组件，可以用分割线上的箭头，用于显示或隐藏相邻部分。虽然工作区可以提示打开多个对象，但是一次只能显示多个对象中其中一个对象，如果要同时显示两个对象，则需要水平或垂直拆分工作区。具体操作如下：在菜单"窗口"中选择"垂直拆分编辑区"命令或者选择"水平拆分编辑区"命令，所单击的对象及编辑栏内的另一个对象会相邻或重叠显示出来。执行编辑器区域拆分后的窗口，如图2-10所示。

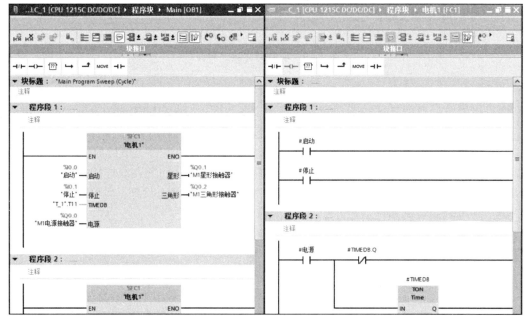

图2-10 执行编辑器区域拆分后的窗口

TIA 博途软件的界面功能丰富,针对具体情况可以定制自己独有的界面,实现高效的编程。TIA 博途软件的窗口可以折叠,可以浮动,也可以多屏显示。在操作后若想恢复初始的布局,可以进行恢复默认布局的操作。单击菜单栏,选择"窗口"选项卡,从窗口下拉菜单中选择"默认的窗口布局"选项,即可将窗口恢复为默认布局。关于保存项目,当前状态下仅需要单击一个保存的按钮就可以完整地保存项目。

2.3 项目的组态、仿真与调试

这里以一个简单的项目——电机启停控制为例来介绍 PORTAL 软件的使用、仿真及下载。软件向用户提供了非常简便、灵活的项目创建、编辑和下载方式。用户不需要购买专用编程电缆,仅使用以太网线即可实现对 S7-1200 CPU 的监控和下载。

2.3.1 创建新项目

在桌面中双击 TIA Portal V14 图标启动软件,软件界面包括 PORTAL 视图和项目视图,两个界面中都可以新建项目。在 PORTAL 视图中,单击"创建新项目",并输入项目名称、路径和作者等信息,然后单击"创建"即可生成新项目,如图 2-11 所示。

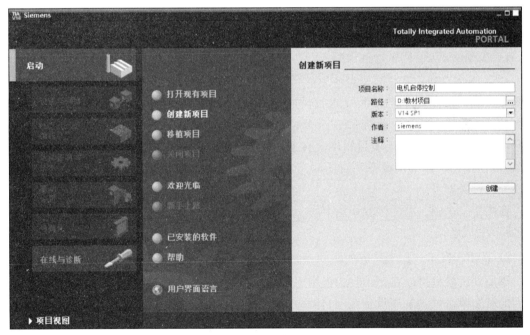

图 2-11 创建新项目

用户可单击左下角的"项目视图",切换到项目视图,如图 2-12 所示。

图 2-12　项目视图

2.3.2　添加新设备

1. 在项目视图下添加新设备

S7-1200 自动化系统需要对各硬件进行组态、参数配置和通信互连。项目中的组态要与实际系统一致，系统启动时，CPU 会自动监测软件的预设组态与系统的实际组态是否一致，如果不一致会报错，此时 CPU 能否启动取决于启动设置。下面介绍在项目视图中如何进行项目硬件组态。进入项目视图，在左侧的项目树中，单击图 2-12 中的"添加新设备"，随即弹出"添加新设备"对话框，如图 2-13 所示。在该对话框中选择与实际系统完全匹配的设备即可。

在图 2-13 中，需要设置设备名称、选择控制器的具体型号、CPU 的版本号等，单击"确定"完成新设备添加。

2. 在 PORTAL 视图下添加新设备

添加新设备也可以在 PORTAL 视图下添加，在 PORTAL 视图中单击"设备与网络"，在界面的右边单击"添加新设备"，具体添加方法和上述项目视图添加新设备的方法类似。

在添加完成新设备后，与该新设备匹配的机架也会随之生成，如图 2-14 所示。所有通信模块都要配置在 S7-1200 CPU 左侧，而所有信号模块都要配置在 CPU 的右侧，在 CPU 本体上可以配置一个扩展板。在硬件配置过程中，TIA 博途软件会自动检查模块的正确性。在硬件目录下选择模板后，则机架中允许配置该模块的槽位边框变为蓝色，不允许配置该模块的槽位边框无变化。如果需要更换已经组态的模块，则可以直接选中该模块，在鼠标右键菜单中选择"更改设备类型"命令，然后在弹出的菜单中选择新的模块。

模块2 TIA博途软件的使用

图 2-13 "添加新设备"对话框

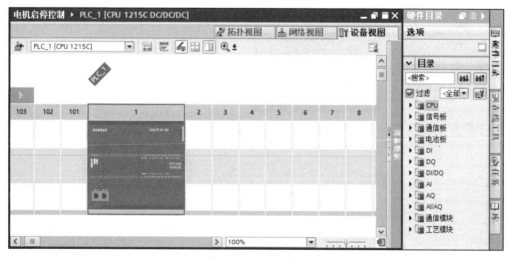

图 2-14 设备视图

3. 添加信号模块

在 PLC 的右边最多可添加 8 个扩展模块，这里以添加一个 I/O 扩展模块为例介绍添加方法。在项目视图后面的"硬件目录"中选择"DI/DQ"

中的"DI 16/DQ 16×24VDC"，双击或拖拽下拉列表中的"6ES7 223 – 1BL32 – 0XB0"选项，如图 2 – 15 所示。该型号的信号模块就成功放置到 CPU 的右边，如图 2 – 16 的上方所示。双击 CPU 模块的网口位置可弹出"属性"选项中的"以太网"选项，配置网络如图 2 – 16 的下方所示。若此处没有网络，可单击添加新子网，然后可输入 IP 地址，子网掩码为 255.255.255.0。注意和计算机 PC 网络要在一个网段内，前三个字节相同，最后一个字节不同。

如果操作系统是 Windows 10，在计算机右下方打开"网络和 Internet"设置，打开"以太网"里的相关设置"更改适配器选项"，出现一个"以太网"图标，双击图标打开"以太网属性"窗口，如图 2 – 17 所示。双击"此连接使用下列项目"列表中的"Internet 协议版本 4（TCP/IPv4）"，打开"Internet 协议版本 4（TCP/IPv4）属性"对话框，如图 2 – 18 所示。选中"使用下面的 IP 地址"，输入 PLC 以太网地址的前 3 个字节：192.168.0，最后一个字节可以取 0 ~ 255 中的某个值，但不能与 PLC、触摸屏等其他设备的 IP 地址重复。单击"子网掩码"输入框，自动出现默认的子网掩码 255.255.255.0，一般不用设置网关的 IP 地址。设置好地址，单击"确定"即可完成。

图 2 – 15 选择数字量 I/O 模块

双击信号模块，或在信号模块上单击鼠标右键选择"属性"选项，打开属性窗口，可修改信号模块的起始地址，如图 2 – 19 所示。

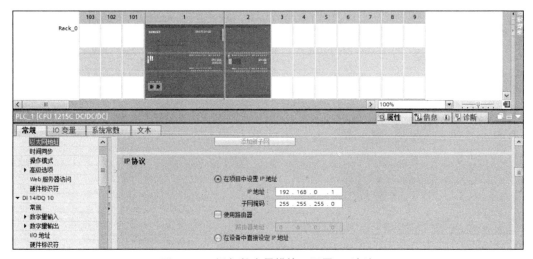

图 2 – 16 添加数字量模块、设置 IP 地址

图 2-17 "以太网属性"窗口

图 2-18 计算机 IP 地址设置

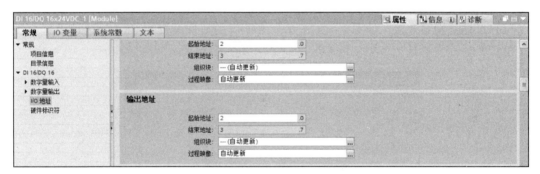

图 2-19 信号模块的属性设置

2.3.3 添加 HMI 触摸屏设备

用同样的方法可添加触摸屏,单击"添加新设备"窗口的"HMI"按钮,在中间的目录树中显示各种 HMI 设备的型号,在这里选择 HMI→SIMATIC 精智面板→7 英寸显示屏→TP700 Comfort→6AV2124-0GC01-0AX0,版本号选择 13.0.1.0 或最新版本。若勾选了窗口左下角的"启动设备向导",单击"添加"按钮将启动 HMI 设备向导对话框,这里不勾选。

2.3.4 更改设备型号

添加完设备后,若发现型号与实际的设备型号不相符,可以更改设备型号。比如要更改 HMI 设备型号,要在该设备位置单击鼠标右键选择"更改设备/版本",出现如图 2-20 所示的界面,输入新设备的订货号、版本,单击右下方的"确定"按钮即可完成设备型号的更改。其他设备型号的更改方法与此类似。

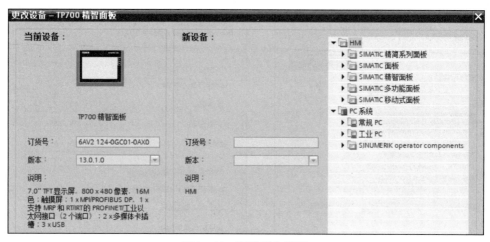

图 2 – 20　更改设备型号

2.3.5　设备网络组态

添加完 HMI 设备后,要进行 S7 – 1200 与 HMI 的连网组态。选择项目树中"设备与网络"的"网络视图",这里显示 PLC 和 HMI 两个设备。单击 PLC 右下方的绿色 PROFINET 接口,按住鼠标左键,出现连接线,拖动到触摸屏右下方的绿色 PROFINET 接口位置,这样可以与 PLC 建立网络连接,如图 2 – 21 所示。触摸屏的地址设置和 CPU 的地址设置方法相同,和 CPU 在一个网段内,但地址的最后一个字节不能相同。

图 2 – 21　网络配置视图

2.3.6　创建 PLC 变量表

在 S7 – 1200 型 PLC 编程中,特别强调符号变量的使用。若在编程中没有事先设置变量名称,那在程序编辑时系统会给地址分配默认名称,然后变量会在默认变量表中出现,可以在默认变量表中统一修改变量的名称。对于复杂的控制系统,程序员会创建一个自己定义的变量表,在自己定义的变量表中输入名称和相应的地址。在项目树中的"PLC 变量"选项,双击"添加新变量表",会生成一个变量表,单击鼠标右边选中"重命名",可以重新命名新变量表的名称,这里改名为"电机启停变量"。在"变量"选项卡空白行的"名称"列输入变量的名称,单击"数据类型"列右侧隐藏的按钮,设置变量的数据类型。在"地址"列输入变量的绝对地址,"%"是自动添加的。在变量表中,把要设置的变量输入到变量表中,如图2-22所示。

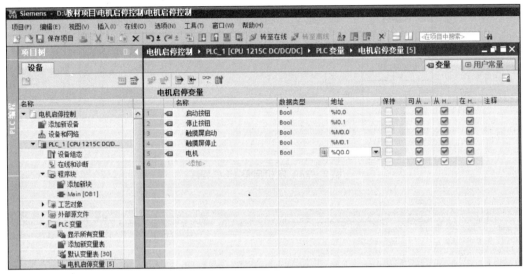

图2-22 PLC变量表

单击变量表表头中的"地址",该单元出现向上的三角形,各变量按地址的第一个字母从A到Z升序排列。再单击一次该单元,三角形的方向向下,各变量按地址降序排列。可以根据变量的名称和数据类型等来排列变量。单击工具栏上的"保持型"按钮,可以用打开的对话框设置M区从MB0开始的具有保持性功能的字节数。PLC变量表中的变量为全局变量,可以用于所有的代码块。在程序中,全局变量被自动添加双引号。局部变量只能在它被定义的块中使用。在程序中,局部变量被自动添加"#"号。

2.3.7 编辑PLC程序

在项目视图中,双击项目树中"程序块"中"Main"选项,进入主程序编辑界面,也可以单击项目视图下的"PORTAL"视图,切换到PORTAL视图,双击列表中的"Main",打开项目视图中的主程序,同样可以进入主程序编辑界面。程序区下面是打开的块的巡视窗口,右边是指令列表。单击程序编辑器工具栏上的按钮,可以在程序区的上面显示指令的收藏夹,用于快速访问常用的指令,可以将指令列表中自己常用的指令拖拽到收藏夹,也可以用鼠标右键删除收藏夹中的指令。

拖动编辑区工具栏上收藏夹的常开触点、常闭触点、线圈到"程序段1",输入相应的地址,若没有创建变量表,则系统会自动分配地址的符号名称。此处已经建立变量表,输入地址后会自动加载名称,也可以不直接输入变量,单击"?? .?"处,右边出现按钮,在按钮下拉列表中选择要输入的变量名称。选中最左边的垂直"电源线",单击收藏夹中的打开分支、常开触点和关闭分支按钮,生成一个与上面的常开触点并联的"Q0.0"的常开触点。编辑好的程序如图2-23所示。单击"编辑"菜单的"编译"选项,编译程序,编辑完成后，相应的编译信息如图 2-24 所示，若有错误可以在编译信息窗口中查找错误的程序段。只有编译成功的程序才可以仿真、下载。

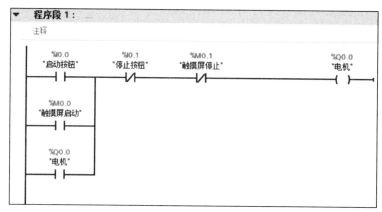

图 2-23　电机启停 PLC 程序

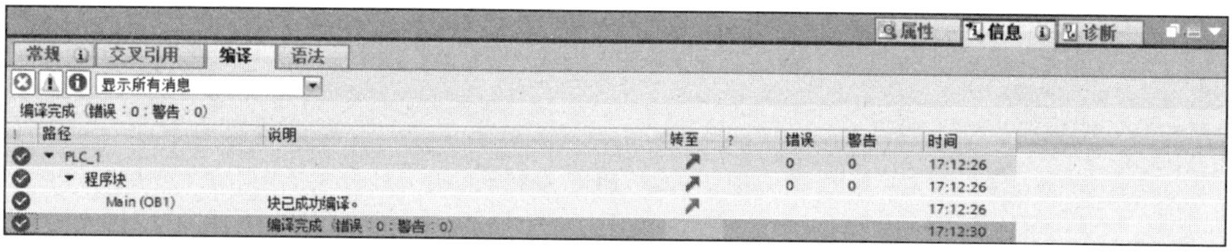

图 2-24　编译信息窗口

用菜单命令"选项"→"设置"打开"设置"编辑器，选中工作区左边窗口中的"PLC 编程"文件夹，可以设置是否显示注释。如果勾选了"IEC 检查"复选框，新块将采用 IEC 检查。"助记符"一般采用默认的"国际"。"操作数域"的"最大宽度"是操作数域水平方向可以输入的最大字符数，决定了触点、线圈和方框指令的宽度。需要关闭块后重新打开它，修改后的设置才起作用。

2.3.8　PLC 仿真

要使用 PLC 仿真功能，必须要安装配套的仿真软件——S7-PLCSIM V14 软件。

1. 位存储器 M 的仿真

单击工具栏的 ▣ 按钮开始仿真，弹出"启动仿真将禁用所有其他的在线接口"对话框，单击"确定"按钮，弹出"扩展的下载到设备"窗口，选择接口及连接类型，单击"开始搜索"按钮，出现如图 2-25 所示的窗口。

单击"下载"按钮下载后，弹出窗口如图 2-26 所示，单击"装载"按钮，出现如图 2-27 所示的下载结果窗口，单击"完成"按钮即可完成程序的仿真下载。

在程序编辑界面，单击 ▣ 按钮，启用监视。这时程序会变色，梯形图用绿色连续线来表示状态满足，即有"能流"流过；用蓝色虚线表示状态不满足，没有"能流"流过。在"触摸屏启动"这个变量处单击鼠标右键，选择"修改"选项，如图 2-28 所示。把此变量修改为 1，这时输出变量"电机"变成绿色，表示接通，如图 2-29 所示。把"触摸屏启

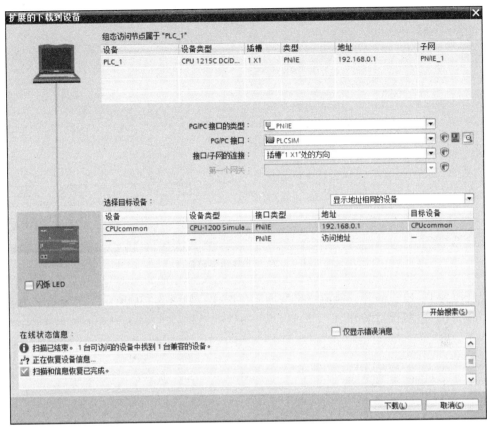

图 2-25 设备搜索与连接窗口

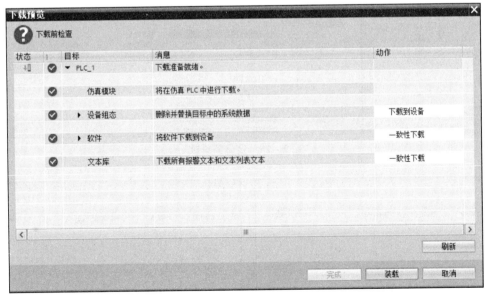

图 2-26 装载窗口

动"变量重新修改为 0，电机仍然接通，因为并联了输出变量的自锁触点。把变量"触摸屏

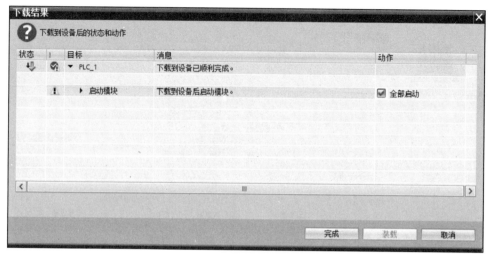

图 2-27　下载结果窗口

停止"修改为1，电机断开，能流线又变回蓝色虚线，如图2-30所示。把变量"触摸屏停止"修改为0，电机保持断开。

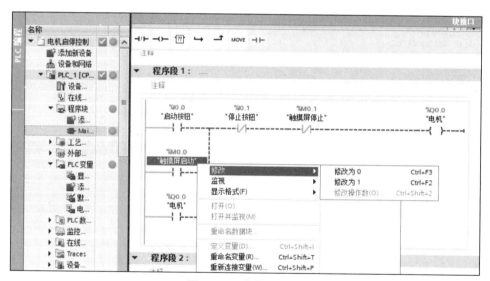

图 2-28　变量值修改

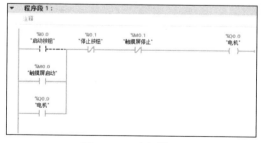

图 2-29　电机接通

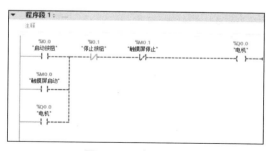

图 2-30　电机断开

2. I/O 变量的仿真

位存储器的变量可以直接在程序编辑界面上修改变量的值进行仿真,但外部开关量不能直接使用这种方法。在仿真启动状态下,会出现 PLC 运行状态仿真窗口,如图 2-31 所示。

鼠标单击窗口上的图标,启用仿真的项目视图,单击左上角按钮,创建仿真的新项目,输入项目名称,选择项目路径等,如图 2-32 所示。单击"创建"按钮,创建仿真项目。仿真设备连接后,项目及 PLC 设备右边会出现绿色的"√",表示连接成功。在项目树下的"SIM 表格"下的"SIM 表格_1"中输入 PLC 程序相关的变量。在"启动按钮"变量的修改方框前打上"√",这时"电机"变量也出现了"√",表示电机接通,如图 2-33 所示。返回到程序界面,可以看到程序的输出变量"电机"也变成了绿色,和仿真列表的值一致。把"启动按钮"变量的修改方框前的"√"去掉,电机保持接通;把"停止按钮"变量的修改方框前打上"√",电机断开;把"停止按钮"变量的修改方框前的"√"去掉,电机保持断开。程序界面的仿真结果和仿真列表的值一致。注意,这个仿真列表默认设置下不能仿真 M 位存储器变量,若要仿真 M 变量,则必须开启"非输入修改"功能,单击表格上的按钮即可启用此功能,启用后 M 变量也可以仿真,仿真方法和变量 I 的仿真方法类似。

图 2-31 程序运行仿真窗口

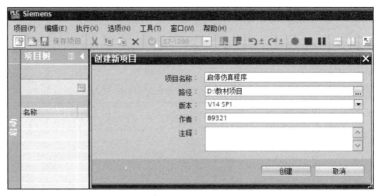

图 2-32 创建仿真新项目

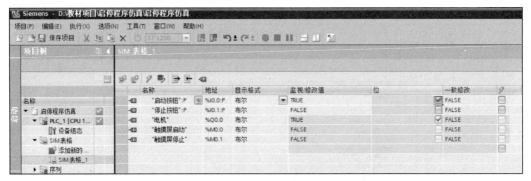

图 2-33 仿真变量表

2.3.9 组态触摸屏

系统添加触摸屏后,双击项目树中"HMI_1"下"画面"选项中的"画面_1",会出现 HMI 的空白界面,若需要多个画面,可添加新画面。在画面里添加两个按钮,一个启动按钮,一个停止按钮。单击按钮或单击鼠标右键均可弹出该按钮的"属性"窗口,在事件栏的"按下""释放"事件关联相关的变量,分别为"触摸屏启动"和"触摸屏停止"两个变量。若 HMI 还没有建立与 PLC 关联的变量,那么在选变量的时候可以直接在 PLC 里找变量,如图 2-34 所示。"按下"事件选择"置位位"的编辑功能,如图 2-35 所示。"释放"事件选择"复位位"的编辑功能,如图 2-36 所示。停止按钮的设置与启动按钮的设置方法相同。按钮变量设置完成后的界面如图 2-37 所示。

图 2-34 变量选取

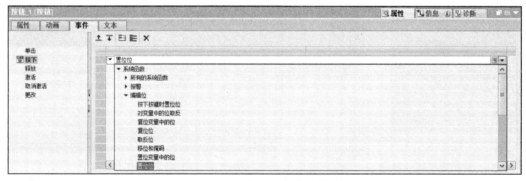

图 2-35 "按下"事件功能选择

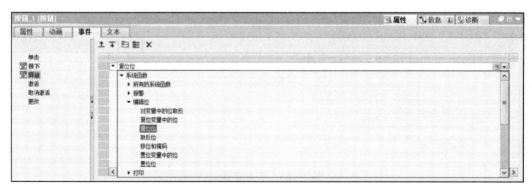

图 2-36 "释放"事件功能选择

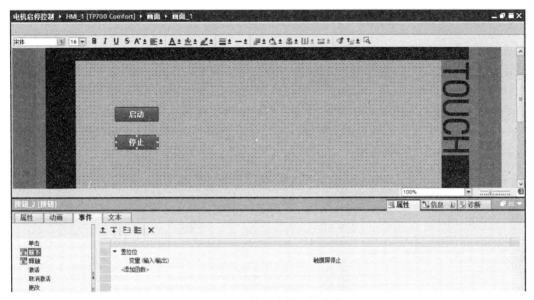

图 2-37　按钮变量设置完成

　　添加一个基本对象"圆"来显示电机的通断状态。在右边的工具箱里拖入一个对象"圆",单击"圆"弹出其属性对话框,在"动画"选项部分单击"添加新动画",弹出"选择要添加的动画"窗口,选择"外观"选项。在"外观"选项中关联"电机"变量,在变量为 0 或为 1 时设置不同的颜色,变量为"0"时,背景为蓝色,变量为"1"时,背景为红色,如图 2-38 所示。触摸屏的 2 个输入变量、1 个输出变量组态已完成。

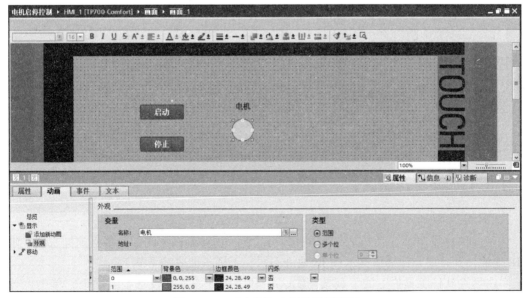

图 2-38　"电机"变量的动画设置

　　单击项目树的"HMI_1"位置,单击工具栏里的编译按钮 ,编译完成后相应的编译信息出现在编译信息窗口。只有编译正确的触摸屏组态才可以仿真、下载。

2.3.10 PLC 与触摸屏 HMI 联合仿真

在"PLC"及"HMI_1"位置分别单击工具栏里的 ▦ 仿真按钮,启用仿真。按下触摸屏仿真画面上的"启动"按钮,电机由蓝色变为红色,表示名称为"电机"的输出变量置1,电机接通,如图2-39所示。启用程序编辑界面的仿真监控功能,变量的通断状态与触摸屏仿真状态保持一致,如图2-40所示。按下停止按钮,电机由红色变为蓝色,表示名称为"电机"的输出变量复位为0,电机断开,同时程序编辑界面的输出变量由绿色变为虚线蓝色,如图2-41、图2-42所示。

图2-39 触摸屏仿真画面1

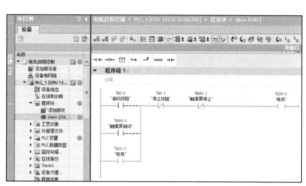

图2-40 程序仿真界面1

图2-41 触摸屏仿真画面2

图2-42 程序仿真界面2

2.3.11 下载与调试

1. 下载项目

为了使信息能在以太网上准确地传送到目的地,连接到以太网的设备必须拥有一个唯一的 IP 地址,并且要与计算机网卡的 IP 地址不同,否则不能成功下载。

单击博途软件工具栏上的下载按钮 ▦,打开"扩展的下载设备"对话框,单击"开始搜索"按钮,如图2-43所示。这里要注意:PG/PC 接口和仿真时选择的接口是不一样的,单击"下载"按钮。若 PLC 之前已经下载过程序,可能会出现如图2-44的对话框,单击"在不同步的情况下继续"。在"下载预览"对话框,如图2-45所示,停止模块处选择"全部停止"。单击"装载"按钮,弹出如图2-46所示窗口,单击"完成"。PLC 切换到

RUN 模式，可以用"在线"菜单中的命令或右键快捷菜单中的命令启动下载操作，也可以在打开某个代码块时，单击工具栏上的下载按钮，下载该代码块。触摸屏的下载与 PLC 的下载类似，在此不再详述。PLC 和触摸屏都完成下载后可以进行程序的调试。

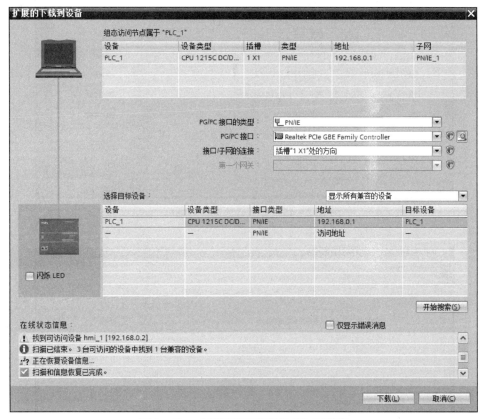

图 2-43 "扩展的下载到设备"对话框

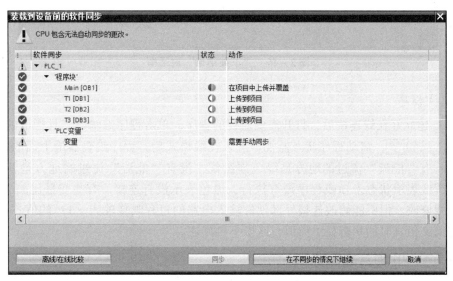

图 2-44 "装载到设备前的软件同步"对话框

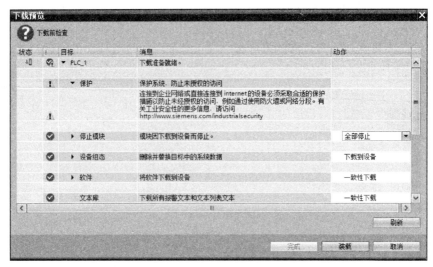

图2-45 "下载预览"对话框

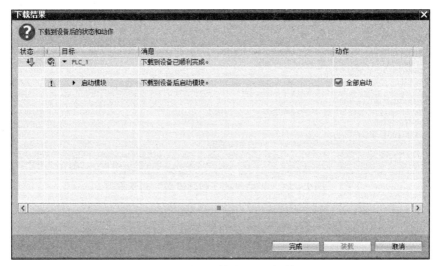

图2-46 "下载结果"对话框

2. 调试程序

与 PLC 建立好在线连接后,打开需要监视的程序,单击程序编辑器工具栏上的"启用/禁用监视"按钮,启动程序状态监视。进入在线模式后,程序编辑器最上面的标题栏变为橘红色。有"能流"流过的地方是绿色连续线,没有"能流"流过的地方是蓝色虚线。用灰色连续线表示状态未知或程序没有执行,黑色表示没有连接。有些变量比如 M 位存储器可以在线修改,但不能修改连接外部硬件输入电路的过程映像输入(I)的值。程序状态的显示与前文仿真时的状态显示类似,这里不再详述。

2.3.12 监视与强制项目

使用程序状态功能,可以在程序编辑器中形象直观地监视梯形图程序的执行情况,触点和线圈的状态一目了然,但程序状态功能只能在屏幕上显示一小块程序,调试较大的程序时不能同时看到与某一程序功能有关的全部变量状态。

监控表可以有效地解决上述问题,使用监控表可以在工作区同时监视、修改和强制用户需要调试的全部变量。一个项目可以生成多个监控表,以满足不同的调试要求。监控表可以赋值或显示的变量包括过程映像(I 和 Q)、外设输入输出(I_:P 和 Q_:P)、位存储器(M)和数据块(DB)内的存储单元。

1. 监控表的功能

(1) 监视变量:在计算机上显示用户程序或 CPU 中变量的当前值;
(2) 修改变量:将固定值分配给用户程序或 CPU 的变量;
(3) 对外设输出赋值:允许在 STOP 模式下将固定值赋给 CPU 的外设输出点,此功能可用于硬件调试时检查接线。

2. 生成监控表并输入变量

打开项目树中 PLC 的"监控与强制表"文件夹,双击其中的"添加新监控表",生成一个名为"监控表_1"的新监控表,并在工作区自动打开它。可以根据需要,生成多个监控表。在监控表中输入变量的名称或地址,也可以将 PLC 变量表中的变量名称复制到监控表。

可以用"显示格式"列的下拉式列表设置显示格式。使用二进制格式显示,可以用字节(8位)、字(16位)或双字(32位)来监视和修改多个 Bool 变量。

3. 监视与修改变量

与 CPU 建立在线连接后,单击工具栏上的"全部监视"按钮,启动或关闭监视功能,将在"监视值"列连续显示变量的动态实际值。

单击工具栏上的"立即一次性监视所有变量"按钮,立即读取一次变量值,并在监控表中显示。当位变量为"TRUE"时,监视值列的方形指示灯为绿色,反之为灰色,如图 2-47 所示。

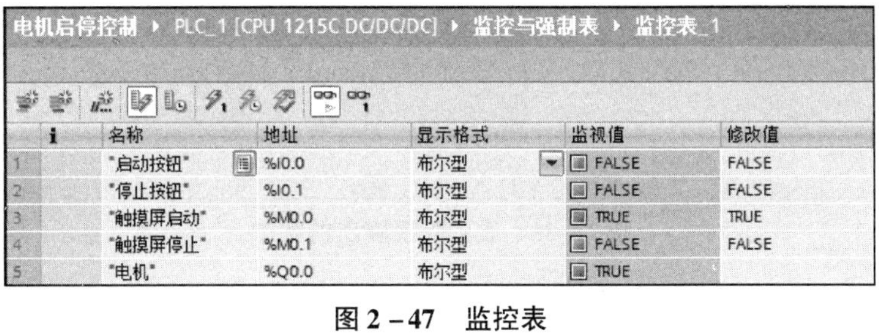

图 2-47 监控表

单击"显示/隐藏所有修改列"按钮,在出现的"修改值"列输入变量新的值,勾选要修改的变量的复选框。单击工具栏上的"立即一次性修改所有选定值"按钮,复选框打钩的"修改值"被立即送入指定的地址。

用鼠标右键菜单也可以修改位变量的值。用鼠标右键单击某个位变量,执行出现的快捷菜单中的"修改"→"修改为0"或"修改"→"修改为1"命令,可以将选中的变量修改为"FALSE"或"TRUE"。在 RUN 模式修改变量时,各变量同时又受到用户程序的控制。在 RUN 模式,不能改变 I 区变量的值,因为它们的状态取决于外部输入电路的通断状态。

采用类似的方法修改I0.0可以看到无法修改。此时可以单击工具栏中的显示或隐藏高级设置列按钮，使用触发器进行修改。例如，永久修改I0.0为1，先填写修改值为1，再单击工具栏中的使用触发器修改按钮，单击确定，可将I0.0永久修改为1，如图2-48所示，还可以根据需要设置在扫描周期开始还是末尾进行监视或者修改等选项。

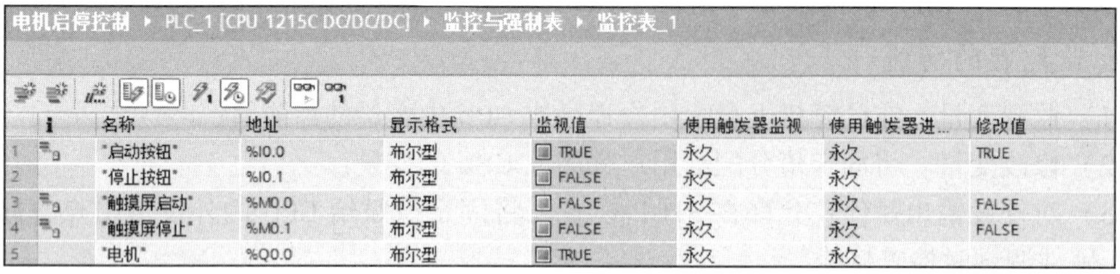

电机启停控制 ▸ PLC_1 [CPU 1215C DC/DC/DC] ▸ 监控与强制表 ▸ 监控表_1

	i	名称	地址	显示格式	监视值	使用触发器监视	使用触发器进...	修改值
1		"启动按钮"	%I0.0	布尔型	TRUE	永久	永久	TRUE
2		"停止按钮"	%I0.1	布尔型	FALSE	永久	永久	
3		"触摸屏启动"	%M0.0	布尔型	FALSE	永久	永久	FALSE
4		"触摸屏停止"	%M0.1	布尔型	FALSE	永久	永久	FALSE
5		"电机"	%Q0.0	布尔型	TRUE	永久	永久	

图2-48　I/O变量监控表

4. 在STOP模式改变外设输出的状态

在调试设备时，用此功能检查过程设备的接线是否正确。要将CPU切换到STOP模式，禁用变量的强制选项。以“Q0.0”为例，在监控表中输入“Q0.0：P”，勾选该行的复选框。单击监控表工具栏上的按钮，显示扩展模式列，出现与“触发器”有关的两列。单击工具栏上的“全部监视”按钮，启动监视功能。单击“通过触发器修改”按钮，单击工具栏上的“启用外设输出”按钮，单击出现的对话框中的“是”按钮确认。用鼠标右键单击“Q0.0：P”所在的行，执行出现的快捷菜单中的“修改”→“修改为0”或“修改”→“修改为1”命令，可修改“Q0.0”的值，CPU上“Q0.0”对应的LED亮或熄灭，如图2-49所示。CPU切换到RUN模式后，工具栏上的变为灰色，该功能被禁止。

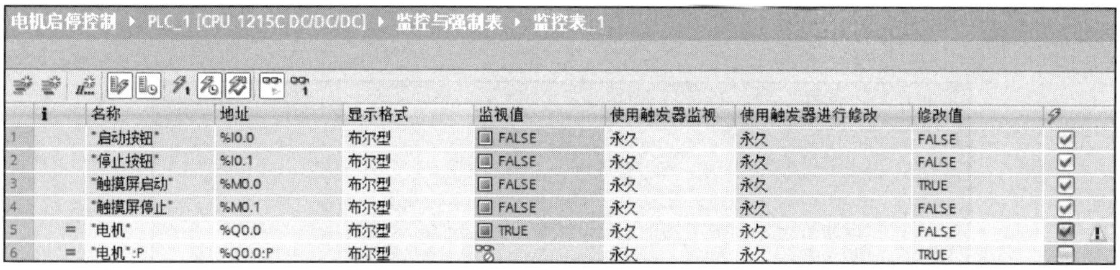

电机启停控制 ▸ PLC_1 [CPU 1215C DC/DC/DC] ▸ 监控与强制表 ▸ 监控表_1

	i	名称	地址	显示格式	监视值	使用触发器监视	使用触发器进行修改	修改值	
1		"启动按钮"	%I0.0	布尔型	FALSE	永久	永久	FALSE	☑
2		"停止按钮"	%I0.1	布尔型	FALSE	永久	永久	FALSE	☑
3		"触摸屏启动"	%M0.0	布尔型	FALSE	永久	永久	TRUE	☑
4		"触摸屏停止"	%M0.1	布尔型	FALSE	永久	永久	FALSE	☑
5	=	"电机"	%Q0.0	布尔型	TRUE	永久	永久	FALSE	☑ !
6	=	"电机":P	%Q0.0:P	布尔型		永久	永久	TRUE	☐

图2-49　改变外设输出的状态

5. 强制的含义

与CPU建立了在线连接后，可以强制外设输入和外设输出，例如强制“I0.0：P”和“Q0.0：P”等，不能强制指定给HSC、PWM和PTO的I/O点。可以通过强制I/O点来模拟物理条件，例如用来模拟输入信号的变化，强制功能不能仿真。

在执行用户程序之前，强制值被用于输入过程映像。在处理程序时，使用的是输入点的强制值。在写外设输出点时，强制值被送给过程映像输出，输出值被强制值覆盖。变量被强制的值不会因为用户程序的执行而改变。被强制的变量只能读取，不能用写访问来改变其强制值。即使编程软件被关闭，或编程计算机与CPU的在线连接断开，或CPU断电，强制值都被保持在 CPU 中，直到在线时用强制表停止强制功能。

6. 强制变量

双击打开项目树中的强制表，输入"I0.0"和"Q0.0"，它们被自动添加"：P"。单击工具栏上的按钮，切换到扩展模式，将 CPU 切换到 RUN 模式。

单击程序编辑器工具栏的按钮，启动程序状态功能。单击强制表工具栏上的按钮，启动监视功能。用鼠标右键快捷菜单命令，将"I0.0：P"强制为"TRUE"。单击出现的"强制为1"对话框中的"是"按钮确认。强制表第一行出现表示被强制的标有"F"的小方框，第一行"F"列的复选框中出现钩。PLC 面板上"I0.0"对应的 LED 不亮，梯形图中"I0.0"的常开触点接通，上面出现被强制的符号，由于 PLC 程序的作用，梯形图中"Q0.0"的线圈通电，PLC 面板上"Q0.0"对应的 LED 亮。用"窗口"菜单的命令，水平拆分编辑器空间，同时显示 OB1 和强制表，如图 2-50 所示。用鼠标右键快捷菜单命令将"Q0.0：P"强制为"FALSE"。强制表第二行出现表示被强制的符号，梯形图中"Q0.0"线圈上面出现表示被强制的"F"符号，PLC 面板上"Q0.0"对应的 LED 熄灭。

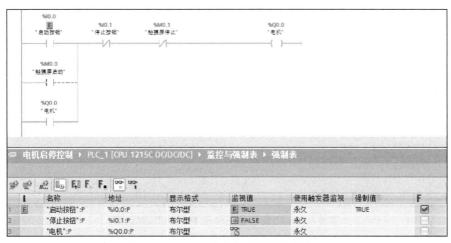

图 2-50　OB1 程序和强制输入输出点

7. 停止强制

单击强制表工具栏上的"停止强制"按钮，停止对所有地址的强制。强制表和程序中标有"F"的小方框消失，表示强制被停止。为了停止对单个变量的强制，可以清除该变量的 F 列的复选框，然后重新启动强制。

8. 实际运行状态

按照 PLC 的外部接线图接上两个按钮，以及控制电机的继电器。启动按钮接"I0.0"，停止按钮接"I0.1"。按下外部启动按钮或触摸屏上的启动按钮，继电器通电，电机运行，同时触摸屏上表示电机的"圆"变为红色。按下外部停止按钮或触摸屏上的停止按钮，继电器断电，电机停止。该项目的实际的运行结果与仿真的结果一致。

2.3.13　上传项目

做好计算机与 PLC 通信的准备工作后，生成一个新项目，选中项目树中的项目名称，执行菜单命令"在线"→"将设备作为新站上传（硬件和软件）"，出现"将设备上传至 PG/PC"对话框。用"PG/PC 接口"下拉式列表选择实际使用的网卡。

单击"开始搜索"按钮，经过一定的时间后，在"所选接口的可访问节点"列表中，出现连接的 CPU 和它的 IP 地址，计算机与 PLC 之间的连线由断开变为接通。CPU 所在方框的背景色变为实心的橙色，表示 CPU 进入在线状态。选中可访问节点列表中的 CPU，单击对话框下面的"从设备上传"按钮，如图 2-51 所示。上传成功后，可以获得 CPU 完整的硬件配置和用户程序。

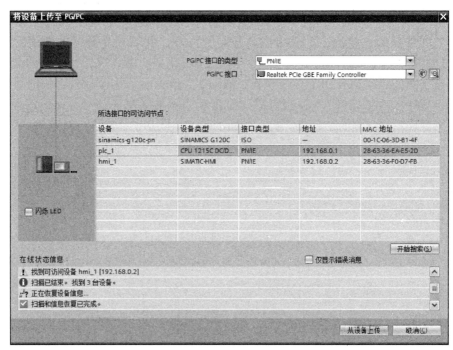

图 2-51　"将设备上传至 PG/PC"对话框

2.3.14　使用帮助功能

为了帮助用户获得更多信息和快速高效地解决问题，软件提供了丰富的帮助功能。

1. 弹出项

将鼠标的光标放在 STEP 7 的文本框、工具栏上的按钮和图标等对象上，例如在设置 CPU 的"周期"属性的"循环周期监视时间"时，单击文本框，出现黄色背景的弹出项方框，方框内是对象的简要说明或帮助信息。设置循环周期监视时间时，如果输入的值超过了允许的范围，按回车键后，出现红色背景的错误信息。

2. 层叠工具提示

将光标放在程序编辑器的收藏夹的"空功能框"按钮上，出现的黄色背景的层叠工具提示框中的三角形图标表示有更多信息。单击该图标，层叠工具提示框出现蓝色有下划线的层叠项，它是指向相应帮助主题的链接。单击该链接，将会打开帮助，并显示相应的主题。

3. 信息系统

信息系统又称帮助系统，可以通过以下方式打开帮助系统：

（1）执行菜单命令"帮助"→"显示帮助"；

（2）选中某个对象（例如某条指令）后按〈F1〉键；

（3）单击层叠工具提示框中的链接，直接转到帮助系统中的对应位置。

使用信息系统的"索引"和"搜索"选项卡，可以快速查找到需要的帮助信息，也可以通过目录查找到感兴趣的帮助信息。单击"收藏类"选项卡的"添加"按钮，可以将右边窗口打开的主题保存到收藏夹。

 练习

1. 填空题

（1）PLC 的外部输入电路接通时，对应的过程映像输入位为_____，梯形图中对应的常开触点_____，常闭触点_____。

（2）若梯形图中某一过程映像输出位 Q 的线圈"断电"，对应的过程映像输出位为_____，在写入输出模块阶段之后，继电器型输出模块对应的硬件继电器的线圈_____，其常开触点_____，外部负载_____。

（3）添加 PLC 的新设备时，在"添加新设备"界面左边选项框中选择_____，添加触摸屏的新设备时，在"添加新设备"界面左边选项框中选择_____。

（4）S7 – 1200 CPU 默认的 IP 地址是_____，子网掩码是_____。

（5）PLC 仿真中，_____色虚线表示能流断开，_____色实线表示能流导通。

2. 简答题

（1）TIA 博途软件的特点有哪些？

（2）在博途软件的 PORTAL 视图下怎样添加新设备？

（3）计算机与 S7 – 1200 通信时，怎样设置网卡的 IP 地址和子网掩码？

（4）若软件添加的设备与实际设备的型号不相符，怎样更改设备型号？

（5）怎样打开 S7 – PLCSIM 和下载程序到 S7 – PLCSIM？

（6）软件里的监控表有什么功能？

（7）修改变量与强制变量有什么区别？

（8）打开博途软件的信息系统有哪几种方式？

模块 3 位逻辑指令的编程与调试

3.1 指示灯的亮灭控制

3.1.1 任务要求

一个额定电压为 24 V 的指示灯,请用 PLC 实现此指示灯的 3 种控制功能:
(1) 按下 1 号按钮,指示灯亮;按钮复位,灯熄灭。
(2) 按下 2 号按钮,指示灯亮;按钮复位,灯不熄灭;按 3 号停止按钮,灯熄灭。
(3) 按下 4 号按钮,指示灯闪烁;按 3 号停止按钮,灯熄灭。

3.1.2 相关知识

1. 存储器

S7 - 1200 CPU 的存储区包括三个基本区域,即装载存储器、工作存储器 RAM 和系统存储器 RAM。具体如表 3 - 1 所示。

表 3 - 1 CPU 的存储区

装载存储器	动态装载存储器 RAM
	可保持装载存储器 EEPROM
工作存储器 RAM	用户程序,如逻辑块、数据块
系统存储器 RAM	过程映像 I/O 区
	位存储器、定时器、计数器
	局域数据堆栈、块堆栈
	中断堆栈、中断缓冲区

1）装载存储器

装载存储器是非易失性存储器，用于保存用户程序、数据和组态信息。该非易失性存储区能够在断电后继续保持。项目被下载到 CPU 后，首先存储在装载存储器中。每个 CPU 都具有内部装载存储器，该内部装载存储器的大小取决于所使用的 CPU。该内部装载存储器可以用外部存储卡来替代。如果未插入存储卡，CPU 将使用内部装载存储器；如果插入了存储卡，CPU 将使用该存储卡作为装载存储器。但是，可使用的外部装载存储器的大小不能超过内部装载存储器的大小，即使插入的存储卡有更多空闲空间。

2）工作存储器

工作存储器是易失性存储器，集成在 CPU 中的高速存取的 RAM，是为了提高运行速度，用于在执行用户程序时存储用户项目的某些内容，例如 CPU 会将组织块、函数块、函数和数据等内容从装载存储器复制到工作存储器。装载存储器类似于计算机的硬盘，工作存储器类似于计算机的内存条，CPU 断电后工作存储器的内容会丢失，而在恢复供电时由 CPU 恢复。

3）系统存储器

系统存储器是 CPU 为用户程序提供的存储器组件，被划分为若干个地址区域。使用指令可以在相应的地址区内对数据直接进行寻址。系统存储器用于存放用户程序的操作数据，例如过程映像输入/输出、位存储器、数据块、局部数据、I/O 输入输出区域和诊断缓冲区等。

（1）输入过程映像 I。

输入映像区每一位对应一个数字量输入点，在每个扫描周期的开始，CPU 对输入点进行采样，并将采样值存于输入映像寄存器中。CPU 在接下来的本周期各阶段不再改变输入过程映像寄存器中的值，直到下一个扫描周期的输入处理阶段进行更新。

（2）输出过程映像 Q。

输出映像区的每一位对应一个数字量输出点，在扫描周期的末尾，CPU 将输出映像寄存器的数据传送给输出模块，再由后者驱动外部负载。

I 和 Q 均可以按位、字节、字和双字来访问，如 I0.0、QB0、IW2、QD4。

（3）外设输入。

在输入点 I 地址后面加":P"，可以立即读取外设输入，包括 CPU、信号板和信号模块的输入。访问时使用 I:P 取代 I 的区别在于前者的数字直接来自被访问的输入点，而不是来自过程映像输入。因为数据是从信号源被立即读取，而不是从最后一次刷新的过程映像输入中复制，这种访问被称为"立即读"访问。由于外设输入点从直接连接在该点的现场设备接收数据值，因此写外设输入点是被禁止的，即 I:P 访问是只读的。

（4）外设输出。

在输出点 Q 的地址后面加":P"，可以立即写外设输出，包括 CPU、信号板和信号模块的输出。访问时使用 Q:P 取代 Q 的区别在于前者的数字直接写给被访问的外设输出点，同时写给过程映像输出。这种访问被称为"立即写"访问，因为数据被立即写给目标点，不用等到下一次刷新时将过程映像输出中的数据传送给目标点。由于外设输出点直接控制与该点连接的现场设备，因此读外设输出点是被禁止的，即 Q:P 访问是只写的。

(5) 位存储区 M。

其用来保存控制继电器的中间操作状态或其他控制信息,可以用位、字节、字或双字读/写存储器区。

(6) 定时器 T。

定时器相当于继电器系统中的时间继电器,用定时器地址（T 和定时器号,如 T5）来存取当前值和定时器状态位,带位操作数的指令存取定时器状态位,带字操作的指令存取当前值。

(7) 计数器 C。

用计数器地址（C 和计数器号,如 C20）来存取当前值和计数器状态位,带位操作数的指令存取计数器状态位,带字操作的指令存取当前值。

(8) 局部变量 L。

其可以作为暂时存储器或给子程序传递参数,局部变量只在本单元有效。

(9) 数据块 DB。

其用来在程序执行的过程中存放中间结果,或用来保存与工序或任务有关的其他数据。数据块关闭后,或有关代码的执行开始或结束后,数据块中存放的数据不会丢失。数据块分全局数据块、背景数据块两种。

系统存储器的存储区说明如表 3-2 所示。

表 3-2 系统存储器的存储区说明

存储区	说明	强制	保持性
I 过程映像输入	在扫描周期开始时从外设输入复制	否	否
I_:P（外设输入）	立即读取 CPU、SB 和 SM 上的外设输入点	是	否
Q 过程映像输出	在扫描周期开始时复制到外设输出	无	否
Q_:P（外设输出）	立即写入 CPU、SB 和 SM 的外设输出点	是	否
M 位存储器	控制和数据存储器	否	是
L 临时存储器	存储块的临时数据,这些数据仅在该块的本地范围内有效	否	否
DB 数据块	数据存储器,同时也是 FB 的参数存储器	否	是

4) 断电保持存储器

断电保持存储器（保持型存储器）用来防止在电源关闭时丢失数据,暖启动后,断电保持存储器的数据不会丢失,存储器复位时其值被清除。在暖启动时,所有非保持的位存储器被删除,非保持的数据块的内容被复位为装载存储器中的初始值。冷启动后,断电保持存储器的数据被清除。这些数据必须预先定为具有保持功能。断电过程中,CPU 使用保持性存储器存储所选用户存储单元的值。如果发生断电或掉电,CPU 将在上电时恢复这些保持性值。例如,用户根据情况可设置位存储器（M）的保持性存储器的大小。

对于 FB 的局部变量,如果生成 FB 时激活了"仅符号访问"属性,可以在 FB 的界面定义单个变量是否具有保持功能。如果没有激活 FB 的该属性,只能在指定的背景数据块中定义变量是否有断电保持属性。对于全局数据块中的变量,如果激活了"仅符号访问"属性,可以对每个定义变量单独设置断电保持属性。如果禁止了数据块 DB 的该属性,则只能设置 DB 中所有的变量是否具有断电保持属性。

5) 存储卡

存储卡用于在断电时保存用户程序和某些数据,不能用普通读卡器格式化存储卡,可以将存储卡作为程序卡、传送卡或固件更新卡。装载了用户程序的存储卡将替代设备的内部装载存储器,后者的数据被擦除。拔掉存储卡不能运行,不用软件只用传送卡就可以将项目复制到 CPU 的内部装载存储器,复制后必须取出存储卡。

2. 数制与数据类型

1) 数制

(1) 二进制数。

二进制数的 1 位只能为 0 和 1。用 1 位二进制数来表示开关量的两种不同的状态。如果该位为"1",梯形图中对应的位编程元件的线圈通电、常开触点接通、常闭触点断开,称该编程元件为"TRUE"或"1"状态。该位为"0"则反之,称该编程元件为"FALSE"或"0"状态。二进制位的数据类型为 BOOL(布尔)型。

(2) 多位二进制数。

多位二进制数用来表示大于 1 的数字。从右往左的第 n 位(最低位为第 0 位)的权值为 2^n。2#1100 对应的十进制数为 $1 \times 2^3 + 1 \times 2^2 + 0 \times 2^1 + 0 \times 2^0 = 8 + 4 = 12$。

(3) 十六进制数。

十六进制数用于简化二进制数的表示方法,16 个数为 0 ~ 9 和 A ~ F(10 ~ 15),1 位十六进制数对应于 4 位二进制数,例如 2#0001 0011 1010 1111 可以转换为 16#13AF 或 13AFH。十六进制数"逢 16 进 1",第 n 位的权值为 16^n。16#2F 对应的十进制数为 $2 \times 16^1 + 15 \times 16^0 = 47$。

2) 数据类型

数据类型用来描述数据的长度和属性,PLC 的基本数据类型如表 3-3 所示。在用这些数据类型时要注意以下几点:

(1) 使用短整型数据类型,可以节约内存资源;

(2) 无符号数据类型可以扩大正数的数值范围;

(3) 64 位双精度浮点数可用于高精度的数学函数运算。

表 3-3 基本数据类型

变量类型	符号	位数	取值范围	常数举例
位	Bool	1	1,0	TRUE,FALSE 或 1,0
字节	Byte	8	16#00 ~ 16#FF	16#12,16#AB
字	Word	16	16#0000 ~ 16#FFFF	16#ABCD,16#0001
双字	DWord	32	16#00000000 ~ 16#FFFFFFFF	16#02468ACE
字符	Char	8	16#00 ~ 16#FF	'a' 'T' '@'
短整数	SInt	8	-128 ~ 127	123,-123

续表

变量类型	符号	位数	取值范围	常数举例
整数	Int	16	-32 768 ~ 32 767	123，-123
双整数	DInt	32	-2 147 483 648 ~ 2 147 483 647	123，-123
无符号短整数	USInt	8	0 ~ 255	123
无符号整数	UInt	16	0 ~ 65 535	123
无符号双整数	UDInt	32	0 ~ 4 294 967 295	123
浮点数（实数）	Real	32	1.175495×10^{-38} ~ 3.402823×10^{38}	12.45，-3.4，-1.2E+3
双精度浮点数	LReal	64	$2.2250738585072020 \times 10^{-308}$ ~ $1.7976931348623157 \times 10^{308}$	12 345.123 456 789，-1.2×10^{40}
时间	Time	32	T#-24d20h31m23s648ms ~ T#24d20h31m23s648ms	T#1d_2h_15m_30s_45ms
日期	Date	16	D#1990-1-1 到 D#2168-12-31	D#2019-10-31
实时时间	Time_of_Day	32	TOD#0：0：0.0 到 TOD#23：59：59.999	TOD#10：20：30.400
长格式日期和时间	DTL	12B	最大 DTL#2262-04-11：23：47：16.854 775 807	DTL#2019-10-28-20：30：20.250
16位宽字符	WChar	16	16#0000 ~ 16#FFFF	WCHAR#'a'
字符串	String	n+2B	n=0 ~ 254B	STRING#'NAME'
16位宽字符串	WString	n+2字	n=0 ~ 16 382 字	WSTRING#'Hello World'

（1）位。

二进制数的1位（bit）只有0和1两种不同的取值，可用来表示开关量（或称数字量）的两种不同的状态，如触点的断开和接通、线圈的通电和断电等。如果该位为1，则表示梯形图中对应的编程元件的线圈"通电"，其常开触点接通，常闭触点断开，反之相反。位数据的数据类型也称为BOOL（布尔）型。

（2）位字符串。

数据类型Byte（字节）、Word（字）、Dword（双字）统称为位字符串，分别由8位、16位和32位二进制数组成。

SIMATIC S7 CPU中可以按照位、字节、字和双字对存储单元进行寻址。位存储单元由字节地址和位地址组成，地址的表达方式为"字节.位"，如I3.2，其中的区域标识符"I"表示输入（Input），字节地址为3，位地址为2，这种存取方式称为"字节.位"寻址方式。

8位二进制数组成1个字节（Byte），其中，第0位为最低位（LSB），第7位为最高位（MSB），比如IB3（B是Byte的缩写）由I3.0 ~ I3.7这8位组成，MB200由M200.0到M200.7组成。相邻的两个字节组成1个字（Word），比如MW200表示由字节MB200、

MB201 组成的字,MW200 中的 M 为区域标识符,W 表示字(Word)。其中 MB200 为高有效字节,MB201 为低有效字节,200 为起始字节的地址,如图 3-1 所示。

图 3-1　字节、字示意图

两个字组成 1 个双字(Double Word)。MD200 表示由 MB200~MB203 组成的双字,D 表示存取双字(Double Word),组成双字 MD200 的编号最小的字节 MB200 为 MD200 的最高有效位字节,编号最大的字节 MB203 为 MD200 的最低有效位字节。用组成双字的编号最小的字节 MB200 的编号作为双字 MD200 的编号,如图 3-2 所示。

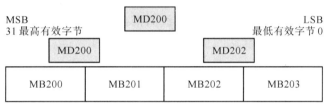

图 3-2　双字示意图

(3) 整数。

SInt 和 USInt 分别为 8 位的短整数和无符号短整数,Int 和 UInt 分别为 16 位的整数和无符号整数,DInt 和 UDInt 分别为 32 位的双整数和无符号的双整数。

有符号整数的最高位为符号位,最高位为 0 时,为正数,为 1 时,为负数。有符号整数用补码来表示,二进制正数的补码就是它本身,将一个正整数的各位取反后加 1,得到绝对值与它相同的负数的补码。

(4) 浮点数。

浮点数又称实数(REAL),可表示为 $1.m \times 2^E$,指数 E 是有符号数。ANSI/IEEE 标准浮点数为 $1.m \times 2^e$,$e = E + 127$ (0~255),范围为 $\pm 1.175\,495 \times 10^{-38}$ ~ $\pm 3.402\,823 \times 10^{38}$。最高位为浮点数的符号位,正数时为 0,负数时为 1。规定尾数的整数部分总是为 1,第 0~22 位为尾数的小数部分。8 位指数加上偏移量 127 后(0~255),放在第 23~30 位。

LReal 为 64 位的长浮点数,最高位为符号位。尾数的整数部分总是为 1,第 0~51 位为尾数的小数部分。11 位的指数加上偏移量 1 023 后(0~1 023),放在第 52~62 位。

(5) 时间与日期。

Time 是有符号双整数,其单位为 ms,能表示的最大时间为 24 天。

Date(日期)为 16 位无符号整数,无符号双整数 TOD(TIME_OF_DAY)为从指定日期的 0 时算起的毫秒数。

数据类型 DTL 的 12 个字节为年(占 2B)、月、日、星期的代码、小时、分、秒(各占 1B)和纳秒(占 4B),均为 BCD 码。星期日、星期一~星期六的代码分别为 1~7。

(6) 字符。

数据类型字符（Char）占一个字节，Char 以 ASCII 格式存储。WChar（宽字符）占两个字节，可以存储汉字和中文的标点符号。字符常量用英语的单引号来表示，例如'A'。

除了表格 3-3 中的数据类型外，PLC 还有数组（Array）和结构（Struct）类型的数组。数组是由固定数目的同一个数据类型元素组成的数据结构。结构是由固定数目的多种数据类型的元素组成的数据类型。

3. PLC 梯形图的编程原则

PLC 编程虽然有多种编程语言，但主要还是以梯形图编程为主，它比较直观易懂，也更利于调试。以下是 PLC 梯形图的编程规则。

（1）梯形图程序由若干个网路段组成。梯形图网络段的结构不增加程序长度，软件编译结果可以明确指出错误语句所在的网络段，清晰的网络结构有利于程序的调试，正确的使用网络段，有利于程序的结构化设计，使程序简明易懂。

（2）梯形图程序必须符合顺序执行的原则，即从左到右、从上到下执行。

（3）梯形图每一行都是从左母线开始，线圈接在右边。触点不能放在线圈的右边，在继电器控制的原理图中，热继电器的接点可以加在线圈的右边，而 PLC 的梯形图是不允许的。

（4）外部输入/输出继电器、内部继电器、定时器、计数器等器件的触点可多次重复使用。

（5）有些品牌的 PLC 线圈不能直接与左母线相连，必须从触点开始，以线圈或指令盒结束。如果需要，可以通过一个没有使用的内部继电器的动断触点或者特殊内部继电器的动合触点来连接。S7-1200 的 PLC 线圈可以直接与左母线相连。

（6）同一编号的线圈在一个程序中使用两次称为双线圈输出。双线圈输出容易引起误操作，应尽量避免线圈重复使用，并且不允许多个线圈串联使用。

（7）梯形图程序触点的并联网络多连在左侧母线，设计串联逻辑关系时，应将单个触点放在右边。

（8）两个或两个以上的线圈可以并联输出。

（9）每一个开关输入对应一个确定的输入点，每一个负载对应一个确定的输出点。外部按钮（包括启动和停止）一般用动合触点。

（10）输出继电器的使用方法。输出端不带负载时，控制线圈应使用内部继电器 M 或其他线圈，不要使用输出继电器 Q 的线圈。

4. 相关位逻辑指令

1) 常开触点与常闭触点

─┤"IN"├─ 常开触点：在赋的位值为 1 时，常开触点将闭合（ON）；在赋的位值为 0 时，常开触点将断开（OFF）。

─┤"IN"/├─ 常闭触点：在赋的位值为 0 时，常闭触点将闭合（ON）；在赋的位值为 1 时，常闭触点将断开（OFF）。

可将触点相互连接并创建用户自己的组合逻辑。如果用户指定的输入位使用存储器标识符 I（输入）或 Q（输出），则从过程映像寄存器中读取位值。控制过程中的物理触点信号会连接到 PLC 上的 I 端子。CPU 扫描已连接的输入信号并持续更新过程映像输入寄存器中的相应状态值。通过在 I 偏移量后加入 ":P",可指定立即读取物理输入。对于立即读取,直接从物理输入读取位数据值,而非从过程映像中读取。立即读取不会更新过程映像。

2) 取反 RLO 触点

—|NOT|— 取反触点:RLO 是逻辑运算结果的简称,中间有 "NOT" 的触点为取反 RLO 触点,如果没有 "能流" 流入取反 RLO 触点,则有 "能流" 流出。如果有 "能流" 流入取反 RLO 触点,则没有 "能流" 流出,如图 3-3 所示。

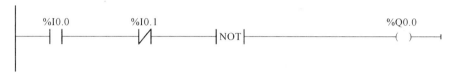

图 3-3 取反触点

3) 线圈

—("OUT")— 输出线圈:线圈将输入的逻辑运算结果(RLO)的信号状态写入指定的地址,线圈通电时写入 1,断电时写入 0。

—(/"OUT")— 反向输出线圈:如果有 "能流" 流过 M1.1 的取反线圈,则 M1.1 为 0 状态,其常开触点断开,反之 M1.1 为 1 状态,其常开触点闭合,如图 3-4 所示。

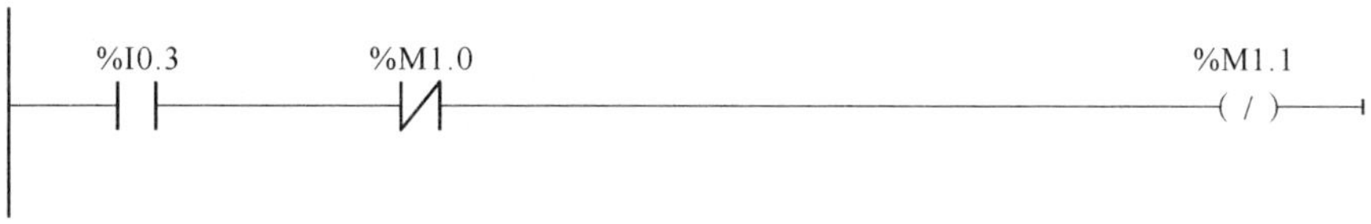

```
    %I0.3      %M1.0                              %M1.1
 ——| |————————|/|————————————————————————————————( / )——
```

图 3-4 取反线圈

PLC 可以用 Q0.1:P 的线圈将位数据值写入过程映像输出 Q0.1,同时立即直接写给对应的物理输出点,如图 3-5 所示。

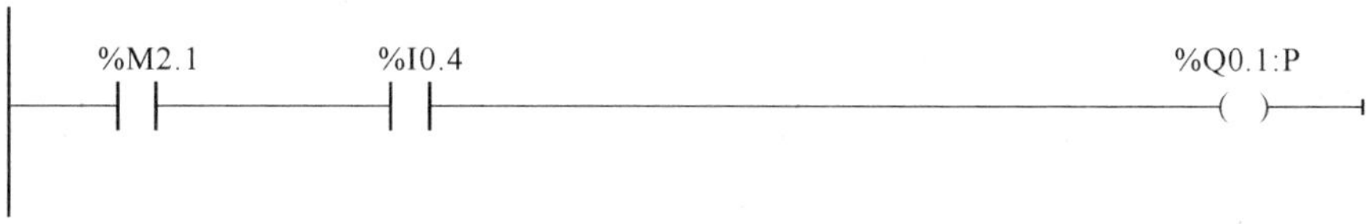

```
    %M2.1      %I0.4                              %Q0.1:P
 ——| |————————| |—————————————————————————————————(   )——
```

图 3-5 立即输出

3.1.3 案例分析

在做该任务前,这里分析一个相关的案例,要求如下:

按下 1 号按钮 SB1,1 号指示灯亮;按下 2 号按钮 SB2,2 号指示灯闪烁;按下 3 号按钮 SB3,所有指示灯停止。

先确定 PLC 的 I/O 分配,1 号按钮 SB1:I0.0,2 号按钮 SB2:I0.1,3 号按钮 SB3:I0.2,1 号指示灯:Q0.0,2 号指示灯:Q0.1。PLC 变量表如图 3-6 所示,这个变量表是自己建立的变量表。

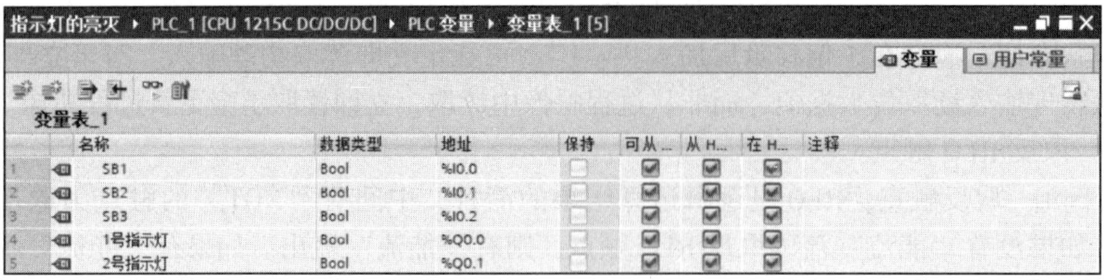

图 3-6 PLC 变量表

在 PLC 的"属性"设置"常规"选项里开启时钟存储位,如图 3-7 所示,单击"确定"完成设置。这里可以修改时钟存储器位的地址,也可以采用默认设置,以 MB0 作为时钟存储器字节的地址,若选择闪烁的频率为 1 Hz,那可以用 M0.5 表示,让其通断各占 0.5 s,周期为 1 s。若选择闪烁的频率为 2 Hz,那可以用 M0.3 表示,让其通断各占 0.25 s,周期为 0.5 s。设置完成的位存储器变量系统自动放在默认变量表中,如图 3-8 所示。PLC 程序如图 3-9 所示。

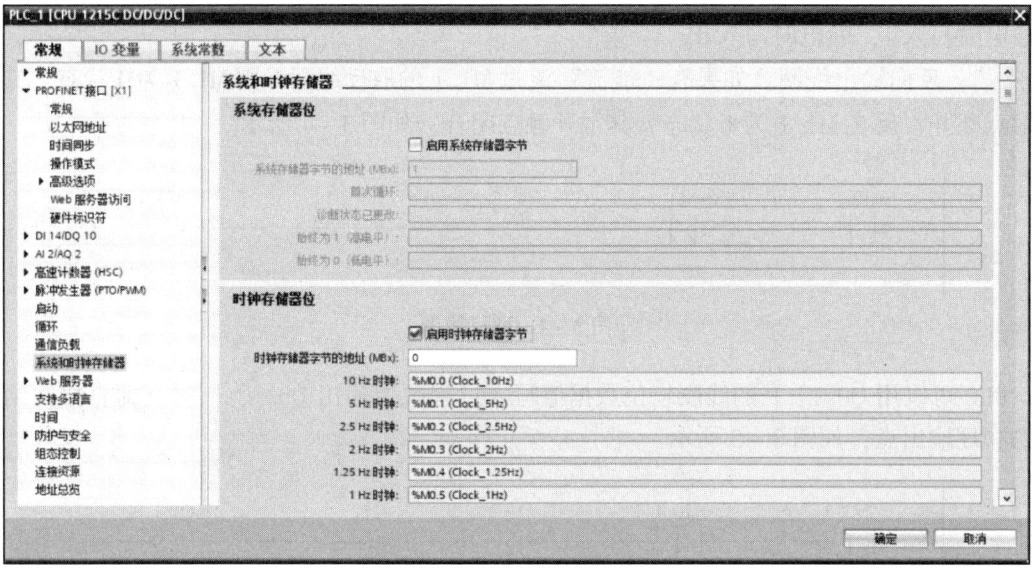

图 3-7 时钟存储器位设置

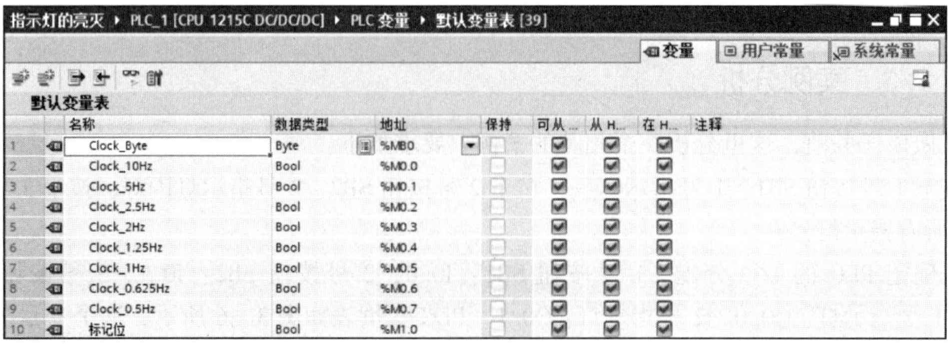

图 3-8 PLC 默认变量表

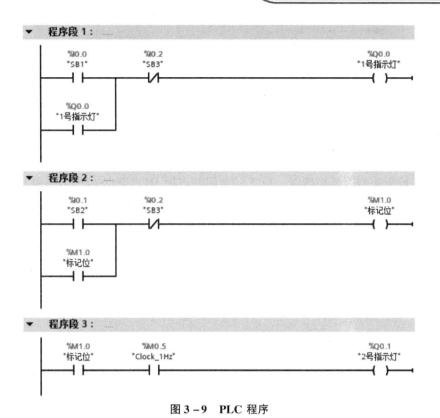

图 3-9 PLC 程序

程序段 1 和程序段 2 都是典型的启保停控制，按下按钮 SB1，1 号指示灯接通并自锁，按下按钮 SB2，M1.0 接通并自锁。这里不能像程序段 1 那样直接在程序段 2 后串联 M0.5 来控制 2 号指示灯，因为时钟信号会导致自锁回路断开从而不能持续闪烁，所以这里采用标记位 M1.0 来存储 SB2 按钮按下后的状态，在程序段 3 串联 M0.5 使得 Q0.1 控制 2 号指示灯。按下停止按钮 SB3，指示灯都停止。

3.1.4 任务实施

1. 确定 I/O 分配表

这个任务的要求与案例的任务要求有部分类似，都是控制指示灯的亮灭及闪烁，但这里只控制一个指示灯的三种状态。根据 PLC 的编程原则，同样标号的输出线圈只能出现 1 次，为避免双线圈的情况，需要设置位存储器 M 来保持这些不同的状态。PLC 变量表如图 3-10 所示。

2. 程序设计与调试

PLC 程序如图 3-11 所示。在该程序中，指示的三种状态用了三个标志位 M1.0、M1.1、M1.2。当 1 号按钮按下时，M1.0 线圈接通，M1.0 常开触点闭合，Q0.0 接通，指示灯亮；1 号按钮复位时，M1.0 线圈断开，M1.0 常开触点断开，Q0.0 也断开，指示灯灭。当 2 号按钮按下时，M1.1 接通并自锁，Q0.0 也接通，指示灯亮；按钮复位后，指示灯仍然亮。当 4 号按钮按下时，M1.2 线圈接通，M0.5 是频率为 1 Hz 的时钟存储器位，因此 Q0.0 闪烁。在任意状态按下其他功能的按钮时，都可以直接切换到该功能的状态。比如在指示灯

变量表_1

	名称	数据类型	地址	保持	可从…	从 H…	在 H…
1	1号按钮	Bool	%I0.0	☐	☑	☑	☑
2	2号按钮	Bool	%I0.1	☐	☑	☑	☑
3	3号按钮	Bool	%I0.2	☐	☑	☑	☑
4	4号按钮	Bool	%I0.3	☐	☑	☑	☑
5	指示灯	Bool	%Q0.0	☐	☑	☑	☑
6	点亮标志位	Bool	%M1.0	☐	☑	☑	☑
7	常亮标志位	Bool	%M1.1	☐	☑	☑	☑
8	闪烁标志位	Bool	%M1.2	☐	☑	☑	☑

图 3-10　PLC 变量表

常亮状态下，按下 4 号闪烁按钮时，I0.3 的常闭触点把 M1.1 的支路断开，从而断掉常亮支路，I0.3 的常开触点把 M1.2 的支路接通，实现指示灯的闪烁。在指示灯常亮或闪烁状态下，按下 3 号停止按钮时，标志位断开，Q0.0 断开，指示灯灭。

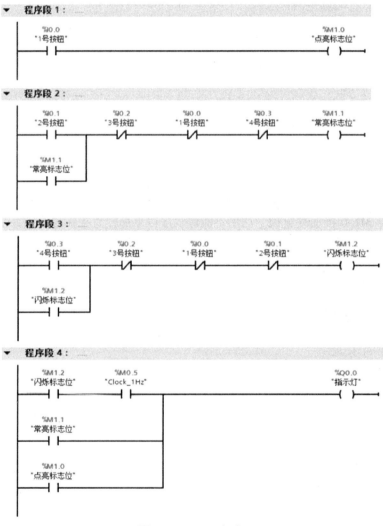

图 3-11　PLC 程序

程序编制完成后，进行程序编译，编译成功后，按照前文入门项目的流程进行项目的下载，若不能成功下载，则根据提示检查 PLC 的通信与连接。下载成功后，可以进行 PLC 的仿真，也可以在 PLC 外部端子部分接上按钮和指示灯，观察指示灯的工作状态。

3.2 三相异步电机的正反转控制

3.2.1 任务要求

子任务1：

按下正向启动按钮，电机正转。按下反向启动按钮，三相异步电机反转。在任何时候按下停止按钮，电机立刻停止。正反转可以直接通过按钮切换。

子任务2：

在停止状态下，按下正向启动按钮，三相异步电机正转。在停止状态下，按下反向启动按钮，三相异步电机反转。电机正转状态下，按下反向启动按钮，三相异步电机先停止，松开按钮后，电机再反转。电机反转状态下，按下正向启动按钮，三相异步电机先停止，松开按钮后，电机再正转（用边沿指令）。本书提到的"电机"均指"电动机"，下同。

3.2.2 相关知识

1. 置位、复位输出指令

—(S)— 置位指令：置位1位，S（置位）激活时，OUT 地址处的数据值设置为1。S不激活时，OUT 不变。简单地说，S（置位输出）指令将指定的位操作数置位。

—(R)— 复位指令：复位1位，R（复位）激活时，OUT 地址处的数据值设置为0。R不激活时，OUT 不变。简单地说，R（复位输出）指令将指定的位操作数复位。

如果同一操作数的 S 线圈和 R 线圈同时断电，指定操作数的信号状态不变。置位输出指令与复位输出指令最主要的特点是有记忆和保持功能。

图3-12所示为置位和复位指令的简单例子。如果 I0.1 的常开触点闭合，Q0.0 变为1状态，并保持该状态。即使 I0.1 的常开触点断开，Q0.0 也仍然保持1状态。在程序状态中，用 Q0.0 的 S 和 R 线圈连续的绿色圆弧和绿色的字母表示 Q0.0 为1状态，用间断的蓝色圆弧和蓝色的字母表示0状态。如果 I0.2 的常闭触点闭合，Q0.0 变为0状态并保持该状态。即使 I0.2 的常闭触点断开，Q0.0 也仍然保持0状态。

图3-12　置位和复位指令

2. 置位位域指令与复位位域指令

─┤ SET_BF ├─ 置位位域指令：SET_BF 激活时，将指定的地址开始的连续的若干个位地址置位，即从地址 OUT 处开始的 "n" 位分配数据置1。SET_BF 不激活时，OUT 不变。

─┤ RESET_BF ├─ 复位位域指令：RESET_BF 将指定的地址开始的连续的若干个位地址复位。

3. 置位/复位触发器与复位/置位触发器

SR 方框是置位/复位（复位优先）触发器，RS 方框是复位/置位（置位优先）触发器，SR 与 RS 触发器的功能见表 3-4。

表 3-4 SR 和 RS 触发器的功能

SR 触发器			RS 触发器		
S	R1	输出位	S1	R	输出位
0	0	保持	0	0	保持
0	1	0	0	1	0
1	0	1	1	0	1
1	1	0	1	1	1

图 3-13 所示为 SR 触发器和 RS 触发器的简单例子。M7.0 常开触点闭合时，输出线圈 M7.3 接通。M7.1 为1时，输出线圈 M7.3 断开。M7.4 常开触点闭合时，输出线圈 M7.7 断开。M7.5 为1时，输出线圈 M7.7 闭合。在置位（S）和复位（R1）信号同时为1时，方框上的输出位 M7.2 被复位为0，可选的输出 Q 反映了 M7.2 的状态。在置位（S1）和复位（R）信号同时为1时，方框上的 M7.6 置位为1，可选的输出 Q 反映了 M7.6 的状态。

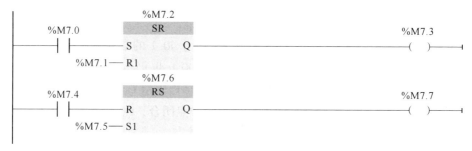

图 3-13 SR 触发器和 RS 触发器

4. 上升沿检测触点和下降沿检测触点指令

上升沿检测触点和下降沿检测触点指令也称扫描操作数信号边沿的指令。

─┤ P ├─ 上升沿检测触点指令：它也称为"扫描操作数的信号上升沿"。在分配的 "IN"

位上检测到正跳变（关到开）时，该触点的状态为 TRUE。该触点逻辑状态随后与能流输入状态组合以设置能流输出状态。P 触点可以放置在程序段中除分支、结尾外的任何位置。

图 3-14 所示为上升沿检测触点指令的简单例子。在 I0.6 的上升沿（I0.6 由 0 状态变为 1 状态），该触点接通一个扫描周期 M5.0 开始的连续 4 个存储器位置位。M4.3 为边沿存储位，用来存储上一次扫描循环时 I0.6 的状态。通过比较 I0.6 前后两次循环的状态，来检测信号的边沿。边沿存储位的地址只能在程序中使用一次，不能用代码块的临时局部数据或 I/O 变量来作边沿存储位。

图 3-14 上升沿检测触点指令

—|N|— 下降沿检测触点指令：它也称为"扫描操作数的信号下降沿"。在分配的输入位上检测到负跳变（开到关）时，该触点的状态为 TRUE。该触点逻辑状态随后与能流输入状态组合以设置能流输出状态。N 触点可以放置在程序段中除分支、结尾外的任何位置。

图 3-15 所示为下降沿检测触点指令的简单例子。在 M4.4 的下降沿（M4.4 由 1 状态变为 0 状态）该触点接通一个扫描周期，RESET_BF 的线圈"通电"一个扫描周期，M5.4 开始的连续 3 个存储器位复位。该触点下面的 M4.5 为边沿存储位。

图 3-15 下降沿检测触点指令

所有沿指令均使用存储器位（M_BIT）存储要监视的输入信号的前一个状态。通过将输入的状态与存储器位的状态进行比较来检测沿。如果状态指示在关注的方向上有输入变化，则会在输出写入"TRUE"来报告沿，否则，输出会写入"FALSE"。

5. 边沿检测线圈指令

边沿检测线圈指令也称在信号边沿置位操作数的指令，分为上升沿检测线圈指令和下降沿检测线圈指令两种。

—(P)— 上升沿检测线圈指令：这种中间有 P 的线圈也称"在信号上升沿置位操作数"指令。在进入线圈的能流中检测到正跳变（关到开）时，分配的位"OUT"为 TRUE。能流输入状态总是通过线圈后变为能流输出状态。P 线圈可以放置在程序段中的任何位置。

"OUT"
─(N)─下降沿检测线圈指令：这种中间有 N 的线圈也称"在信号下降沿置位操作数"
"M_BIT"
指令。在进入线圈的能流中检测到负跳变（开到关）时，分配的位"OUT"为 TRUE。能流输入状态总是通过线圈后变为能流输出状态。N 线圈可以放置在程序段中的任何位置。

这两条边沿检测线圈不会影响逻辑运算结果 RLO，它对能流是畅通无阻的，其输入的逻辑运算结果被立即送给线圈的输出端。这两条指令可以放置在程序段的中间或最右边。

%M6.1
─(P)─表示仅在流进该线圈的能流的上升沿，该指令的输出位 M6.1 为 1 状态。其他情
%M6.2
况下 M6.1 均为 0 状态，M6.2 为保存 P 线圈输入端的 RLO 的边沿存储位。

%M6.3
─(N)─表示仅在流进该线圈的能流的下降沿，该指令的输出位 M6.3 为 1 状态。其他情
%M6.4
况下 M6.3 均为 0 状态，M6.4 为边沿存储位。

图 3-16 所示为边沿检测线圈指令的简单例子。在运行时用外接的开关使 I0.7 变为 1 状态时，I0.7 的常开触点闭合，能流经 P 线圈和 N 线圈流过 M6.5 的线圈。在 I0.7 的上升沿，M6.1 的常开触点闭合一个扫描周期，使 M6.6 置位；在 I0.7 的下降沿，M6.3 的常开触点闭合一个扫描周期，使 M6.6 复位。

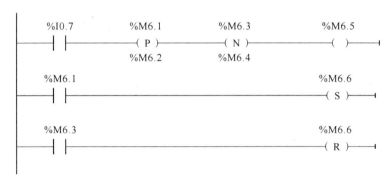

图 3-16 边沿检测线圈指令

6. 扫描 RLO 的信号边沿指令

P_TRIG
─CLK Q─为扫描 RLO 的信号上升沿指令。在流进该指令（P_TRIG 指令）的 CLK
"M_BIT"
输入端的能流（即 RLO）的上升沿，Q 端输出脉冲宽度为一个扫描周期的能流，方框下面的 M_BIT 是脉冲存储位。

N_TRIG
─CLK Q─为扫描 RLO 的信号下降沿指令。在流进该指令（N_TRIG 指令）的 CLK
"M_BIT"
输入端的能流的下降沿，Q 端输出一个扫描周期的能流。方框下面的 M_BIT 是脉冲存储器位。P_TRIG 指令与 N_TRIG 指令不能放在电路的开始处和结束处。

图 3-17 所示为扫描 RLO 的信号边沿指令的简单例子。在流进 P_TRIG 指令的 CLK 输入端的能流的上升沿（能流刚出现），Q 端输出一个扫描周期的能流，使 M8.1 置位。指令框下面的 M8.0 是脉冲存储位。在流进 N_TRIG 指令的 CLK 输入端的能流的下降沿（能流刚

消失），Q 端输出一个扫描周期的能流，使 Q0.6 复位。指令框下面的 M8.2 是脉冲存储位。

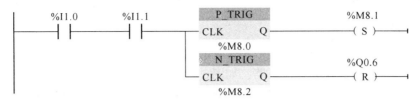

图 3-17 扫描 RLO 的信号边沿指令

7. 检测信号边沿指令

R_TRIG 是"检测信号上升沿"指令。F_TRIG 是"检测信号下降沿"指令，如图 3-18 所示。它们是函数块，在调用时应为它们指定背景数据块。这两条指令将输入 CLK 的当前状态与背景数据块中的边沿存储位保存的上一个扫描周期的 CLK 的状态进行比较。如果 R_TRIG 指令检测到 CLK 的上升沿，则会通过 Q 端输出一个扫描周期的脉冲，从而使 M4.0 也接通一个扫描周期。如果 F_TRIG 指令检测到 CLK 的下降沿，则会通过 Q 端输出一个扫描周期的脉冲，从而使 M4.2 也接通一个扫描周期。

在输入 CLK 输入端的电路时，选中左侧的垂直"电源"线，双击收藏夹中的"打开分支"按钮，生成一个串联电路。用鼠标将串联电路右端的双箭头拖拽到 CLK 端。松开鼠标左键，串联电路被连接到 CLK 端。

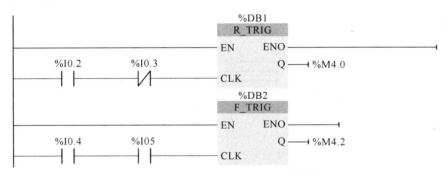

图 3-18 R_TRIG 和 F_TRIG 指令

8. 各种边沿检测指令的不同点

以上升沿检测为例，P 触点用于检测触点上面的地址的上升沿，并且直接输出上升沿脉冲。其他 3 种指令都是用来检测 RLO（流入它们的能流）的上升沿。

P 线圈用于检测能流的上升沿，并用线圈上面的地址来输出上升沿脉冲。其他 3 种指令都是直接输出检测结果。

R_TRIG 指令与 P_TRIG 指令都是用于检测流入它们的 CLK 端的能流的上升沿，并直接输出检测结果。其区别在于 R_TRIG 指令用背景数据块保存上一次扫描循环 CLK 端信号的状态，而 P_TRIG 指令用边沿存储位来保存它。

3.2.3 任务实施

1. 子任务1

根据前文的子任务1的要求，我们知道它的功能与传统的接触器控制的电机正反转电路相似。普通的三相电机正反转控制电路，如图3-19所示。这里可以利用转换设计法来进行PLC控制设计。转换设计法就是将继电器或接触器控制电路图转换成与原有功能相同的PLC的梯形图，这种等效转换是一种简便快捷的编程方法。

转换设计法的步骤有以下几点：

（1）了解和熟悉被控设备的工艺过程和机械的动作情况，根据继电器电路图分析和掌握控制系统的工作原理。

（2）确定PLC的输入信号和输出信号，画出PLC的外部接线图。

（3）确定PLC梯形图中的辅助继电器（M）、定时器（T）等元件号。

（4）根据上述对应关系画出PLC的梯形图。

（5）根据被控设备的工艺过程和机械的动作情况及梯形图编程的基本规则，优化梯形图，使梯形图既符合控制要求，又具有合理性、条理性和可靠性。

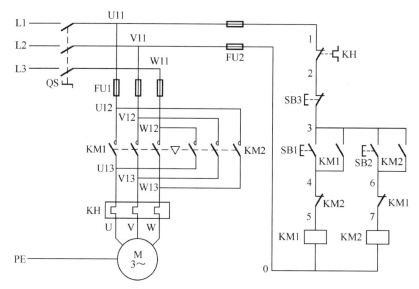

图3-19 三相电机正反转控制电路

1）确定I/O分配表

根据转换设计法，这里可以确定PLC控制的I/O分配表，如表3-5所示。正反转控制的主电路保持原来的电路不变，PLC外部接线图及继电器转换电路如图3-20所示。

表3-5 电机正反转I/O分配表

输入/输出元件	地址	作用
SB1按钮（常开型）	I0.1	电机正转
SB2按钮（常开型）	I0.2	电机反转
SB3按钮（常开型）	I0.3	电机停止

续表

输入/输出元件	地址	作用
KH1 热继电器常闭触点	I0.4	过载保护
KA1 中间继电器	Q0.0	控制电机正转
KA2 中间继电器	Q0.1	控制电机反转

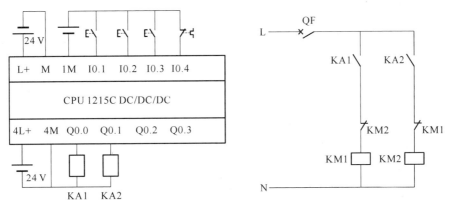

图 3-20 PLC 外部接线图及继电器转换电路

2）程序设计与调试

三相电机的正反转控制 PLC 程序如图 3-21 所示。这个程序是按照转换设计法转换而来的，由于 PLC 外部接入的是热继电器的常闭触点，所以对应的输入寄存器 I0.4 要串入常开触点才能使电机停止，起到断电保护作用。在电机停止状态下，按下正转按钮 SB1，I0.1 常开触点接通，此时电机若没有过载，那么 I0.4 常开触点是接通的，能流流过 Q0.0 线圈使其接通，输出元件 KA1 中间继电器线圈接通，KA1 常开触点接通使接触器 KM1 通电，电机正转。在停止状态下，电机反转的工作过程类似。在正转状态下，按下反转按钮 SB2，对应的 I0.2 常闭触点断开，断开正转回路，I0.2 常开触点闭合，接通反转回路，电机反转。在反转状态下，按下正转按钮 SB1 的工作过程类似。按下停止按钮 SB3，电机立即停止。程序中还要实现软件互锁，和传统接触器控制电路一样，把 Q0.1 的常闭触点串入 Q0.0 的回路中，把 Q0.0 的常闭触点串入 Q0.1 的回路中，避免正反转同时接通出现短路的情况。

在设计电机正反转控制程序时要注意软件和硬件双重互锁（或称联锁）。如果没有硬件互锁，从正转切到反转，由于切换过程中电感的延时作用，可能会出现原来接通的接触器的主触点还未断弧，另一个接触器的主触点已经合上的现象，从而造成电流瞬间短路的故障。此外，若没有硬件互锁，且因为主电路电流过大或接触器质量不好，则某一接触器的主触点被断电时产生的电弧熔焊而被粘结，其线圈断电后主触点仍然是接通的，这时如果另一个接触器的线圈通电，就会造成三相电源短路故障。在该任务中，如图 3-20 所示的继电器转换电路中采用了硬件互锁。

三相电机的正反转控制 PLC 程序可以用置位复位指令编制，如图 3-22 所示。在电机停止状态，按下 SB1 正转按钮，Q0.0 置位，电机正转。在电机正转时，按下 SB2 反转按钮，反转的工作情况同正转类似。这里要注意的是，I0.4 外部接入的热继电器是常闭触点，电机正常不过载的情况，PLC 内部的 I0.4 线圈是接通的，I0.4 常闭触点处于断开状态。电机

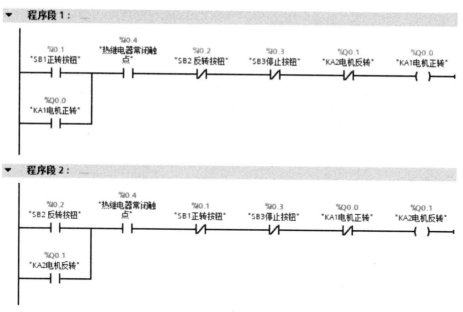

图 3-21　三相电机正反转控制的 PLC 程序

过载时，热继电器常闭触点断开，PLC 内部的 I0.4 线圈断开，I0.4 常闭触点处于闭合状态，从而能接通复位回路，把输出 Q0.0 和 Q0.1 线圈断开，使得电机停止。

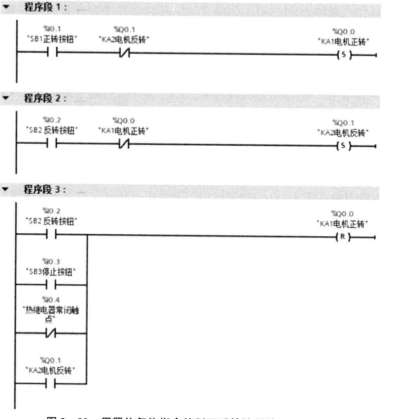

图 3-22　用置位复位指令编制正反转控制的 PLC 程序

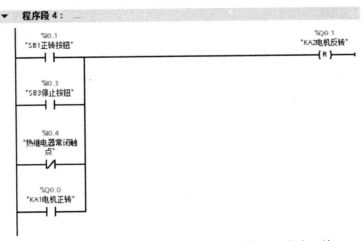

图 3-22 用置位复位指令编制正反转控制的 PLC 程序（续）

程序编制完成后，进行程序编译，编译成功后进行项目的下载。下载成功后，可以进行 PLC 的仿真，也按 PLC 的外部接线图及继电器转换电路图进行接线，电机主电路的接线和接触器控制的正反转控制电路一样。按下正向或反向启动按钮，并开启程序监控，观察各程序软元件的通断状态、继电器和接触器的通断状态以及电机的通断状态。

2. 子任务 2

任务 2 的 PLC I/O 分配表和外部接线图与任务 1 一样，其 PLC 程序如图 3-23 所示。这个程序里用到了边沿检测指令，PLC 程序的工作原理请自行分析。

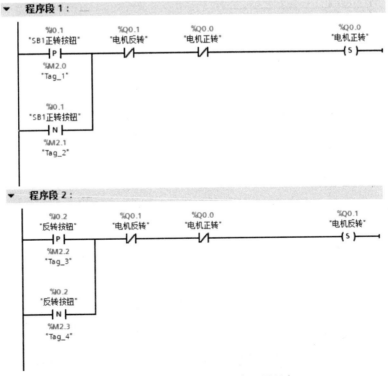

图 3-23 正反转控制 PLC 程序（子任务 2）

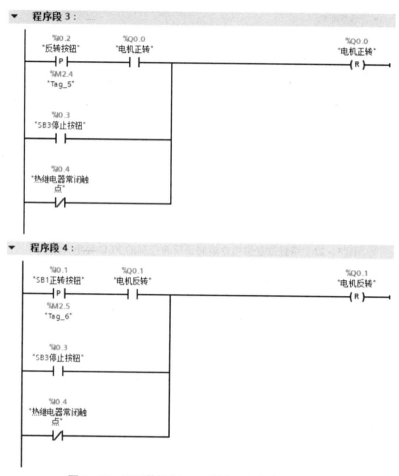

图 3-23 正反转控制 PLC 程序（子任务 2）（续）

3.3 三相异步电机的顺序启停控制

3.3.1 任务要求

按下启动按钮，1 号电机先启动，2 号电机才能启动。按下停止按钮，2 号电机先停止，1 号电机才能停止。

任务的功能与传统的接触器控制的电机顺序启停电路一样。接触器控制的电机顺序启停电路，如图 3-24 所示。

3.3.2 任务实施

1. 确定 I/O 分配表

确定 PLC 控制的 I/O 分配表，如表 3-6 所示。PLC 的外部接线图请参考正反转的外部接线图，接线方法与其类似。

模块3 位逻辑指令的编程与调试

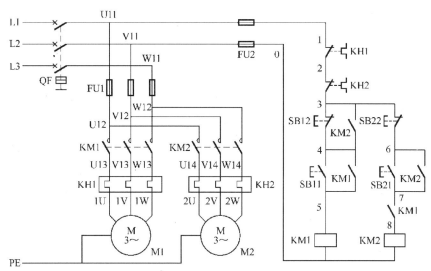

图 3-24 接触器控制的电机顺序启停电路

表 3-6 电机顺序控制 I/O 分配表

输入/输出元件	地址	作用
SB11 按钮（常开型）	I0.0	M1 电机启动
SB12 按钮（常开型）	I0.1	M1 电机停止
SB21 按钮（常开型）	I0.2	M1 电机启动
SB22 按钮（常开型）	I0.3	M2 电机停止
KH1 热继电器（常闭型）	I0.4	M1 电机过载保护
KH2 热继电器（常闭型）	I0.5	M2 电机过载保护
KA1 继电器	Q0.0	控制 M1 电机
KA2 继电器	Q0.1	控制 M2 电机

2. 程序设计与调试

程序可以按照转换设计法转换，与上个任务的正反转控制类似，也可以采用置位复位指令，这里采用置位/复位触发器指令，如图 3-25 所示。

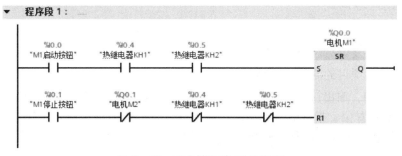

图 3-25 顺序控制的 PLC 程序

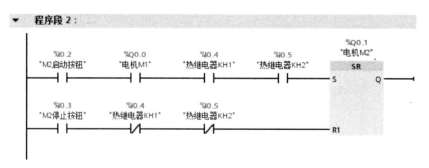

图 3-25 顺序控制的 PLC 程序（续）

程序编制完成后，进行程序编译，编译成功后，按照前文入门项目的流程进行项目的下载、仿真与调试。按下 M1 启动按钮，Q0.0 置位，电机 M1 接通，Q0.0 的常开触点接通，这时按下 M2 启动按钮，Q0.1 置位，电机 M2 接通。若电机 M1 没接通，那么 Q0.0 的常开触点不通，按下 M2 启动按钮，Q0.1 也不能置位，电机 M2 也不能接通。停止的时候，必须要先按 M2 停止按钮，使得 Q0.1 复位，电机 M2 停止后，Q0.1 的常闭触点接通，这时按下 M1 停止按钮才能使 Q0.0 复位，电机 M1 才能停止。

3.4 单按钮启停控制

3.4.1 任务要求

按下按钮，指示灯亮，松开按钮后，指示灯仍亮，再次按下按钮后，指示灯熄灭，松开按钮后，灯仍灭。再按下按钮灯又亮，即每按下一次按钮，灯的状态改变一次。

3.4.2 任务实施

1. 确定 I/O 分配

根据任务要求，可以确定 I/O 分配很简单，仅一个输入点和一个输出点。按钮：I0.0，指示灯：Q0.0。

2. 程序设计与调试

1）程序 1

该任务可采用复位/置位触发器指令，程序如图 3-26 所示。程序编制完成及编译成功后，按照前文入门项目的流程进行项目的下载、仿真与调试。

按下按钮 I0.0，输出接通一个扫描周期，由于当前 Q0.0 的常闭触点接通，执行 RS 触发器指令后 Q0.0 置位，指示灯亮。第二次按下按钮时，输出再接通一个扫描周期，由于当前 Q0.0 的常开触点接通，执行 RS 触发器指令后 Q0.0 复位，指示灯灭。

2）程序 2

该任务可采用信号上升沿指令，其 PLC 程序如图 3-27 所示。

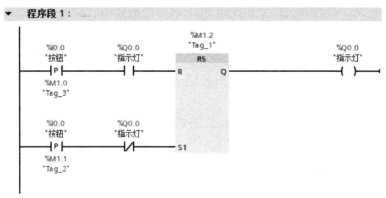

图3-26 单按钮启停控制PLC程序

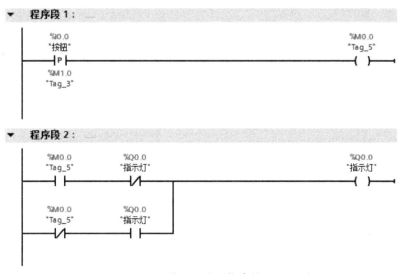

图3-27 采用信号上升沿指令的PLC程序

程序2的工作原理：按下按钮，M0.0接通一个扫描周期，当前Q0.0的常闭触点接通，使输出Q0.0接通，指示灯亮。第二个扫描周期后，M0.0断开，M0.0常闭触点接通，Q0.0常开触点接通，Q0.0维持接通，因此松开按钮后，指示灯保持亮的状态。第二次按下按钮时，M0.0接通一个扫描周期，M0.0常开触点接通，但Q0.0常闭触点断开，Q0.0常开触点接通，但M0.0的常闭触点断开，两条并联支路都不通，使输出Q0.0断开，指示灯灭。在第二个扫描周期后，M0.0断开，M0.0常开触点断开，Q0.0常开触点断开，两条并联支路仍然都不通，指示灯保持灭的状态。

3.5 故障信号显示控制

3.5.1 任务要求

设计一个故障信息显示控制程序，从故障信号I0.0的上升沿开始，Q0.0控制的指示灯以 1 Hz 的频率闪烁。操作人员按复位按钮 I0.1 后，如果故障已经消失，则指示灯熄灭。如果没有消失，则指示灯转为常亮，直至故障消失。

3.5.2 任务实施

1. 确定 I/O 分配

根据任务要求，确定故障信号显示控制的 I/O 分配。故障信号：I0.0，复位按钮：I0.1，指示灯：Q0.0。

2. 程序设计与调试

该任务的程序如图 3-28 所示。程序编制完成及编译成功后，按照前文入门项目的流程进行项目的下载、仿真与调试。

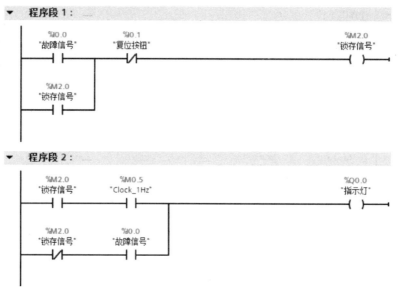

图 3-28 故障信号显示控制程序

当有故障信号时，I0.0 接通，M2.0 线圈接通并自锁。M2.0 常开触点接通，M0.5 为频率为 1 Hz 的时钟存储器位，Q0.0 指示灯闪烁。若故障没有消失，则按下复位按钮，I0.1 常闭触点断开，M2.0 锁存信号的线圈断电，M2.0 常闭触点闭合，指示灯常亮。若故障已经消失，则 I0.0 故障信号的常开触点断开，指示灯灭。该任务也可以采用置位/复位指令编程。

  练习

1. 传送带的 PLC 控制

设计一个传送带的 PLC 控制，其示意图如图 3-29 所示。控制要求：在传送带的起点有两个按钮，分别为用于启动的 S1 和用于停止的 S2。在传送带的尾端也有两个按钮：用于启动的 S3 和用于停止的 S4。要求能从任一端启动或停止传送带。另外，当传送带上的物件到达末端时，传感器 S5 使传送带停止。

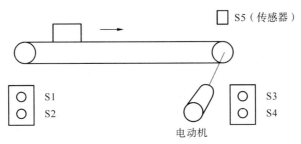

图 3-29 传送带示意图

2. 简易抢答器的 PLC 控制

设计一个简易抢答器的 PLC 控制，控制要求：抢答器有三个抢答按钮，分别为 1 号按钮、2 号按钮、3 号按钮，一个复位按钮，有三个指示灯分别为 1 号指示灯、2 号指示灯和 3 号指示灯。要求：三人中任意抢答，谁先按按钮，谁的指示灯优先亮且只能亮一盏灯，进行下一问题时主持人按复位按钮，抢答重新开始。

定时器/计数器指令的编程与调试

4.1 指示灯的延时循环控制

4.1.1 任务要求

按下启动按钮,开始定时,6 s 后绿灯亮;再过 6 s,绿灯灭,黄灯亮;又过 6 s 后黄灯灭,红灯闪烁;4 s 后红灯灭,延时 6 s 后绿灯又开始亮。指示灯按上述顺序循环亮,这样周而复始。运行期间,若按下停止按钮,任何灯都灭。

4.1.2 相关知识

在工业生产的控制任务中,经常需要各种各样的定时器和计数器,它是 PLC 指令中使用频率很高的指令,如电机的星形启动经延后转换到三角形运行;各种机床的延时顺序控制;车场车位的控制要用到计数器;工业机器人中机械手的控制也需要用到定时器和计数器。

用户程序中可以使用的定时器数仅受 CPU 存储器容量限制。每个定时器均使用 16 字节的 IEC_Timer 数据类型的 DB 结构来存储功能框或线圈指令顶部指定的定时器数据。TIA 博途软件会在插入指令时自动创建该数据块 DB。

定时器共有四种类型:脉冲定时器(TP)、接通延时定时器(TON)、断开延时定时器(TOF)、保持型接通延时定时器(TONR)。四种定时器的格式及说明如表 4-1 所示。定时器线圈通电时启动,它的功能与对应的方框定时器指令相同。

表 4-1 四种定时器格式及说明

LAD 功能框	线圈	说明
%DB1 "IEC_Timer_0_DB" TP Time — IN Q — <???>— PT ET — …	%DB1 "IEC_Timer_0_DB" —(TP)— Time <???>	TP 脉冲定时器,输入信号(IN)的上升沿生成具有预设宽度时间的脉冲
%DB2 "IEC_Timer_0_DB_1" TON Time — IN Q — <???>— PT ET — …	%DB2 "IEC_Timer_0_DB_1" —(TON)— Time <???>	TON 接通延时定时器,输入(IN)为 1,经过预置的延时时间后,输出 Q 为 1
%DB3 "IEC_Timer_0_DB_2" TOF Time — IN Q — <???>— PT ET — …	%DB3 "IEC_Timer_0_DB_2" —(TOF)— Time <???>	TOF 断开延时定时器,输入(IN)为 1 时,输出 Q 为 1;输入(IN)为 0 时,经过预置的时间后,输出 Q 为 0
%DB4 "IEC_Timer_0_DB_3" TONR Time — IN Q — …— R ET — … <???>— PT	%DB4 "IEC_Timer_0_DB_3" —(TONR)— Time <???>	TONR 保持型接通延时定时器,输入(IN)为 1 时,经过预置的延时时间后,输出 Q 设置为 1,在使用 R 输入重置经过的时间之前,会跨越多个定时时段一直累加经过的时间。输入脉冲宽度可以小于预置时间值

在博途环境下添加 IEC 定时器时,系统会自动为其分配背景数据块,定时器指令的数据保存在背景数据块中。IEC 定时器的背景数据块包含如下参数,如图 4-1 所示。

名称	数据类型	起始值	保持
▼ Static			
■ PT	Time	T#0ms	☐
■ ET	Time	T#0ms	☐
■ IN	Bool	false	☐
■ Q	Bool	false	☐

图 4-1 定时器背景数据块参数

IEC 定时器没有编号,可以用背景数据块的名称作定时器的标识符,如"T1""电机启动延时"等。定时器的输入输出参数如表 4-2 所示。

表 4-2 定时器的输入输出参数

参数	数据类型	说明
IN	Bool	启用定时器输入
R	Bool	将 TONR 经过的时间重置为 0
PT	Bool	预设的时间值输入
Q	Bool	定时器输出
ET	Time	经过的时间值输出
定时器数据块	DB	指定要使用 RT 指令复位的定时器

参数 IN 从 0 变为 1，将启动 TP、TON、TONR，从 1 变为 0，将启动 TOF。ET 为定时开始后经过的时间，或称为已耗时间值，数据类型为 32 位的 Time，单位为 ms。

IEC 定时器的时间值是一个 32 位的双整型变量（DInt），默认为毫秒（ms），最大定时值为 2 147 483 647 ms。当然，以毫秒计算有时候是不方便的，S7-1200 也支持以 天-小时-分钟-秒的方式计时，在时间值的前面加上符号"T#"，比如定时 200 s，写作：T#200s；定时 1 天-2 小时-30 分钟-5 秒-200 毫秒，写作：T#1d_2h_30m_5s_200ms，如图 4-2 所示。

图 4-2 定时器的时间书写格式

1. 脉冲定时器指令

脉冲型定时器的指令标识为 TP，可以将输出 Q 置位为 PT 预设的一段时间，当定时器的 IN 使能端的状态从 OFF 变为 ON 时，可启动该定时器指令，定时器开始计时。无论后续使能端的状态如何变化，输出 Q 置位由 PT 指定的一段时间。若 IN 输入信号为 0 状态，则当前时间变为 0；若 IN 为 1，则当前值保持不变，如图 4-3 所示。

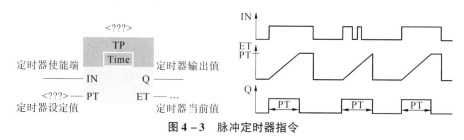

图 4-3 脉冲定时器指令

TP 定时器可生成具有预设宽度时间的脉冲。在脉冲输出期间，即使 IN 输入出现上升沿，也不会影响脉冲输出。

下面是一个电机延时自动关闭控制的程序，如图 4-4 所示。

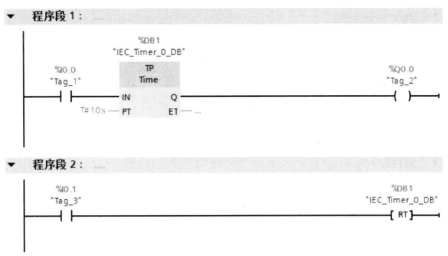

图 4-4 电机延时自动关闭控制的程序

按下启动按钮 S1（I0.0），电机 M（Q0.0）立即启动，延时 10 s 后自动关闭，运转过程中按下停止按钮 S2（I0.1），电机立即停止。用定时器的背景数据块名称来指定需要复位的定时器。该程序中的 I0.0 为 1 时，定时器复位线圈（RT）通电，定时器被复位。如果此时正在定时，且 IN 输入信号为 0 状态，将使当前时间值 ET 清零，Q 输出也变为 0 状态。如果此时正在定时，且 IN 输入信号为 1 状态，将使当前时间值 ET 清零，但是 Q 输出保持为 1 状态。只是在需要时才对定时器使用 RT 指令。

2. 接通延时定时器指令

接通延时定时器的指令标识符为 TON，输出端 Q 在预设的延时时间过后，输出状态为 ON，指令中管脚定义与 TP 定时器指令管脚定义一致。当定时器的使能端为上升沿开始计时。在定时器的当前值 ET 与设定值 PT 相等时，输出端 Q 输出为 ON，ET 保持不变。只要使能端的状态仍为 ON，输出端 Q 就保持输出为 ON。若使能端的信号状态变为 OFF，则将复位输出端 Q 为 OFF。在使能端再次变为 ON 时，该定时器功能将再次启动。接通延时定时器指令及时序图如图 4-5 所示。CPU 第一次扫描时，定时器输出被清零。

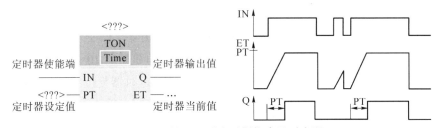

图 4-5 接通延时定时器指令及时序图

下面是一个电机延时启动控制的程序，如图 4-6 所示。

按下启动开关 S1（I0.0），电机 M（Q0.0）延时 10 s 后启动，运转过程中按停止按钮 S2（I0.1）或断开启动开关 S2，电机立即停止。该程序中的 I0.1 为 1 状态时，定时器复位线圈 RT 通电，定时器被复位，当前时间被清零，Q 输出变为 1 状态。复位输入 I0.1 为 0 状态时，如果 IN 输入信号为 1 状态，将开始重新定时。

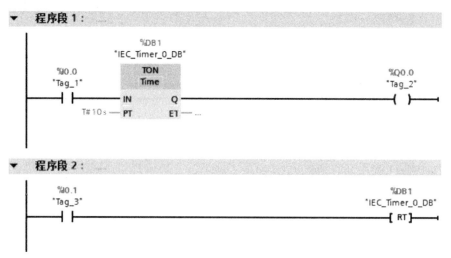

图 4-6　电机延时启动控制程序

3. 关断延时定时器指令

IN 输入端接通时,输出 Q 为 1,当前时间被清零,在 IN 的下降沿开始定时,ET 从 0 逐渐增大。ET 等于设定值时,输出变为 0,当前时间保持不变,直到 IN 输入电路接通。关断延时定时器可以用于设备停机后的延时,例如大型变频电机的冷却风扇的延时。若 ET 未到达 PT 预设值,IN 输入信号就变为 1 状态,ET 被清零,输出 Q 保持 1 不变。关断延时定时器指令及时序图如图 4-7 所示。

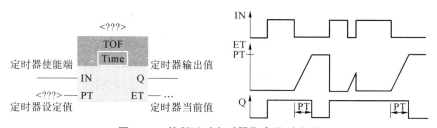

图 4-7　关断延时定时器指令及时序图

下面是一个电机启动与延时关断控制的程序,如图 4-8 所示。按下启动开关 S1（I0.0）,电机 M（Q0.0）立即启动,断开启动开关 S2,电机延时 10 s 后停止。按下停止按钮 S2（I0.1）,电机立即停止。该程序中的 I0.1 为 1 时,定时器复位线圈 RT 通电。如果此时 IN 输入信号为 0 状态,则定时器被复位,当前时间被清零,输出 Q 变为 0 状态。如果复位时 IN 输入信号为 1 状态,则复位信号不起作用。

4. 保持型接通延时定时器

保持型接通延时定时器也称时间累加器。TONR 的 IN 接通时开始定时,输入电路断开时,累计的当前时间值保持不变,可以用 TONR 累计输入电路接通的若干个时间段,累计的时间 t1 + t2 = PT 时,Q 输出变为 1。复位输入 R 为 1 状态时,TONR 被复位,其 ET 变为 0,输出 Q 变为 0,如图 4-9 所示。

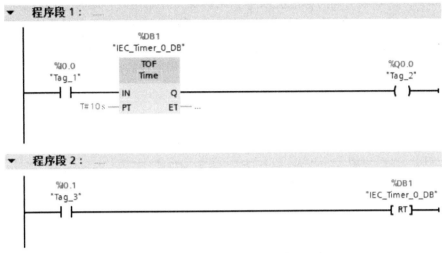

图4-8 电机启动与延时关断控制程序

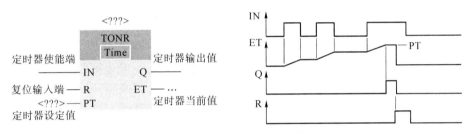

图4-9 保持型接通延时定时器指令

下面是一个时间累加的延时输出程序,如图4-10所示。按下启动开关S1(I0.0),输出Q0.0延时10 s后接通,延时过程中若外部开关I0.0断开,时间保持当前状态,下次I0.0接通时,继续计时,直到累加到10 s后输出接通,按下复位按钮I0.1,输出Q0.0立即断开。

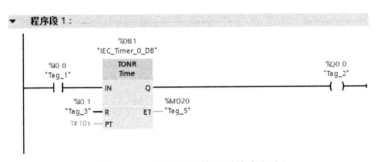

图4-10 时间累加的延时输出程序

4.1.3 案例分析

1. 用定时器指令设计周期和占空比可调的振荡电路

振荡程序如图4-11所示。I0.0常开触点闭合后,T_1定时器输入为1,开始定时,2 s

后定时时间到,其 Q 输出端的能流流入 T_2 定时器,开始定时,同时 Q0.0 线圈接通。3 s 后 T_2 定时器定时时间到,输出为 1,使 M2.0 常闭触点断开,T_1 定时器输入开路,Q 输出为 0,使 Q0.0 和 T_2 定时器的 Q 输出也变为 0 状态。下一个扫描周期因 M2.0 的常闭触点接通,T_1 定时器又从预置值开始定时,Q0.0 实现周期性的接通与断开。

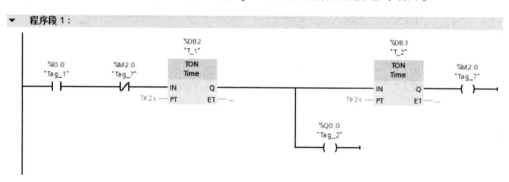

图 4-11 振荡程序

2. 用定时器设计卫生间的冲水控制程序

卫生间冲水控制程序如图 4-12 所示。冲水传感器接收到有人要冲水的信号后,I0.0 接通,延时 3 s,T_1 定时器时间到,其常开触点 T_1.Q 闭合后,T_3 定时器立即接通,其常开触点 T_3.Q 闭合,为开启关断延时做准备,T_2 脉冲定时器接通开始冲水,4 s 后,T_2 定时器时间到,常开触点 T_2.Q 断开,冲水结束。若没接收到 I0.0 信号,I0.0 常闭触点接通,T_3 关断延时定时器工作,5 s 后 Q0.0 断开,冲水停止。

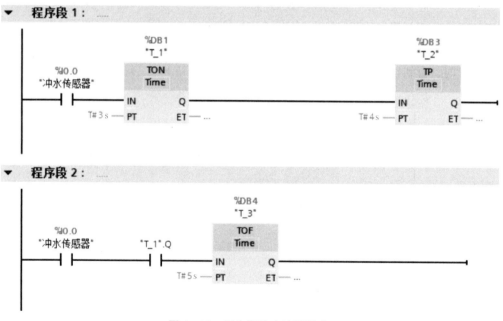

图 4-12 卫生间冲水控制程序

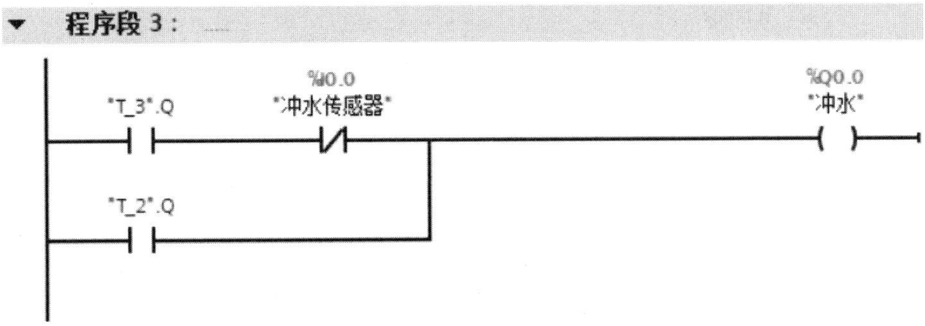

程序段 3:

图 4-12 卫生间冲水控制程序（续）

4.1.4 任务实施

1. 确定 I/O 分配

根据控制要求，确定 I/O 分配。启动按钮：I0.0，停止按钮：I0.1，绿灯：Q0.0，黄灯：Q0.1，红灯：Q0.2。

2. 程序设计与调试

该任务的程序如图 4-13 所示。将编译完成的硬件组态和程序下载到 PLC 中，将 PLC 设置为"RUN"状态，运行指示灯亮。打开 MAIN（OB1）窗口，单击工具栏中的启用/禁止监视图标，进入程序状态监视界面，具体的调试方法可参考前文入门项目中的介绍。

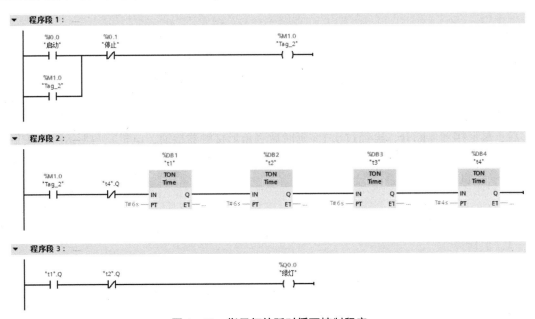

图 4-13 指示灯的延时循环控制程序

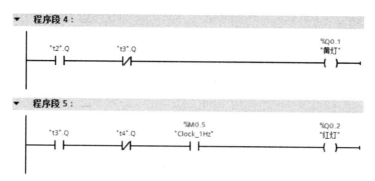

图 4-13 指示灯的延时循环控制程序（续）

按下启动按钮，M1.0 接通并自锁，作为定时器的启动条件。6 s 后，T1 定时时间到，T1.Q 常开触点闭合，Q0.0 接通，绿灯亮。再过 6 s，T2 定时时间到，T2.Q 常闭触点断开，绿灯灭，T2.Q 常开触点闭合，Q0.1 接通，黄灯亮。再过 6 s，T3 定时时间到，T3.Q 常闭触点断开，黄灯灭，T3.Q 常开触点闭合，红灯以 1 Hz 的频率闪烁。再过 4 s，T4 定时时间到，T4.Q 常闭触点断开，红灯灭，所有的定时器复位。下一个扫描周期，定时器断开使得 T4.Q 常闭触点闭合，定时器 T1 又重新开始计时，又进行新的一轮循环，直到按下停止按钮，M1.0 线圈断开，M1.0 常开触点断开，定时器复位，所有的灯都灭。

4.2 三相电机Y-△降压启动控制

4.2.1 任务要求

子任务 1：设计一个三相异步电机的星-三角降压启动控制系统，按下启动按钮，三相异步电机星形启动，5 s 后，电机三角形正常运行。任何时间按下停止按钮，电机立即停止。

子任务 2：按下启动按钮后，电动机启动接触器和星形接触器先启动，电机星形启动，5 s 后，星形接触器断开，再经过 0.1 s 延时后三角形接触器接通，电机三角形运行。按下停止按钮后，电机立即停止。采用两级延时的目的是确保星形接触器完全断开后才接通三角形接触器，电机进入正常运行状态。

4.2.2 任务实施

1. 子任务 1

1) I/O 分配表

根据子任务 1 的内容，可以确定 PLC 的 I/O 分配表，如表 4-3 所示。

表 4-3 I/O 分配表

输入信号	SB1 启动按钮	I0.1
	SB2 停止按钮	I0.2
	KH 热继电器触点（常闭）	I0.3

续表

输出信号	KA1 控制接触器 KM1	Q0.0
	KA2 控制星形接触器 KM2	Q0.1
	KA3 控制三角形接触器 KM3	Q0.2

2）主电路与 PLC 外部接线图

星－三角的主电路与外部接线图如图 4-14 所示。继电器与接触器的转换电路请参考项目三中的图 3-20。

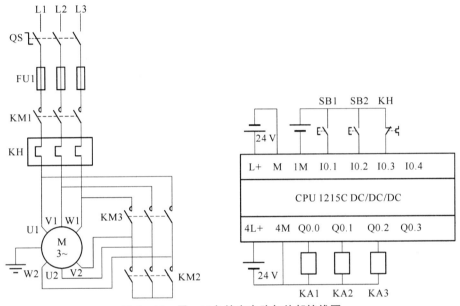

图 4-14　星－三角的主电路与外部接线图

3）PLC 程序设计与调试

根据控制要求编制 PLC 程序，如图 4-15 所示。

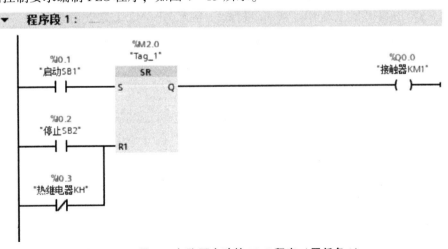

图 4-15　星－三角降压启动的 PLC 程序（子任务 1）

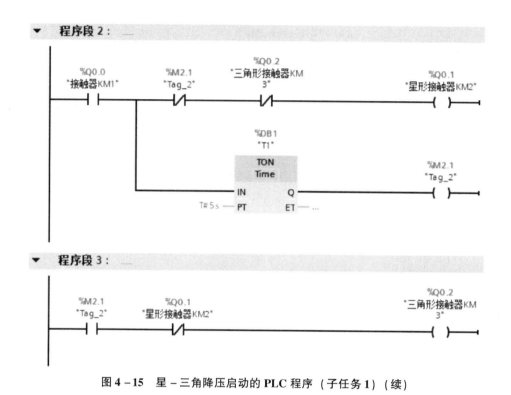

图 4-15 星-三角降压启动的 PLC 程序（子任务1）（续）

编译完成的程序下载到 PLC 中，打开 MAIN（OB1）窗口，单击工具栏中的启用、禁止监视图标，进入程序状态监视界面，程序的仿真与调试方法与前文介绍的项目类似。按下启动按钮 SB1，Q0.0 接通，Q0.1 也接通，控制 KM1 和 KM2 接触器线圈通电，主触点闭合，电机星形启动，同时定时器 T1 接通开始计时，5 s 后 M2.1 线圈接通，M2.1 常开触点闭合，M2.1 常闭触点断开，Q0.1 线圈断开，Q0.1 常闭触点闭合，Q0.2 线圈接通。这时 KM1、KM3 线圈接通，电机三角形运行。任意时刻，按下停止按钮 SB2，Q0.0 线圈复位，Q0.0 常开触点断开，Q0.1 和 M2.1 也断开，M2.1 常开触点断开，Q0.2 也断开，电机停止。若电机过载，外部热继电器的常闭触点断开，I0.3 线圈断电，I0.3 的常闭触点接通，复位 Q0.0 线圈，Q0.1 和 Q0.2 也断开，电机停止。

2. 子任务 2

任务 2 的 I/O 分配和 PLC 外部接线图和任务 1 相同，根据任务要求，编制 PLC 程序，如图 4-16 所示。程序的工作原理和子任务 1 类似，就是中间多了一个定时器 T2，定时 0.1 s。按下启动按钮 SB1，Q0.0 接通，Q0.1 也接通，控制 KM1 和 KM2 接触器线圈通电，电机星形启动，同时定时器 T1 接通开始计时，5 s 后，T1.Q 常闭触点断开，Q0.1 线圈断电，T1.Q 常开触点闭后，T2 定时器开始计时，0.1 s 后 T2.Q 常开触点闭合，Q0.2 接通，电机三角形运行。按下停止按钮或电机过载，电机停止，具体工作过程请自行分析。

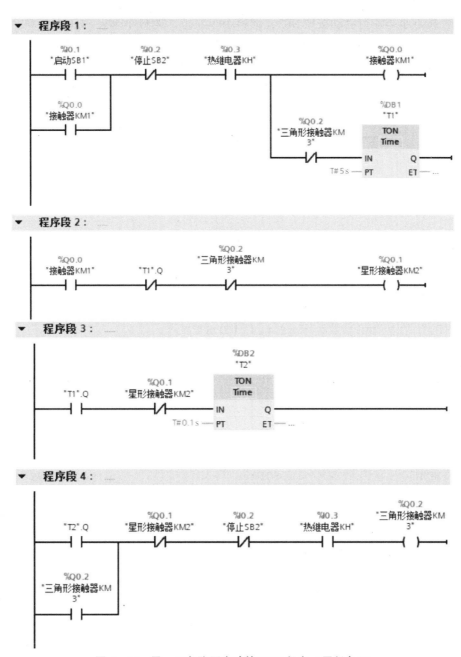

图 4-16 星-三角降压启动的 PLC 程序（子任务 2）

4.3 运料小车自动往返控制

4.3.1 任务要求

运料小车自动往返运动示意图如图 4-17 所示，按下小车右行启动按钮 SB1 运料小车，

87

小车右行,按下小车左行启动按钮 SB2,运料小车左行。运料小车在 SQ1 处装料,8 s 后装料结束开始右行;到达 SQ2 后卸料,6 s 后卸料结束开始左行;就这样周而复始,直到按下停止按钮 SB3,小车停止。小车在途中可以任意按下相应按钮实现左行、右行及停止。图 4-17 中,SQ1 为左终点行程开关,SQ2 为右终点行程开关。

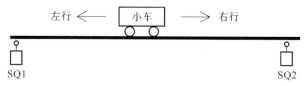

图 4-17 运料小车自动往返运动示意图

4.3.2 任务实施

1. I/O 分配表

根据任务要求,确定该任务 PLC 的 I/O 分配表,如表 4-4 所示。

表 4-4 I/O 分配表

编程地址	电器元件	功能
I0.0	SB1	右行按钮
I0.1	SB2	左行按钮
I0.2	SB3	停止按钮
I0.3	SQ1	左终点行程开关
I0.4	SQ2	右终点行程开关
Q0.1	KA1 继电器	右行
Q0.2	KA2 继电器	左行

2. PLC 程序设计与调试

运料小车自动往返 PLC 程序如图 4-18 所示。

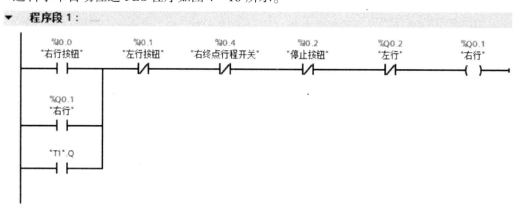

图 4-18 运料小车自动往返 PLC 程序

模块4　定时器/计数器指令的编程与调试

程序段 2:

```
   %I0.1      %I0.0      %I0.3       %I0.2      %Q0.1      %Q0.2
  "左行按钮"  "右行按钮"  "左终点行程开关"  "停止按钮"   "右行"      "左行"
   ──┤├────┬──┤/├─────┤/├──────────┤/├────────┤/├────────( )──
          │
   %Q0.2  │
   "左行"  │
   ──┤├───┤
          │
   "T2".Q │
   ──┤├───┘
```

程序段 3:

```
   %I0.4         %M1.0      %Q0.2              %DB2
  "右终点行程开关"  "启停标志位"  "左行"              "T2"
                                               TON
   ──┤├──────┬──┤├───────┤/├──────────────── Time
             │                              ──IN    Q──
   %M0.0     │                         T#6s──PT    ET──...
   "Tag_1"   │
   ──┤├──────┘                                %M0.0
                                              "Tag_1"
                                              ──( )──
```

程序段 4:

```
   %I0.3         %M1.0      %Q0.1              %DB1
  "左终点行程开关"  "启停标志位"  "右行"              "T1"
                                               TON
   ──┤├──────┬──┤├───────┤/├──────────────── Time
             │                              ──IN    Q──
   %M0.1     │                         T#8s──PT    ET──...
   "Tag_2"   │
   ──┤├──────┘                                %M0.1
                                              "Tag_2"
                                              ──( )──
```

程序段 5:

```
   %I0.0         %I0.2                         %M1.0
  "右行按钮"     "停止按钮"                    "启停标志位"
   ──┤├──────┬──┤/├────────────────────────────( )──
             │
   %I0.1     │
   "左行按钮"  │
   ──┤├──────┤
             │
   %M1.0     │
   "启停标志位"│
   ──┤├──────┘
```

图 4-18　运料小车自动往返 PLC 程序（续）

当按下右行按钮 SB1，I0.0 常开触点接通，Q0.1 线圈接通并自锁，同时 M1.0 线圈接通并自锁，小车开始右行；碰到右限位开关 SQ2，I0.4 常开触点接通，I0.4 常闭触点断开，Q0.1 断电，小车停止，T2 定时器接通并开始计时，M0.0 接通并自锁，使定时器 T2 维持通电。6 s 后，T2 的常开触点闭合，Q0.2 线圈接通并自锁，小车开始左行；碰到左限位开关 SQ1，I0.3 常闭触点断开，Q0.2 断电，小车停止，T1 定时器接通并开始计时，M0.1 接通并自锁，使定时器 T1 维持通电。8 s 后，T1 的常开触点闭合，Q0.1 线圈接通并自锁，小车又开始左行，就这样周而复始，中途按下停止按钮 SB3 后，I0.2 常闭触点断开，小车停止。在右行过程中按下左行按钮，I0.1 常闭断开右行通道，I0.1 常开接通左行通道，小车就从右行切换成左行；同理在左行过程中按下右行按钮也可以让小车直接从左行切换成右行。为避免小车停在左右终点位置时，定时器就开始接通计时，把启停标志位 M1.0 的常开触点串到左右行的支路中，保证在启动按钮按下后，定时器才可以计时。

PLC 程序的调试步骤和前文的项目类似，把编译完成的程序下载到 PLC 中，打开 MAIN 窗口，单击工具栏中的启用/禁用监视图标，进入程序状态监视界面，按下相应的按钮，根据监控界面梯形图的能流颜色，观察输出的通断状态。

4.4 电机计数循环正反转控制

4.4.1 任务要求

按下启动按钮 SB1，电机正转 3 s，停 2 s，反转 3 s，停 2 s，如此循环 3 个周期，然后自动停止。运行中，可按下停止按钮 SB2 使系统停止，热继电器 FR 动作也可使系统停止。

4.4.2 相关知识

S7 - 1200 有 3 种计数器：加计数器（CTU）、减计数器（CTD）和加减计数器（CTUD），它们属于软件计数器，其最大计数速率受到它所在 OB 的执行速率的限制，如果需要速率更高的计数器，可以使用 CPU 内置的高速计数器。调用计数器指令时，需要生成保存计数器数据的背景数据块。计数器指令如图 4 - 19 所示。

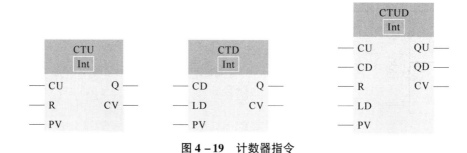

图 4 - 19 计数器指令

计数器的参数及相关说明如表 4-5 所示。计数器的数据类型及相关说明如表 4-6 所示。

表 4-5 计数器的参数及相关说明

参数	数据类型	说明
CU、CD	BOOL	加计数或减计数，按加或减一计数
R（CTU、CTUD）	BOOL	将计数值重置为零
LD（CTD、CTUD）	BOOL	预设值的装载控制
PV	SInt、Int、DInt、USInt、UInt、UDInt	预设计数值
Q、QU	BOOL	CV≥PV 时为真
QD	BOOL	CV≤0 时为真
CV	SInt、Int、DInt、USInt、UInt、UDInt	当前计数值

表 4-6 计数器的数据类型及相关说明

计数器数据类型	类型	符号	取值范围	说明
IEC_SCOUNTER	短整数	SInt	-128~127	有符号整数，占 1 个字节
IEC_USCOUNTER	无符号短整数	USInt	0~255	无符号整数，占 1 个字节
IEC_COUNTER	整数	Int	-32 768~32 767	有符号整数，占 2 个字节
IEC_UCOUNTER	无符号整数	UInt	0~65 536	无符号整数，占 2 个字节
IEC_DCOUNTER	双整数	DInt	-2 147 483 648~2 147 483 647	有符号整数，占 4 个字节
IEC_UDCOUNTER	无符号双整数	DUInt	0~4 294 967 295	无符号整数，占 4 个字

1. 加计数器指令

加计数器（CTU）指令：参数 CU 的值从 0 变为 1 时，CTU 使计数值加 1，直到 CV 达到指定的数据类型的上限值，此后，CU 状态改变，CV 值不再增加。如果参数 CV（当前计数值）的值大于或等于参数 PV（预设计数值）的值，则计数器输出参数 Q=1。如果复位参数 R 的值从 0 变为 1，则当前计数值复位为 0。第一次执行程序时，CV 被清零。

2. 减计数器指令

减计数器（CTD）指令：如果参数 LOAD 的值从 0 变为 1，则参数 PV（预设值）的值将作为新的 CV（当前计数值）装载到计数器，输出 Q 为 0。参数 CD 的值从 0 变为 1 时，CTD 使计数值减 1。如果参数 CV（当前计数值）的值等于或小于 0，则计数器输出参数 Q=1。第一次执行程序时，CV 被清零。

3. 加减计数器指令

加减计数器（CTUD）指令：加计数（Count Up，CU）或减计数（Count Down，CD）输入的值从 0 变为 1 时，CTUD 会使计数值加 1 或减 1。如果参数 CV（当前计数值）的值大于或等于参数 PV（预设值）的值，则计数器输出参数 QU = 1。如果参数 CV 的值小于或等于零，则计数器输出参数 QD = 1。如果参数 LOAD 的值从 0 变为 1，则参数 PV（预设值）的值将作为新的 CV（当前计数值）装载到计数器。如果复位参数 R 的值从 0 变为 1，则当前计数值复位为 0。

4.4.3 案例分析

设计一个传送带产品计数控制，具体要求如下：

有电机带动传送带 KM1 启停，I0.0 接传送带的启动按钮，I0.1 接传送带的停止按钮，产品检测信号 PH 接到 I0.2 上，传送带电机接输出 Q0.0，Q0.1 输出控制接机械手动作。当按下启动按钮，传送带开始运行，工件通过产品检测器 PH 检测到信号，每检测 5 个产品，机械手动作 1 次，机械手动作后，延时 2 s，机械手电磁铁切断，重新开始下一次计数。其示意图如图 4-20 所示。

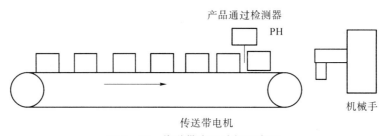

图 4-20 传送带产品计数示意图

传送带产品计数 PLC 程序如图 4-21 所示。按下启动按钮 I0.0，Q0.0 接通并自锁，传送带电机运行。传送带上每次检测到有产品时，I0.2 接通一次，CTU 加计数器计数一次，计到 5 次时，M0.0 接通，定时器接通并开始计时，Q0.1 接通，机械手工作。计时 2 s 后，M0.1 接通，其常闭触点断开，Q0.1 断开，机械手停止，同时计数器复位，重新开始计数。若按下停止按钮，传送带电机停止。

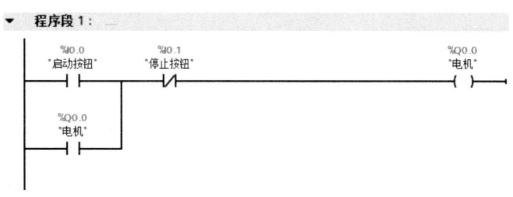

图 4-21 传送带产品计数 PLC 程序

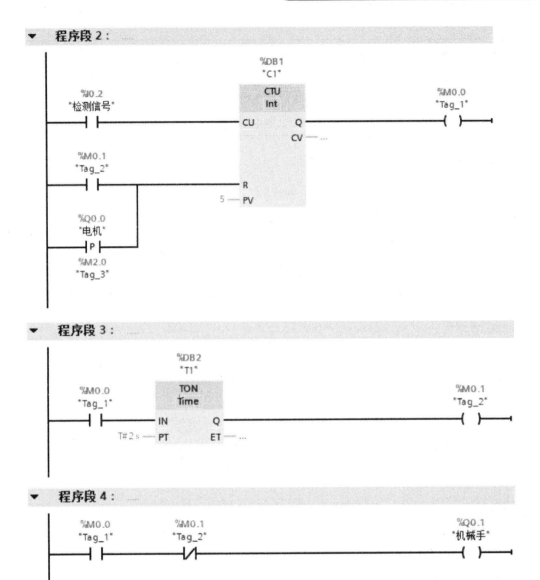

图 4-21 传送带产品计数 PLC 程序（续）

4.4.4 任务实施

1. I/O 分配

根据电机计数循环正反转控制的要求，确定 PLC 的 I/O 分配表如表 4-7 所示。

表 4-7 PLC 的 I/O 分配表

编程地址	元件名称	功能
I0.0	SB1 按钮	启动
I0.1	SB2 按钮	停止

续表

编程地址	元件名称	功能
I0.2	FR 热继电器常开触点	过载保护
Q0.1	KA1 继电器	电机正转
Q0.2	KA2 继电器	电机反转

2. PLC 程序设计与调试

根据任务要求及 PLC 的 I/O 分配表，编制 PLC 程序，如图 4 – 22 所示。

程序段 1：

```
%I0.1        %I0.0        %I0.2           %M1.0
"启动按钮"   "停止按钮"   "热继电器常开"   "c1".QU    "启停标志位"
―| |―――――――|/|―――――――|/|――――――――|/|―――――――( )―
  |
  %M1.0
"启停标志位"
―| |―
```

程序段 2：

```
              %DB1          %DB2          %DB3          %DB4
              "t1"          "t2"          "t3"          "t4"
%M1.0  %M0.0  TON           TON           TON           TON          %M0.0
"启停  "Tag_3" Time          Time          Time          Time         "Tag_3"
标志位"       IN    Q        IN    Q       IN    Q       IN    Q
―| |――|/|―― IN    Q ―――――― IN    Q ―――― IN    Q ―――― IN    Q ――( )―
         T#3s―PT  ET  T#2s―PT  ET  T#3s―PT  ET  T#2s―PT  ET
```

程序段 3：

```
                   %DB5
                   "c1"
                   CTU
                   Int
"t4".Q          ――CU    Q――
―| |――――――――――――              
                    CV――…
%I0.1
"启动按钮"
―|P|――――――――――――R
%M2.0
"Tag_1"
              3 ――PV
```

程序段 4：

```
%M1.0                    %Q0.2         %Q0.1
"启停标志位"   "t1".Q    "反转"        "正转"
―|/|―――――――|/|――――――――|/|――――――――――( )―
```

图 4 – 22　电机计数循环正反转 PLC 控制

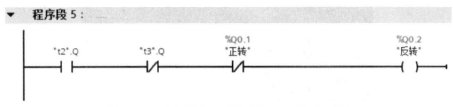

图 4-22　电机计数循环正反转 PLC 控制（续）

按下启动按钮，I0.1 接通，启动标志位 M1.0 接通并自锁，Q0.1 接通，电机正转，定时器 t1 接通并计时，3 s 后 t1 计时时间到，t1.Q 常闭触点断开，电机停止；2 s 后，t2 计时时间到，t2.Q 常开触点接通，Q0.2 接通，电机反转；3 s 后，t3 计时时间到，t3.Q 常闭触点断开，电机停止；2 s 后，t4 计时时间到，计数器计数 1 次，M0.0 接通，M0.0 常闭触点断开，所以定时器复位。定时器和 M0.0 复位后，M0.0 常闭触点重新闭合，定时器重新开始计时，计数器计数 3 次后，c1.QU 常闭断开，启动标志位 M1.0 断开，循环结束。每次按启动按钮时，把计数器复位，开始新一轮的计数。

PLC 程序的调试步骤和前文的项目类似，把编译完成的程序下载到 PLC 中，打开 MAIN 窗口，单击工具栏中的启用/禁用监视图标，进入程序状态监视界面，按下启动按钮，观察输出 Q 的通断状态。

4.5　十字路口交通灯控制

4.5.1　任务要求

信号灯受一个启动开关控制，当启动开关接通时，信号灯系统开始工作，且先南北红灯亮，后东西绿灯亮。当启动开关断开时，所有信号灯都熄灭。

南北红灯亮维持 25 s。东西绿灯亮维持 20 s，到 20 s 时，东西绿灯闪亮，闪亮 3 s 后熄灭。在东西绿灯熄灭时，东西黄灯亮，并维持 2 s。到 2 s 时，东西黄灯熄灭，东西红灯亮，同时南北红灯熄灭，绿灯亮。

东西红灯亮维持 25 s。南北绿灯亮维持 20 s，然后闪亮 3 s 后熄灭，同时南北黄灯亮，维持 2 s 后熄灭，这时南北红灯亮，东西绿灯亮，周而复始。

交通灯控制面板如图 4-23 所示，甲模拟东西向车辆行驶状况；乙模拟南北向车辆行驶状况。东西绿灯亮时，延时 1 s，甲灯亮，东西黄灯亮时，甲灯灭。南北绿灯亮时，延时 1 s，乙灯亮，南北黄灯亮时，乙灯灭。东西南北四组红、绿、黄三色发光二极管模拟十字路口的交通灯。

4.5.2　任务实施

1. 确定 PLC 变量

根据控制要求，确定 PLC 的变量表，如图 4-24 所示。

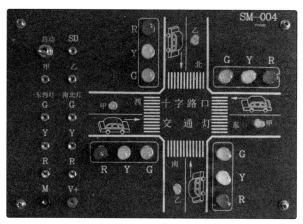

图 4－23　交通灯控制面板

变量表_1

		名称	数据类型	地址	保持	可从…	从 H…	在 H…
1		SD开关	Bool	%I0.0	☐	☑	☑	☑
2		南北绿灯	Bool	%Q0.1	☐	☑	☑	☑
3		南北黄灯	Bool	%Q0.2	☐	☑	☑	☑
4		南北红灯	Bool	%Q0.3	☐	☑	☑	☑
5		东西绿灯	Bool	%Q0.4	☐	☑	☑	☑
6		东西黄灯	Bool	%Q0.5	☐	☑	☑	☑
7		东西红灯	Bool	%Q0.6	☐	☑	☑	☑
8		甲（东西通行）	Bool	%Q0.7	☐	☑	☑	☑
9		乙（南北通行）	Bool	%Q1.0	☐	☑	☑	☑

图 4－24　PLC 变量表

2. PLC 程序设计

十字路口交通灯的 PLC 程序如图 4－25 所示。

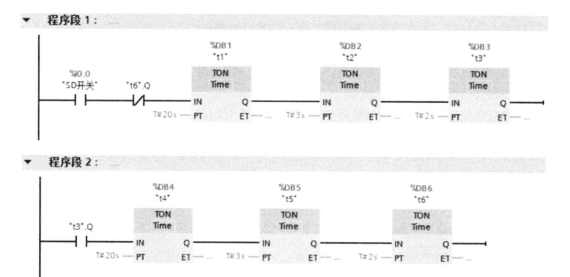

图 4－25　十字路口交通灯的 PLC 程序

程序段 3：

```
  %I0.0
 "SD开关"    "t1".Q                                    %Q0.4
   ─┤├───────┤/├────────────────────┬──────────────( "东西绿灯" )
                                    │
   "t1".Q    "t2".Q    %M0.5        │
   ─┤├───────┤/├───────┤ Clock_1Hz ├─┘
```

程序段 4：

```
   "t2".Q    "t3".Q                              %Q0.5
   ─┤├───────┤/├─────────────────────────────( "东西黄灯" )
```

程序段 5：

```
  %I0.0
 "SD开关"    "t3".Q                              %Q0.3
   ─┤├───────┤/├─────────────────────────────( "南北红灯" )
```

程序段 6：

```
   "t3".Q    "t4".Q                                    %Q0.1
   ─┤├───────┤/├────────────────────┬──────────────( "南北绿灯" )
                                    │
   "t4".Q    "t5".Q    %M0.5        │
   ─┤├───────┤/├───────┤ Clock_1Hz ├─┘
```

程序段 7：

```
   "t5".Q    "t6".Q                              %Q0.2
   ─┤├───────┤/├─────────────────────────────( "南北黄灯" )
```

程序段 8：

```
   "t3".Q    "t6".Q                              %Q0.6
   ─┤├───────┤/├─────────────────────────────( "东西红灯" )
```

图 4-25　十字路口交通灯的 PLC 程序（续）

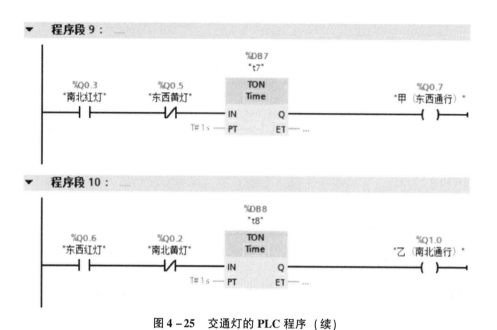

图 4-25 交通灯的 PLC 程序（续）

在 PLC 程序中，I0.0 外部接的是开关，因此不需要自锁，开关合上，I0.0 常开触点接通，开关断开，I0.0 常开触点断开，所有灯都灭。I0.0 接通后，t1、t2、t3、t4、t5、t6 按时间顺序各定时 20 s、3 s、2 s、20 s、3 s、2 s。I0.0 接通时，Q0.3 接通，南北红灯亮，Q0.4 接通，东西绿灯亮。20 s 后，t1 定时器时间到，t1.Q 常闭触点断开，断开东西绿灯的常亮回路，t1.Q 常开触点闭合，接通东西绿灯的闪烁回路，东西绿灯闪烁。闪烁 3 s 后，t2 定时器时间到，t2.Q 常闭触点断开，断开东西绿灯的闪烁回路。t2.Q 常开触点闭合，接通 Q0.5，东西黄灯亮，2 s 后，t3 定时器时间到，t3.Q 常闭触点断开，东西黄灯灭，同时南北红灯也灭。t3.Q 常开触点闭合，接通 Q0.6，东西红灯亮，接通 Q0.1，南北绿灯亮，下半周期的工作和上半周期类似，请自行分析。

当南北红灯亮而东西黄灯还没亮时，这个阶段是东西绿灯常亮和闪烁的时间段，延时 1 s 后，Q0.7 接通，东西通行指示灯亮，当东西红灯亮而南北黄灯还没亮时，这个阶段是南北绿灯常亮和闪烁的时间段，延时 1 s 后，Q1.0 接通，南北通行指示灯亮。

3. 仿真与调试

单击工具栏的 ▣ 按钮开始仿真。在仿真启动状态下，会出现 PLC 运行状态仿真窗口。鼠标单击窗口上的 ▣ 图标，启用仿真的项目视图，单击左上角的 ▣ 按钮，创建仿真的新项目，在项目树下的"SIM 表格"下的"SIM 表格_1"中输入 PLC 程序相关的变量，如图 4-26 所示。把"SD 开关"的变量打"√"，观察输出 Q 的运行状态。在程序编辑界面，单击 ▣ 按钮，启用监视。程序界面的运行结果和仿真列表的值一致。

SIM 表格_1

名称	地址	显示格式	监视/修改值	位	一致修改
"SD开关":P	%I0.0:P	布尔	TRUE		FALSE
"东西绿灯"	%Q0.4	布尔	TRUE		FALSE
"东西黄灯"	%Q0.5	布尔	FALSE		FALSE
"东西红灯"	%Q0.6	布尔	FALSE		FALSE
"南北绿灯"	%Q0.1	布尔	FALSE		FALSE
"南北黄灯"	%Q0.2	布尔	FALSE		FALSE
"南北红灯"	%Q0.3	布尔	TRUE		FALSE
"甲（东西通行...	%Q0.7	布尔	TRUE		FALSE
"乙（南北通行...	%Q1.0	布尔	FALSE		FALSE

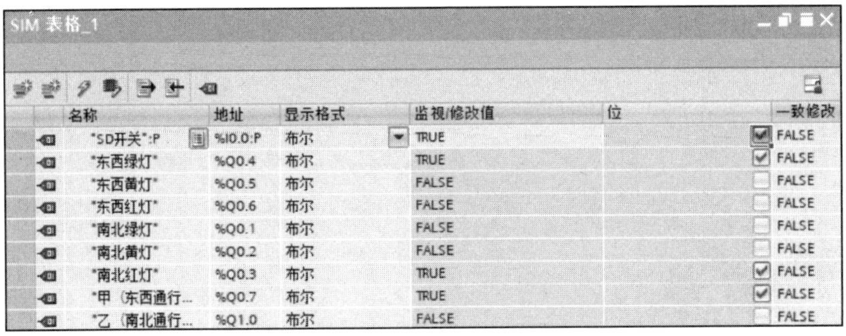

图 4－26　仿真变量表

练习

1. 三相电机的星－三角降压启动控制系统

控制要求：按下正转按钮，三相异步电机正转星形启动，10 s 后，电机三角形正常运行，整个过程中，按下反转按钮不起作用；若按下反转按钮，电机反转星形启动，10 s 后三角形正常运行，整个过程中，按下正转按钮，不起作用。任何时间按下停止按钮，电机立即停止。

2. 报警灯的 PLC 计数控制

控制要求：按下启动按钮（I0.0），报警蜂鸣器（Q0.0）亮，报警闪烁灯（Q0.1）闪烁，闪烁效果为灯灭 1 s，灯再亮 1 s，这样重复，计数到 10 次后，报警灯和蜂鸣器都停止。按下复位按钮（I0.1）报警灯、蜂鸣器都复位。

3. 多级运输带的 PLC 控制

控制要求：运输带控制，两条运输带顺序相连，为了避免运输的物料在 1 号运输带上堆积，按下启动按钮（I0.1），1 号运输带运行，8 s 后 2 号运输带运行。停机的顺序与启动的顺序正好相反，按下停止按钮（I0.2），先停 2 号运输带，8 s 后停 1 号运输带。PLC 通过 Q0.0、Q0.1 控制两台电机 M1、M2。多级运输带示意图如图 4－27 所示。

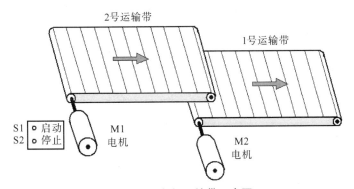

图 4－27　多级运输带示意图

模块 5

功能指令的编程与调试

5.1 开关灯次数比较控制

5.1.1 任务要求

用比较和计数指令编写开关灯程序,要求灯控按钮 I0.0 按下一次,1 号灯 Q0.0 亮;按下两次,1 号灯 Q0.0 和 2 号灯 Q0.1 全亮;按下三次,灯全灭,如此循环。

5.1.2 相关知识

比较指令用来比较数据类型相同的两个数 IN1 和 IN2 的大小,相比较的两个数 IN1 和 IN2 分别在触点的上面和下面,它们的数据类型必须相同。当指令触点比较结果为真(TRUE)时,该触点会被激活。各种比较指令的说明如表 5-1 所示。

表 5-1 各种比较指令的说明

指令	关系类型	满足以下条件时比较结果为真	支持的数据类型
─┤==├─ ???	等于	IN1 等于 IN2	SInt, Int, DInt, USInt UInt, UDInt, Real LReal, String, Char Time, DTL, Constant
─┤<>├─ ???	不等于	IN1 不等于 IN2	
─┤>=├─ ???	大于等于	IN1 大于等于 IN2	
─┤<=├─ ???	小于等于	IN1 小于等于 IN2	
─┤>├─ ???	大于	IN1 大于 IN2	
─┤<├─ ???	小于	IN1 小于 IN2	

续表

指令	关系类型	满足以下条件时比较结果为真	支持的数据类型
IN_RANGE ??? MIN VAL MAX	值在范围内	MIN <= VAL <= MAX	SInt，Int，DInt，USInt SInt，Int，DInt，USInt Real，Constant
OUT_RANGE ??? MIN VAL MAX	值在范围外	VAL < MIN 或 VAL > MAX	
─┤OK├─	检查有效性	输入值为有效 REAL 数	Real，LReal
─┤NOT_OK├─	检查无效性	输入值不是有效 REAL 数	

5.1.3 案例分析

设计一个液体混料控制，具体要求如下：

混料过程中，需要安装液位传感器测试混料罐内的液体。假设混料罐总高度为100 cm，当混料罐中的液位低于50 cm时，液体A阀门打开，液体A流入容器；当液位大于或等于50 cm且小于80 cm时，液体A阀门关闭，液体B阀门打开；当液位大于或等于80 cm且小于或等于90 cm时，液体B阀门关闭，开始搅拌。

I/O分配如下，液位：MD20；A阀门：Q0.0；B阀门：Q0.1；电机：Q0.2。液位控制程序如图5-1所示。当液位低于50 cm时，Q0.0置位，液体A阀门打开；当液位大于或等于50 cm且小于80 cm时，Q0.0复位，液体A阀门关闭，Q0.1置位，液体B阀门打开；当液位大于或等于80 cm且小于或等于90 cm时，Q0.1复位，液体B关闭，Q0.2置位，电机搅拌。

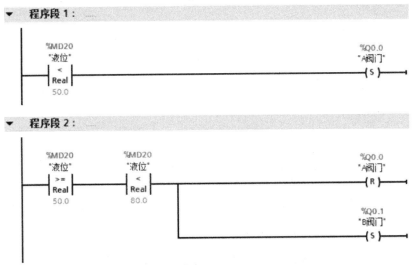

图5-1 液位控制程序

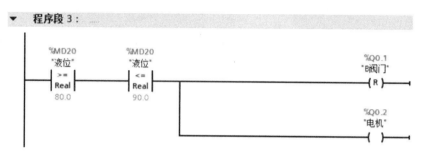

图 5-1 液位控制程序（续）

5.1.4 任务实施

根据开关灯次数比较控制的任务要求，可以确定 I/O 分配。灯控按钮：I0.0；1 号灯：Q0.0；2 号灯：Q0.1。开关灯次数比较控制 PLC 程序如图 5-2 所示。按下灯控按钮 I0.0，计数器计数一次，计数器的当前值 MW2 为 1，程序段 2 的相等比较指令触点接通，Q0.0 置位，1 号灯亮；再次按下 I0.0，计数器的当前值 MW2 变为 2，程序段 3 的相等比较指令触点接通，Q0.0、Q0.1 都置位，1 号灯和 2 号灯都亮；再次按下按钮 I0.0，计数器再计数一次，计数器的当前值 MW2 变为 3，程序段 4 的相等比较指令触点接通，Q0.0、Q0.1 都复位，2 个灯都灭，同时 M0.0 接通，复位计数器，下次按下按钮时重新开始计数。

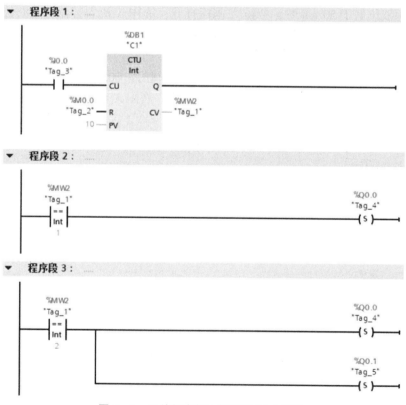

图 5-2 开关灯次数比较控制 PLC 程序

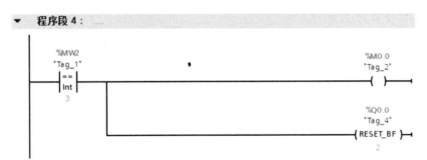

图5-2 开关灯次数比较控制PLC程序（续）

把编译完成的程序下载到PLC中，按照前文介绍的仿真与监控调试方法，开启软件监控界面，观察输出变量的工作状态。

5.2 十字路口交通灯控制（比较指令）

5.2.1 任务要求

用比较指令实现十字路口的交通灯控制，任务要求和前文的交通灯任务类似，具体如下：

信号灯受一个启动按钮、一个停止按钮控制，当按下启动按钮时，系统开始工作，当按下停止按钮时，系统停止工作，所有信号灯都灭。

系统开始工作时，先南北红灯亮，后东西绿灯亮。南北红灯亮维持25 s。东西绿灯亮维持20 s，到20 s时，东西绿灯闪亮，闪亮3 s后熄灭。在东西绿灯熄灭时，东西黄灯亮，并维持2 s。到2 s时，东西黄灯熄灭，东西红灯亮，同时南北红灯熄灭，绿灯亮。

东西红灯亮维持25 s。南北绿灯亮维持20 s，然后闪亮3 s后熄灭，同时南北黄灯亮，维持2 s后熄灭，这时南北红灯亮，东西绿灯亮，周而复始。

5.2.2 任务实施

1. 确定PLC变量表

根据任务要求，确定该任务的PLC变量分配，如图5-3所示。

	名称	数据类型	地址	保持	可从…	从H…	在H…
1	启动按钮	Bool	%I0.0		✓	✓	✓
2	停止按钮	Bool	%I0.1		✓	✓	✓
3	南北绿灯	Bool	%Q0.1		✓	✓	✓
4	南北黄灯	Bool	%Q0.2		✓	✓	✓
5	南北红灯	Bool	%Q0.3		✓	✓	✓
6	东西绿灯	Bool	%Q0.4		✓	✓	✓
7	东西黄灯	Bool	%Q0.5		✓	✓	✓
8	东西红灯	Bool	%Q0.6		✓	✓	✓
9	启停标志位	Bool	%M2.0		✓	✓	✓

图5-3 PLC变量分配

2. PLC 程序设计与调试

用比较指令实现的十字路口交通灯 PLC 程序如图 5-4 所示。这个任务的要求和前文的交通灯任务要求类似，只是采用比较指令来实现。按下启动按钮 I0.0，M2.0 启停标志位接通并自锁，M2.0 常开触点接通，t1 定时器开始计时，当定时器当前值小于或等于 20 s 时，东西绿灯常亮，大于 20 s 且小于或等于 23 s 时，东西绿灯闪烁；大于 23 s 且小于或等于 25 s 时，东西黄灯亮，对应南北方向，当前数值小于或等于 25 s 时，南北红灯亮；定时器当前值大于 25 s 且小于或等于 45 s 时，南北绿灯亮；定时器当前值大于 45 s 且小于或等于 48 s 时，南北绿灯闪烁；定时器当前值大于 48 s 时，南北黄灯亮，对应东西方向，当前数值大于 25 s 时，东西红灯亮。当定时器 50 s 时间到后，t1 定时器的常闭触点断开，把 t1 定时器复位，定时器开始重新计时，红绿灯又重新开始新一轮的循环。

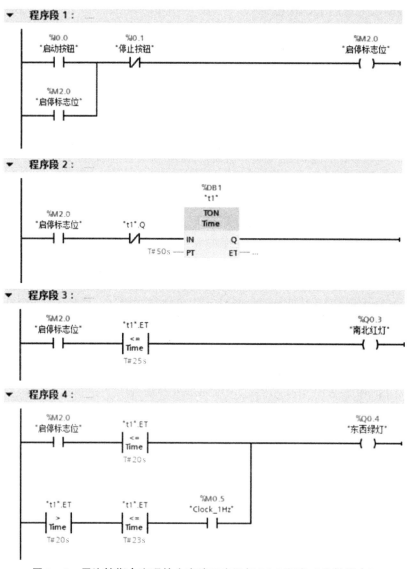

图 5-4 用比较指令实现的十字路口交通灯 PLC 程序（比较指令）

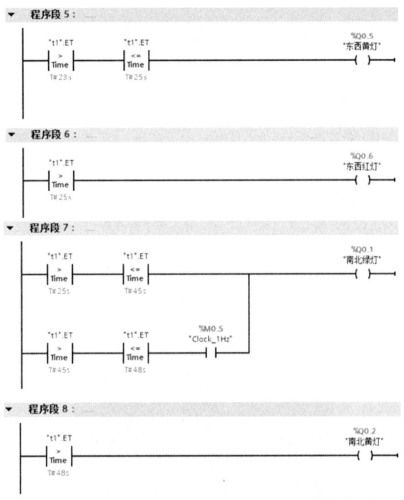

图 5－4　用比较指令实现的十字路口交通灯 PLC 程序（比较指令）（续）

单击工具栏的按钮开始仿真。在仿真启动状态下，会出现 PLC 运行状态仿真窗口。鼠标单击窗口上的图标，启用仿真的项目视图，单击左上角的按钮，创建仿真的新项目，在项目树下的“SIM 表格”下的“SIM 表格_1”中输入 PLC 程序相关的变量，如图 5－5 所示。把“启动按钮”变量打“√”，观察输出 Q 的运行状态。若调试结果与控制要求一致，说明任务完成。

SIM 表格_1

名称	地址	显示格式	监视/修改值	位	一致修改
"启动按钮":P	%I0.0:P	布尔	FALSE	☐	FALSE
"停止按钮":P	%I0.1:P	布尔	FALSE	☐	FALSE
"东西绿灯"	%Q0.4	布尔	TRUE	☑	FALSE
"东西黄灯"	%Q0.5	布尔	FALSE	☐	FALSE
"东西红灯"	%Q0.6	布尔	FALSE	☐	FALSE
"南北绿灯"	%Q0.1	布尔	FALSE	☐	FALSE
"南北黄灯"	%Q0.2	布尔	FALSE	☐	FALSE
"南北红灯"	%Q0.3	布尔	TRUE	☑	FALSE

图 5－5　PLC 仿真变量

5.3 四人抢答器的设计

5.3.1 任务要求

有 4 个抢答台,抢答按钮分别为 1 号按钮、2 号按钮、3 号按钮、4 号按钮,参赛者通过抢先按下抢答按钮回答问题。当主持人合上开始开关(SD)后,抢答开始,并限定时间,最先按下按钮的参赛选手由七段数码管显示该台台号,其他抢答按钮无效,如果在限定的时间内各参赛者在 20 s 均不能回答,此后再按下抢答按钮无效。

如果在主持人按下开始开关(SD)之前,有人按下抢答按钮,则属违规,违规指示灯 H 闪亮,其他抢答按钮无效。各台号数字显示的消除、违规指示灯(灯 H)的关断都要通过主持人去手动复位。这里的手动复位操作是按下复位按钮(FW),同时将开始开关(SD)断开。四人抢答器面板如图 5-6 所示。

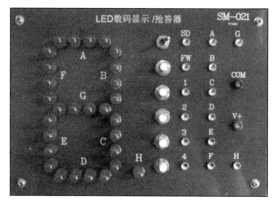

图 5-6 四人抢答器面板

5.3.2 相关知识

"移动值"MOVE 指令也称"传送指令",将 IN 输入操作数中的内容传送给 OUT1 输出的操作数中。如果满足下列条件之一,使能输入 EN 的信号状态为"0"或 IN 参数的数据类型与 OUT1 参数的指定数据类型不对应,则使能输出 ENO 将返回信号状态"0"。传送指令的参数说明如表 5-2 所示。

表 5-2 传送指令的参数说明

参数	声明	数据类型	存储区	说明
EN	Input	BOOL	I、Q、M、D、L	使能输入
ENO	Output	BOOL	I、Q、M、D、L	使能输出

续表

参数	声明	数据类型	存储区	说明
IN	Input	位字符串、整数、浮点数、定时器、日期时间、CHAR、WCHAR、STRUCT、ARRAY、IEC 数据类型、PLC 数据类型（UDT）	I、Q、M、D、L 或常数	源值
OUT1	Output	位字符串、整数、浮点数、定时器、日期时间、CHAR、WCHAR、STRUCT、ARRAY、IEC 数据类型、PLC 数据类型（UDT）	I、Q、M、D、L	传送源值中的操作数

除了 MOV 指令外，还有不少移动指令，各种常见的移动指令功能说明见表 5-3。

表 5-3 各种常见的移动指令功能说明

指令	功能
MOVE EN — ENO IN ✻ OUT1	将存储在指定地址的数据元素复制到新地址
MOVE_BLK EN — ENO IN — OUT COUNT	将数据元素块复制到新地址的可中断移动，参数 COUNT 指定要复制的数据元素个数
UMOVE_BLK EN — ENO IN — OUT COUNT	将数据元素块复制到新地址的不中断移动，参数 COUNT 指定要复制的数据元素个数
FILL_BLK EN — ENO IN — OUT COUNT	可中断填充指令，使用指定数据元素的副本填充地址范围，参数 COUNT 指定要填充的数据元素个数
UFILL_BLK EN — ENO IN — OUT COUNT	不可中断填充指令，使用指定数据元素的副本填充地址范围，参数 COUNT 指定要填充的数据元素个数
SWAP ??? EN — ENO IN — OUT	SWAP 指令用于调换二字节和四字节数据元素的字节顺序，但不改变每个字节中的位顺序，需要指令数据类型

5.3.3 相关案例

案例控制要求如下：

设有 8 盏指示灯，控制要求是：当 I0.0 接通时，全部灯亮；当 I0.1 接通时，奇数灯亮；当 I0.2 接通时，偶数灯亮；当 I0.3 接通时，全部灯灭。8 盏灯 HL0、HL1、HL2、HL3、HL4、HL5、HL6、HL7 对应的输出是 Q0.0、Q0.1、Q0.2、Q0.3、Q0.4、Q0.5、Q0.6、Q0.7。

该案例的 PLC 控制关系表如表 5-4 所示，其中标"○"的输出表示输出接通，灯亮。在该表格中，我们看到当灯全亮时，QB0 的所有位都是 1，转换成十六进制时为 16#FF。当奇数灯亮时，标号为奇数的输出为 1，二进制表示为 2#10101010，转换成十六进制为 16#AA。同理，偶数灯时，十六进制为 16#55。

表 5-4 PLC 控制关系表

输入	输出（位）								输出 QB0
	Q0.7	Q0.6	Q0.5	Q0.4	Q0.3	Q0.2	Q0.1	Q0.0	
I0.0	○	○	○	○	○	○	○	○	16#FF
I0.1	○		○		○		○		16#AA
I0.2		○		○		○		○	16#55
I0.3									0

该案例的 PLC 程序如图 5-7 所示。程序的原理较简单，参照表 5-4 的控制关系，当按下按钮时，把对应的十六进制数用传送指令传送到 QB0 中。

程序段 1：
```
  %I0.0
  "SB0"          MOVE
   ─┤├──────────EN ── ENO──
          16#FF ─IN
                  ⇒ OUT1 ── %QB0
                            "HL"
```

程序段 2：
```
  %I0.1
  "SB1"          MOVE
   ─┤├──────────EN ── ENO──
          16#AA ─IN
                  ⇒ OUT1 ── %QB0
                            "HL"
```

程序段 3：
```
  %I0.2
  "SB2"          MOVE
   ─┤├──────────EN ── ENO──
          16#55 ─IN
                  ⇒ OUT1 ── %QB0
                            "HL"
```

图 5-7 指示灯亮灭控制 PLC 程序

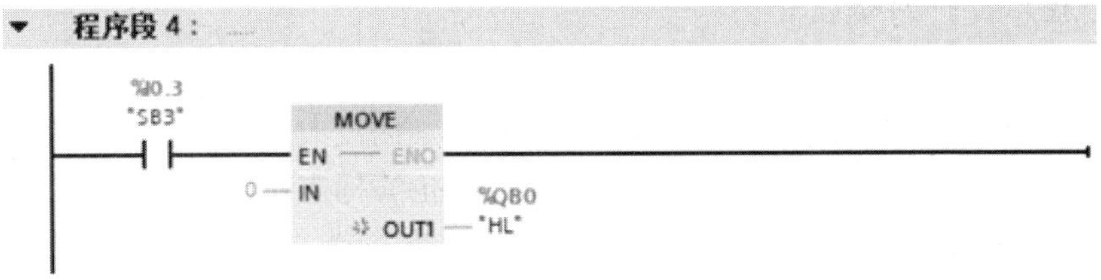

程序段 4:

图 5-7 指示灯亮灭控制 PLC 程序（续）

5.3.4 任务实施

1. 确定 PLC 变量表

根据任务要求，我们要先确定 PLC 的外部变量，七段数码管的 A、B、C、D、E、F、G、H 段分别接 PLC 的 Q0.0、Q0.1、Q0.2、Q0.3、Q0.4、Q0.5、Q0.6、Q0.7，八位构成一个字节 QB0，输出 Q 与数码管的接线如图 5-8 所示。数码管显示的数字与输出 Q 的对应关系见表 5-5。其 PLC 变量表如图 5-9 所示。在 PLC 变量表中，除了普通的输入/输出变量，这里还有多个中间变量 M，用于存储程序的状态。这个变量表里，除变量 QB0 的数据类型是字节型外，其他都是布尔型变量。

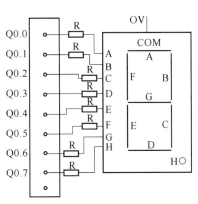

图 5-8 输出 Q 与数码管的接线

表 5-5 数码管显示的数字与输出的对应关系表

数码管显示数字	输出 QB0 的二进制	输出 QB0 的十六进制	输出 QB0 的十进制
1	00000110	16#06	6
2	01011011	16#5B	91
3	01001111	16#4F	79
4	01100110	16#66	102

图 5-9 四人抢答器控制的 PLC 变量表

2. PLC 程序设计与调试

四人抢答器控制的 PLC 程序如图 5-10 所示。这里 SD 为开关，因此不需要自锁。合上 SD 的开始开关，M1.0 线圈接通，其常开触点闭合。若 20 s 内没人按下抢答器，那定时器计时到并接通 M2.0 线圈，M2.0 常闭触点断开，使得所有的抢答标志位 M0.1、M0.2、M0.3、M0.4 都不会置位，按下抢答按钮无效。若 20 s 内有人按下抢答器，比如 2 号选手按下一号按钮，M0.2 置位，M0.2 常闭触点串到其他的抢答器回路中，使其他的回路断开，因此其他按钮再按下就无效。M0.2 常开触点接通，用传送指令把 91 传送到 QB0 中，数码管显示"2"这个数字，表示 2 号选手抢答成功。主持人按下复位按钮及断开，数码管灭。若在开始开关合上之前有人按下抢答按钮，提前抢答变量 M1.3 置位，M1.3 常开触点接通，Q0.7 变量对应的 H 灯闪烁，M1.3 常闭触点断开所有抢答回路，其他人按下按钮就无效。主持人按下复位按钮并断开 SD 开关后，抢答系统复位，再次抢答要重新合上 SD 开关，下一轮抢答才开始。

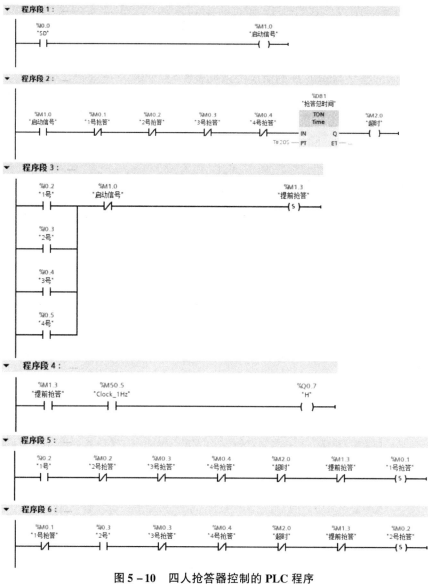

图 5-10 四人抢答器控制的 PLC 程序

模块5 功能指令的编程与调试

程序段 7：

```
%M0.1      %M0.2      %0.4       %M0.4      %M2.0      %M1.3      %M0.3
"1号抢答"   "2号抢答"   "3号"      "4号抢答"   "超时"     "提前抢答"  "3号抢答"
──/├────────/├────────┤├─────────/├────────/├────────/├──────────( S )──
```

程序段 8：

```
%M0.1      %M0.2      %M0.3      %0.5       %M2.0      %M1.3      %M0.4
"1号抢答"   "2号抢答"   "3号抢答"   "4号"      "超时"     "提前抢答"  "4号抢答"
──/├────────/├────────/├─────────┤├────────/├────────/├──────────( S )──
```

程序段 9：

```
%M0.1
"1号抢答"       MOVE
──┤├──────── EN ── ENO
         6 ── IN          %QB0
                  ⇒ OUT1 ─ "数码管"
```

程序段 10：

```
%M0.2
"2号抢答"       MOVE
──┤├──────── EN ── ENO
        91 ── IN          %QB0
                  ⇒ OUT1 ─ "数码管"
```

程序段 11：

```
%M0.3
"3号抢答"       MOVE
──┤├──────── EN ── ENO
        79 ── IN          %QB0
                  ⇒ OUT1 ─ "数码管"
```

程序段 12：

```
%M0.4
"4号抢答"       MOVE
──┤├──────── EN ── ENO
       102 ── IN          %QB0
                  ⇒ OUT1 ─ "数码管"
```

程序段 13：

```
%0.1                                           %M1.3
"FW"                                           "提前抢答"
──┤├──┬──────────────────────────────────────────( R )──
      │                                        %M0.1
      │                                        "1号抢答"
      ├──────────────────────────────────────(RESET_BF)──
      │                                           4
      │                                        %DB1
      │                                        "抢答总时间"
      ├──────────────────────────────────────────{ RT }──
      │              MOVE
      └──────────── EN ── ENO
                 0── IN          %QB0
                         ⇒ OUT1 ─ "数码管"
```

图 5-10 四人抢答器控制的 PLC 程序（续）

单击工具栏的 按钮开始仿真。在仿真启动状态下，会出现 PLC 运行状态仿真窗口。鼠标单击窗口上的 图标，启用仿真的项目视图，单击左上角的 按钮，创建仿真的新项目，在项目树下的"SIM 表格"下的"SIM 表格_1"中输入 PLC 程序相关的变量。在程序编辑界面，单击 按钮，启用监视。在仿真变量表界面中，把"SD"变量打"√"，按下 1 号按钮，数码管 QB0 的输出状态如图 5-11 所示，Q0.1 和 Q0.2 两位亮，表示数码管显示"1"，这时按下其他按钮无效。按要求完成 PLC 的外部接线并下载程序到 PLC，图 5-6 面板上数码管的显示结果和仿真结果一致。

图 5-11 四人抢答器控制的仿真变量表

5.4 摄氏温度转华氏温度

5.4.1 任务要求

在 HMI 设备上输入一个整数的温度值，设定值 MW20 的范围为 0~100，要求输入范围内的任意值，通过转换后得到华氏温度，传送到 MD40 中在触摸屏中显示出来。

华氏温度和摄氏温度的关系：$F = 1.8 * t + 32$，其中，F 为华氏温度，t 为摄氏温度。

5.4.2 相关知识

1. 转换指令

CONV 指令是数据转换指令，它将数据从一种数据类型转换为另一种数据类型，需要在 CONV 下面"to"两边设置转换前后的数据的类型。使用时单击一下指令的"问号"位置，可以从下拉列表中选择输入数据类型和输出数据类型。如图 5-12 所示的程序把存在 MW0 的整数转换成 MD8 浮点型。

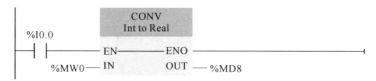

图 5-12 CONV 指令

ROUND（取整）指令用于将浮点数转换为整数。浮点数的小数点部分舍入为最接近的整数值。如果浮点数刚好是两个连续整数的一半，则实数舍入为偶数。TRUNC（截取）指令用于将浮点数转换为整数，浮点数的小数部分被截成零。如图 5–13 所示的程序是取整指令和截取指令的简单应用。

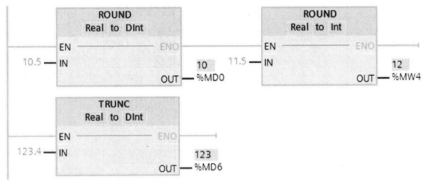

图 5–13　ROUND 指令和 TRUNC 指令

CELL（上取整）指令用于将浮点数转换为大于或等于该实数的最小整数。FLOOR（下取整）指令用于将浮点数转换为小于或等于该实数的最大整数。如图 5–14 所示的程序是上取整指令和下取整指令的简单应用。

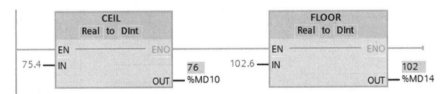

图 5–14　CELL 指令和 FLOOR 指令

SCALE_X（缩放或称标定）指令是将浮点数输入值 VALUE（0.0≤VALUE≤1.0）被线性转换（映射）为参数 MIN（下限）和 MAX（上限）定义的数值范围之间的整数。使用 NORM_X"标准化"指令，通过将输入 VALUE 中变量的值映射到线性标尺对其进行标准化，转换结果保存在 OUT 指定的地址。如图 5–15 所示的程序是缩放指令和标准化指令的简单应用。

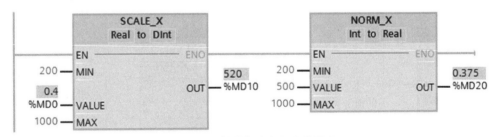

图 5–15　缩放指令和标准化指令

2. 运算指令

数学函数指令中的 ADD、SUB、MUL 和 DIV 分别是加、减、乘、除指令，S7–1200 PLC 还有许多丰富的数学运算指令，它们执行的操作见表 5–6。

表 5-6 常用运算指令符号及说明

指令	描述	指令	描述
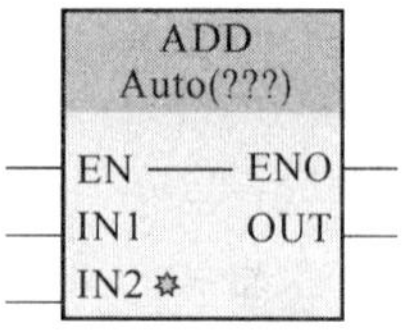 ADD Auto(???) EN—ENO IN1 OUT IN2✱	IN1 + IN2 = OUT	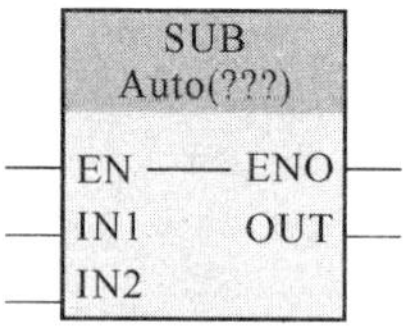 SUB Auto(???) EN—ENO IN1 OUT IN2	IN1 − IN2 = OUT
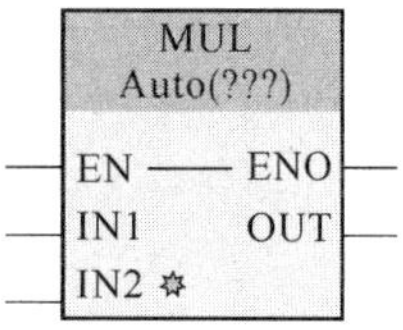 MUL Auto(???) EN—ENO IN1 OUT IN2✱	IN1 × IN2 = OUT	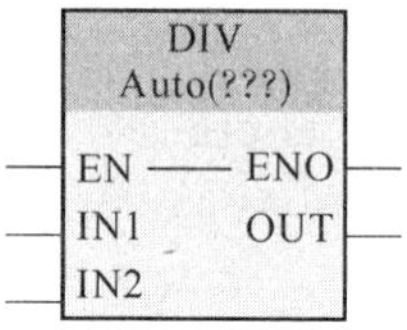 DIV Auto(???) EN—ENO IN1 OUT IN2	IN1 ÷ IN2 = OUT
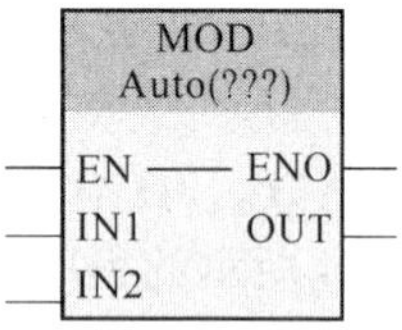 MOD Auto(???) EN—ENO IN1 OUT IN2	求整数除法的余数	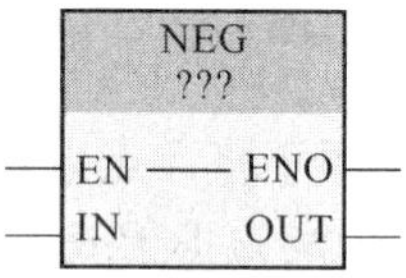 NEG ??? EN—ENO IN OUT	将输入值的符号取反
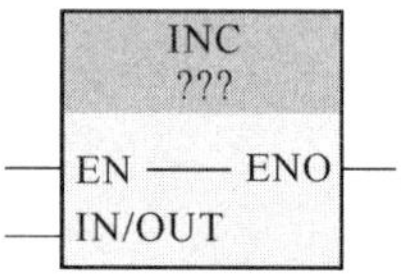 INC ??? EN—ENO IN/OUT	将参数 IN/OUT 的值加 1	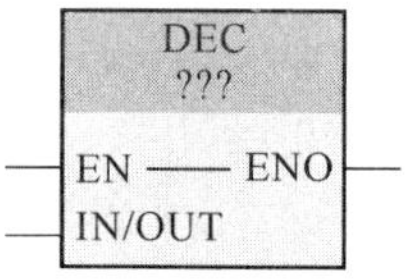 DEC ??? EN—ENO IN/OUT	将参数 IN/OUT 的值减 1
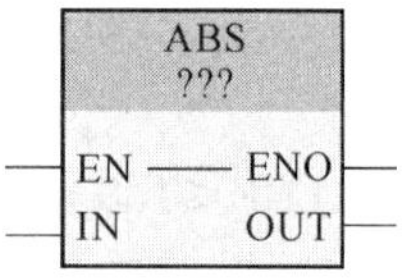 ABS ??? EN—ENO IN OUT	求有符号数的绝对值	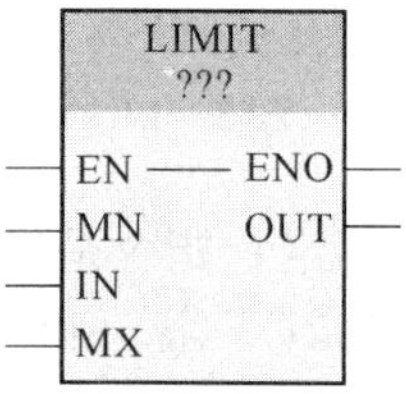 LIMIT ??? EN—ENO MN OUT IN MX	将输入 IN 的值限制在指定的范围内
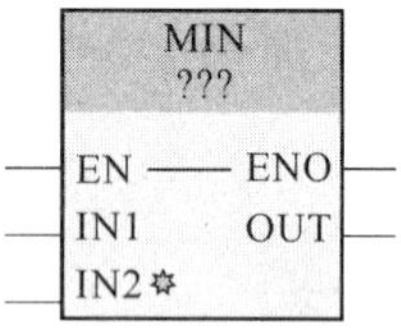 MIN ??? EN—ENO IN1 OUT IN2✱	求两个及以上输入中的最小数	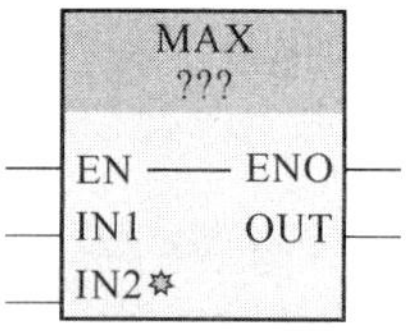 MAX ??? EN—ENO IN1 OUT IN2✱	求两个及以上输入中最大的数
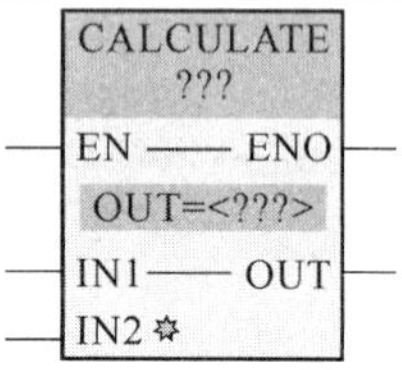 CALCULATE ??? EN—ENO OUT=<???> IN1 OUT IN2✱	求自定义的表达式的值	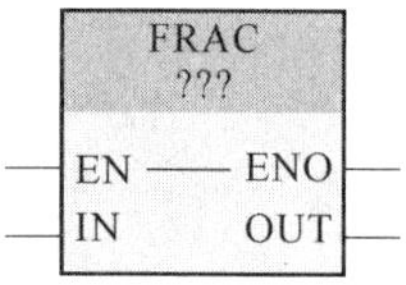 FRAC ??? EN—ENO IN OUT	求输入 IN 的小数值

除了上表的数学运算指令外，还有 SQR 计算平方指令、SQRT 计算平方根指令、LN 计算自然对数指令、EXP 计算指数值指令、SIN 计算正弦值指令、COS 计算余弦值指令、TAN 计算正切值指令、ASIN 计算反正弦值指令、ACOS 计算反余弦值指令、ATAN 计算反正切值指令、EXPT 取幂指令等。

运算指令中，CALCULATE 指令是一个比较实用的计算指令，它根据所选数据类型计算数学运算或复杂逻辑运算。图 5-16 所示为 CALCULATE 计算指令的简单例子。单击指令框中 CALCULATE 下面的 "???"，用出现的下拉式列表选择该指令的数据类型为 Real。单击指令框右上角的 图标，或双击指令框中间的数学表达式方框，打开编辑 "CALCULATE" 指令对话框，输入待计算的表达式，表达式可以包含输入参数的名称（INn）和运算符，不能指定方框外的地址和常数。在初始状态下，指令框值有两个输入 IN1 和 IN2。单击方框左下角的 符号，可以增加输入参数的个数。本例中输入的运算表达式是（IN1 + IN2）* IN3/IN4，当 I0.0 接通时，（MD0 + MD4）* MD8/MD12 的结果送到 MD16 中。

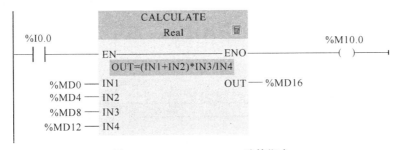

图 5-16 CALCULATE 计算指令

5.4.3 任务实施

根据任务要求，我们确定 PLC 程序的变量表，如图 5-17 所示。

	名称	数据类型	地址	保持	可从…	从 H…	在 H…
1	温度设定值	Int	%MW20		✓	✓	✓
2	温度转换值	Real	%MD30		✓	✓	✓
3	华氏温度值	Real	%MD40		✓	✓	✓

图 5-17 摄氏温度转华氏温度 PLC 变量表

在变量表中可以看到温度设定值的数据类型是整型，华氏温度值的数据类型为浮点型，因此需要用转换指令把类型转换成浮点型，再按转换公式，运用乘法指令和加法指令换算成华氏温度值。其程序如图 5-18 所示。

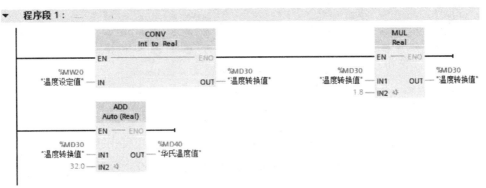

图 5-18 摄氏温度转华氏温度 PLC 程序

在这个任务里，添加了触摸屏 HMI 设备，型号为精智面板 TP700 Comfort，HMI 变量里有两个变量：华氏温度值和温度设定值，在"温度设定值"变量处右键单击"属性"，弹出属性窗口，单击"范围"，设置范围的"上限"和"下限"值，如图 5-19 所示。对变量的范围设置可以在触摸屏中设定，也可以用 LIMIT 指令来限制变量的值。在触摸屏界面设置的两个变量，都是 I/O 域类型，"温度设定值"为输入型的 I/O 域，如图 5-20 所示。"华氏温度值"为输出型的 I/O 域，设置方法与"温度设定值"变量类似。

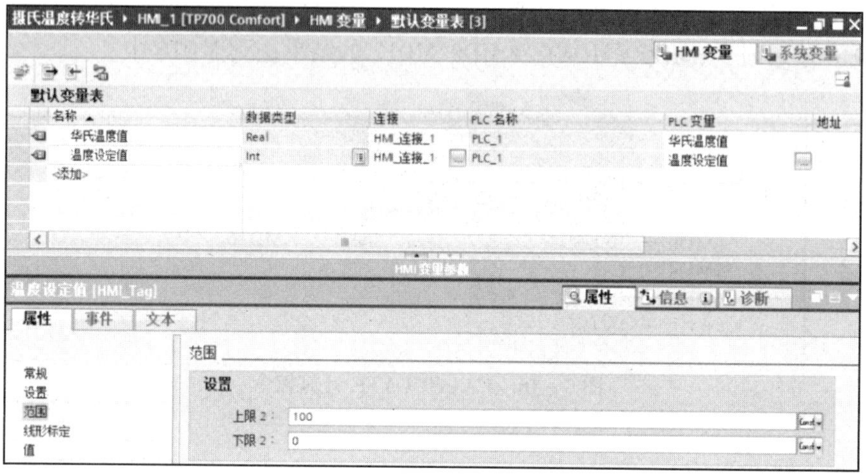

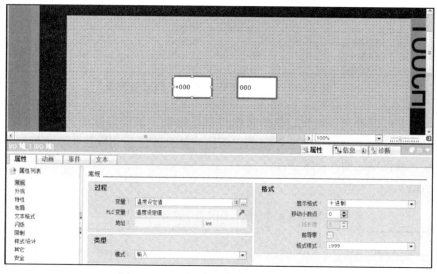

图 5-19　HMI 变量及范围设置

图 5-20　"温度设定值"变量的设置

在 PLC 和 HMI 处分别单击工具栏的 █ 按钮开始仿真，触摸屏出现仿真界面。单击温度设定处，输入"10"按回车键，触摸屏上的华氏温度值变为 50，为表达式"10 * 1.8 + 32"的运算结果，如图 5-21 所示。

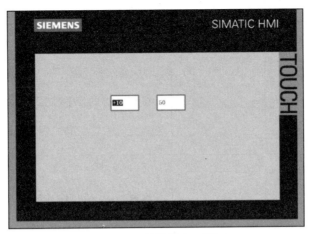

图 5-21 触摸屏显示界面

5.5 流水灯显示控制

5.5.1 任务要求

按下启动按钮 SB1,右边第 1 个指示灯开始亮。8 个 LED 指示灯从右向左依次亮 1 s,每隔 1 s 移动一个灯亮,到第 8 个灯亮 1 s 后又开始亮第 1 个灯,如此循环下去,形成流水灯的控制。按下停止按钮,灯立即灭。

5.5.2 相关知识

1. 移位指令

移位指令和循环移位指令的符号及相关说明见表 5-7。移位指令 SHL 和 SHR 将输入参数 IN 指定的存储单元的整个内容逐位左移或右移若干位,移位的位数用输入参数 IN 来定义,移位的结果保存在参数 OUT 指定的地址。无符号数移位和有符号数左移后空出来的位用 "0" 填充。有符号数右移空出来的位用符号位(原来的最高位)填充,正数的符号位为 0,负数的符号位为 1。

表 5-7 移位、循环移位指令的符号及说明

指令	功能
SHR ??? EN — ENO IN — OUT N	将参数 IN 的为序列右移 N 位,结果送给参数 OUT

续表

指令	功能
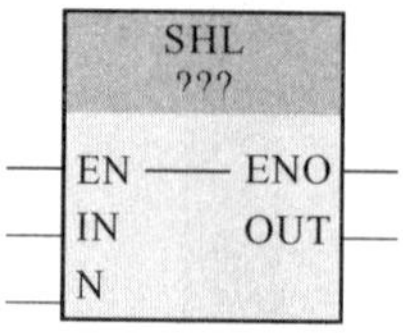 SHL ??? EN ENO IN OUT N	将参数 IN 的为序列左移 N 位,结果送给参数 OUT
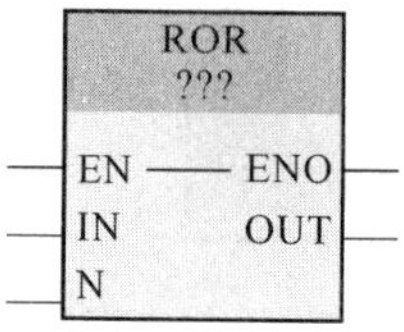 ROR ??? EN ENO IN OUT N	将参数 IN 的位序列循环右移 N 位,结果送给参数 OUT
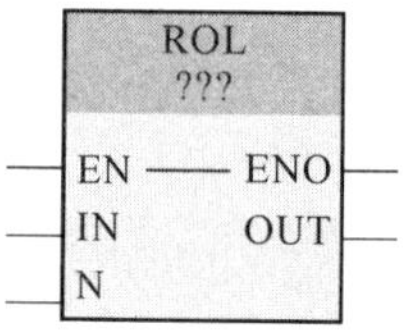 ROL ??? EN ENO IN OUT N	将参数 IN 的位序列循环左移 N 位,结果送给参数 OUT

2. 循环移位指令

循环移位指令 ROL 和 ROR 将输入参数 IN 指定的存储单元的整个内容逐位循环左移或循环右移若干位后,即移出来的位又送回存储单元另一端空出来的位,原始的位不会丢失。N 为移位的位数,移位的结果保存在输出参数 OUT 指定的地址。N 为 0 时不会移位,但是 IN 指定的输入值复制给 OUT 指定的地址。移位位数 N 可以大于被移位存储单元的位数,执行指令后,ENO 总是为 "1" 的状态。

5.5.3 任务实施

1. 确定 I/O 分配

根据任务要求,PLC 的 I/O 分配较简单,可设置位启动按钮:I0.0;停止按钮:I0.1;8 个指示灯:QB0。

2. PLC 程序设计与调试

流水灯的 PLC 的程序如图 5-22 所示。程序段 1 是产生周期为 1 s 的脉冲信号,按下启动按钮 I0.0,把数值 "1" 传送给 QB0,这时 QB0 的最低位 Q0.0 为 "1",其他位为 "0"。每过 1 s,"T1.IN" 来一个上升沿,QB0 向左移一位,移到 Q0.7 后,过 1 s 又移到 Q0.0,形成 8 个 LED 指示灯从右向左依次亮并循环的流水灯。

单击工具栏的 按钮开始仿真。在仿真启动状态下,会出现 PLC 运行状态仿真窗口。鼠标单击窗口上的 图标,启用仿真的项目视图,单击左上角的 按钮,创建仿真的新项目,在项目树下的 "SIM 表格" 下的 "SIM 表格_1" 中输入 PLC 程序相关的变量,如图 5-23 所

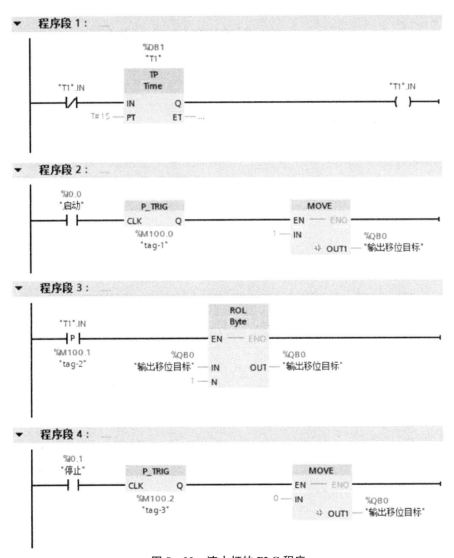

图 5-22 流水灯的 PLC 程序

示。在程序编辑界面，单击 按钮，启用监视功能。在仿真变量表界面中，按下启动按钮 I0.0 后，QB0 的位从右到左依次打"√"置 1，把输出 QB0 的 8 位分别接在 8 个指示灯上，就可以形成 1 s 移位一次的流水灯。

图 5-23 流水灯程序的仿真

5.6 LED 数码管显示控制

5.6.1 任务要求

按下启动按钮后,由八组 LED 发光二极管模拟的八段数码管开始显示,先是一段一段地显示,显示次序是 A、B、C、D、E、F、G、H 段。随后显示数字及字符,显示次序是 0、1、2、3、4、5、6、7、8、9、A、b、C、d、E、F,再返回初始显示,并循环不止。

5.6.2 任务实施

1. 确定 PLC 变量表

根据该任务要求,确定 PLC 的 I/O 变量以及中间状态的存储变量,如图 5-24 所示。

名称	数据类型	地址	保持	可从…	从 H…	在 H…
SD	Bool	%I0.0		✓	✓	✓
A	Bool	%Q0.0		✓	✓	✓
B	Bool	%Q0.1		✓	✓	✓
C	Bool	%Q0.2		✓	✓	✓
D	Bool	%Q0.3		✓	✓	✓
E	Bool	%Q0.4		✓	✓	✓
F	Bool	%Q0.5		✓	✓	✓
G	Bool	%Q0.6		✓	✓	✓
H	Bool	%Q0.7		✓	✓	✓
触摸屏开关	Bool	%M200.0		✓	✓	✓
亮H笔	Bool	%M11.7		✓	✓	✓
亮G笔	Bool	%M11.6		✓	✓	✓
亮F笔	Bool	%M11.5		✓	✓	✓
亮E笔	Bool	%M11.4		✓	✓	✓
亮D笔	Bool	%M11.3		✓	✓	✓
亮C笔	Bool	%M11.2		✓	✓	✓
亮B笔	Bool	%M11.1		✓	✓	✓
亮A笔	Bool	%M11.0		✓	✓	✓
亮7	Bool	%M10.7		✓	✓	✓
亮6	Bool	%M10.6		✓	✓	✓
亮5	Bool	%M10.5		✓	✓	✓
亮4	Bool	%M10.4		✓	✓	✓
亮3	Bool	%M10.3		✓	✓	✓
亮2	Bool	%M10.2		✓	✓	✓
亮1	Bool	%M10.1		✓	✓	✓
亮0	Bool	%M10.0		✓	✓	✓
亮F	Bool	%M9.7		✓	✓	✓
亮E	Bool	%M9.6		✓	✓	✓
亮D	Bool	%M9.5		✓	✓	✓
亮C	Bool	%M9.4		✓	✓	✓
亮B	Bool	%M9.3		✓	✓	✓
亮A	Bool	%M9.2		✓	✓	✓
亮9	Bool	%M9.1		✓	✓	✓
亮8	Bool	%M9.0		✓	✓	✓
偏移目标	DWord	%MD8		✓	✓	✓
启动脉冲复位	Bool	%M2.1		✓	✓	✓
启动脉冲	Bool	%M1.0		✓	✓	✓
1S脉冲信号	Bool	%M0.0		✓	✓	✓

图 5-24 LED 数码管显示 PLC 变量表

2. PLC 程序设计与调试

从这个任务的要求里,我们了解到数码管显示的状态有 24 个,这 24 个状态可以放在一个双字 MD8 的低 24 位中,从低到高分别是 MB11、MB10、MB9,高位 MB8 不用。我们可以通过移位指令对 MD8 进行移位,从而表达 MD8 的每一位。

为了能在触摸屏上仿真,这里设置一个触摸屏开关 M200.0,外部的开关 SD 或触摸屏开关都可以启动整个控制系统。LED 数码管显示 PLC 程序如图 5-25 所示。程序段 1 的功能是编制一个周期为 1 s 的脉冲信号 M0.0,当 SD 开关或触摸屏开关合上时,1 s 后 M0.0 接通,一个扫描周期后 M0.0 的常闭触点把支路断开,从而线圈 M0.0 断开,下一个扫描周期 M0.0 的常闭触点已复位闭合,又开始新的一轮计时。程序段 2 的功能是开启和复位启动脉冲,当按下 SD 开关或触摸屏开关时,启动脉冲 M1.0 接通,1 s 后,M2.1 线圈接通,M2.1 的常闭触点使得 M1.0 线圈断开。当 MD8 中的最后一个状态 M9.7 接通时,其常闭触点会把 M2.1 线圈断开。M9.7 断开后,其常闭触点闭合,M1.0 线圈接通,定时器重新计时,1 s 后 M2.1 线圈重新接通,M1.0 线圈重新断开。程序段 3 的功能是启动脉冲接通时,把"1"传送给 MD8,MD8 的最低位 M11.0 为 1。程序段 4 的功能是每 1 s 把 MD8 向左移位一次。程序段 5、6、7、8、9、10、11、12 的功能分别是所有显示状态 MD8 中数码管亮 A 段、B 段、C 段、D 段、E 段、F 段、G 段、H 段的状态并联。程序段 13 的功能是状态清零,当 SD 开关或触摸屏开关断开时,把"0"传送给 MD8,使数码管灭掉,不再显示任何值。

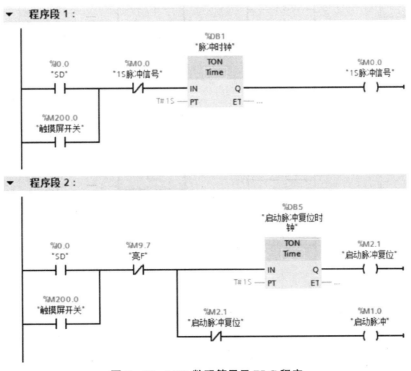

图 5-25 LED 数码管显示 PLC 程序

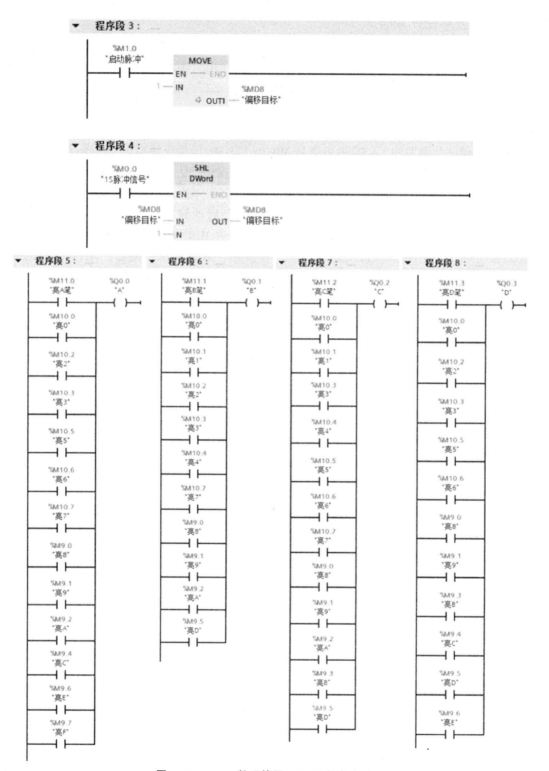

图 5-25 LED 数码管显示 PLC 程序（续）

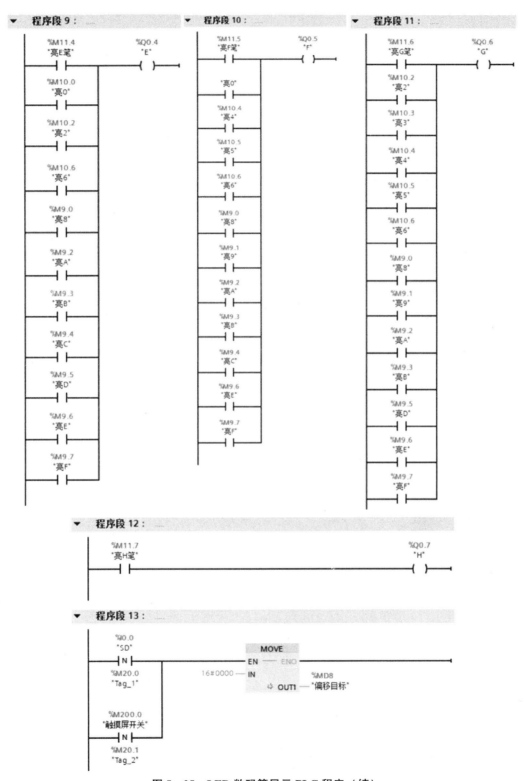

图 5-25 LED 数码管显示 PLC 程序（续）

该程序可以进行触摸屏的仿真,触摸屏的界面设置如图 5-26 所示。界面设置了一个触摸屏开关,在触摸屏界面右边"工具箱"的"元素"中选择"按钮"控件,该按钮的属性设置为开关类型,在"事件"中选择"单击"选项,并在右框的下拉菜单中选择"编辑位"的"取反位"。在触摸屏界面中由小圆组成一个七段数码管,其中每 4 小个圆组合成一个数码管段,每个段可以设置动画,如数码管 A 段关联变量 A,即输出量 Q0.0,当 Q0.0 为 0 时背景色设置为灰色,Q0.0 为 1 时背景色设置为绿色,如图 5-27 所示,其他数码管段的设置方式与此类似。

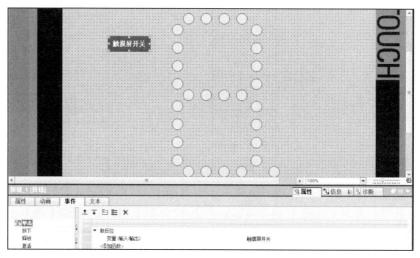

图 5-26 触摸屏的界面设置

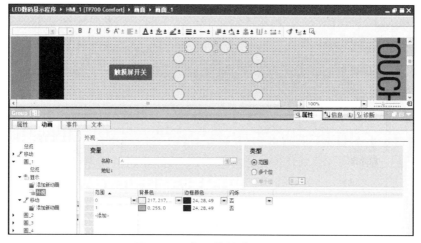

图 5-27 数码管的动画设置

程序设计和触摸屏设置完成后可以单击工具栏的 按钮开始仿真,触摸屏的仿真界面如图 5-28 (a) 所示。数码管每隔 1 s 显示 A、B、C、D、E、F、G、H 段,然后是 0、1、2、3、4、5、6、7、8、9、A、b、C、d、E、F,再返回初始显示。图 5-28 (b) 所示为数码管显示数字"5"时的界面。在仿真过程中,可以在程序编辑界面单击 按钮,启用监视功能，观察输出 Q 的状态。

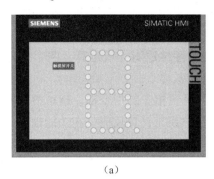 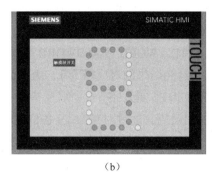

（a） （b）

图 5-28 LED 数码管显示触摸屏仿真界面

5.7 拓展知识

在 S7-1200 PLC 中，基本指令中的功能指令除了上述项目中介绍过的比较指令、数学函数的运算指令、移动操作、移位和循环指令外，还有程序控制指令、字逻辑运算指令，如图 5-29 所示。在西门子编程软件的"帮助"菜单里打开信息系统文件，单击目录下的"对 PLC 进行编程"可以看到每个指令的介绍。这里简单介绍下字逻辑运算指令和程序控制指令中比较常用的指令。

图 5-29 PLC 部分功能指令

5.7.1 字逻辑运算指令

在 LAD 编辑窗口中，分别拖放 AND、OR、XOR，即可得到相对应的指令框。ADD、OR、XOR 指令是对两个输入 IN1 和 IN2 逐位进行逻辑运算，结果存放在输出 OUT 指定的地址。在功能框名称下方单击黑色"???"处，并从下拉菜单中选择数据类型，所选 BYTE、WORD 或者 DWORD 应与 IN1、IN2 和 OUT 所设置的数据类型相同。

AND：BYTE、WORD 或者 DWORD 数据类型的逐位逻辑与运算，两个操作数的同一位均为 1，运算结果的对应位为 1，否则为 0。

OR：BYTE、WORD 或者 DWORD 数据类型的逐位逻辑或运算，两个操作数的同一位均为 0，运算结果的对应位为 0，否则为 1。

XOR：BYTE、WORD 或者 DWORD 数据类型的逐位逻辑异或运算，两个操作数的同一位如果不同，运算结果的对应位为 1，否则为 0。

在 LAD 窗口中，拖放 INVERT 取反指令，即可得到相应的指令框。INV 指令用于获得参数 IN 的二进制反码，通过对参数 IN 各位的值逐位取反来计算反码。在功能框名称下方单击黑色"???"处，并从下拉菜单中选择与参数相一致的数据类型。

在字逻辑运算指令中还有解码指令 DECO、编码指令 ENCO、选择指令 SEL、多路复用指令 MUX、多路分用指令 DEMUX，详细说明请查看帮助文件或系统手册。

5.7.2 程序控制指令

程序控制指令中跳转指令、标签指令和返回指令比较常用。各指令的功能如下：

(JMP)：如果有能流通过该指令线圈，则程序将从指定标签后的第一条指令继续执行。

(JMPN)：如果没有能流通过该指令线圈，则程序将从指定标签后的第一条指令继续执行。

LABEL：JMP 或 JMPN 跳转指令的目标标签。

(RET)：用于终止当前块的执行。

在程序中设置跳转指令，可提高 CPU 的程序执行速度。在没有执行跳转指令时，各程序段按从上到下的先后顺序执行，这种执行方式称为线性扫描。跳转指令中止程序的线性扫描，跳转到指令中的地址标签所在的目的地址。跳转时不执行跳转指令与标签之间的程序，跳转到目的地址后，程序继续按线性扫描的方式顺序执行。跳转指令可以往前跳，也可以往后跳。只能在同一个代码块内跳转，即跳转指令与对应的跳转目的地址应在同一个代码块内。在一个块内，同一个跳转目的地址只能出现一次，即可以从不同的程序段跳转到同一个标签处，同一代码块内不能出现重复的标签。

图 5-30 所示为跳转指令的示例程序。当 I0.0 接通时，如果跳转条件满足，JMP 指令的线圈通电，跳转被执行，将跳转到指令给出的标签 abc1 处，执行标签之后的第一条指令。被跳过的程序段的指令没有被执行。标签在程序段的开始处，标签的第一个字符必须是字母，其余的可以是字母、数字和下划线。如果跳转条件不满足，将继续执行下一个程序段的程序。

在图 5-30 程序中，RET（返回）指令的线圈通电时，停止执行当前的块，不再执行指令后面的程序，返回调用它的块后，执行调用指令后的程序。RET 指令的线圈断电时，继续执行它下面的程序。RET 线圈的上面是块的返回值，数据类型是 Bool。如果当前的块是 OB，返回值被忽略。如果当前的是函数 FC 或函数块 FB，返回值作为函数 FC 或函数块 FB 的 ENO 的值传送调用它的块。一般情况下并不需要在块结束时使用 RET 指令来结束块，操作系统将会自动完成这一任务。RET 指令用来有条件地结束块，一个块可以使用多条 RET 指令。

程序控制指令中还有 RE_TRIGR 指令、STP 指令、GET_ERROR 指令与 GET_ERR_ID 指令、ENDIS_PW"启用/禁用 CPU 密码"指令和 RUNTIME"测量程序运行时间"指令。

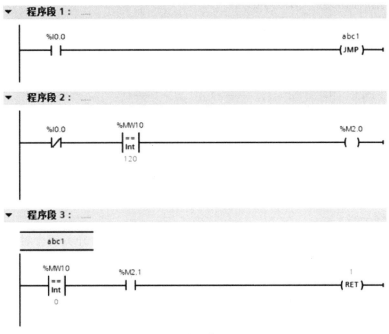

图 5-30　跳转指令的示例程序

1. RE_TRIGR 指令与 STP 指令

监控定时器又称看门狗（Watchdog），每次扫描循环它都被自动复位一次，正常工作时最大扫描循环时间小于监控定时器的时间设定值，它不会起作用。如果出现用户程序很长，一个扫描循环内执行中断程序的时间很长，循环指令执行的时间很长等情况，扫描循环时间可能大于监控定时器的设定时间，则监控定时器将会起作用。可以在程序中的任意位置使用指令 RE_TRIGR（重新启动周期监视时间）来复位监控定时器。在组态 CPU 时，可以用参数"循环周期监视时间"设置允许的最大循环时间。

STP 指令的 EN 输入端为 1 状态时，PLC 进入 STOP 模式。

2. GET_ERROR 指令与 GET_ERR_ID 指令

"获取本地错误信息"指令 GET-ERROR 用来提供有关程序块执行错误的信息。用输出参数 "ERROR（错误）" 显示程序块内发生的错误，该错误通常为访问错误。

"获取本地错误 ID" 指令 GET_ERR_ID 用来报告错误的 ID（标识符）。如果块执行时出现错误，且指令的 EN 输入为 1 状态，则出现的第一个错误的 ID 保存在指令的输出参数 "ID" 中，ID 的数据类型为 Word。第一个错误消失时，指令输出下一个错误的 ID。

S7-1200 PLC 中其他的程序控制指令说明请查看帮助文件或系统手册。

 练习

1. 指示灯循环点亮控制

以 10 s 为一个周期，依次循环点亮 3 盏灯（Q0.1、Q0.2、Q0.3）。按下启动按钮 I0.0，信号灯点亮情况：Q0.0 点亮 3 s→Q0.1 点亮 4 s→Q0.2 点亮 3 s→Q0.0 再次点亮，依次不断循环；按下停止按钮 I0.1，信号灯熄灭。

2. 红绿灯亮灭循环控制

用 PLC 控制 3 种颜色灯：HL1 绿灯、HL2 黄灯、HL3 红灯，工作过程如下：

(1) HL1 灯亮 1 s；
(2) HL1 灯暗，HL2 灯亮 1 s；
(3) HL2 灯暗，HL3 灯亮 1 s；
(4) 3 个灯全暗 1 s；
(5) 3 个灯全亮 1 s；
(6) 3 个灯全暗 1 s；
(7) 3 个灯全亮 1 s；
(8) 3 个灯全暗 1 s。

然后工作过程（1）~（8）反复循环，用一个开关控制。开关闭合时灯工作，断开时停止工作。

函数块与组织块的编程与调试

6.1 基于 FC 的两台电机启停控制

6.1.1 任务要求

按下 SB1 启动按钮,电机 1 启动,电机 1 指示灯亮,按下 SB2 停止按钮,电机 1 停止。按下 SB3 启动按钮,电机 2 启动,电机 2 指示灯亮,按下 SB4 停止按钮,电机 2 停止。用 FC 函数来实现 PLC 编程。

6.1.2 相关知识

PLC 有三种编程方法:线性化编程、模块化编程和结构化编程。线性化编程是将整个用户程序放在主程序 OB1 中,在 CPU 循环扫描时执行 OB1 中的全部指令。其特点是结构简单,但效率低下。模块化编程是将程序根据功能分为不同的逻辑块,且每一逻辑块完成的功能不同。在 OB1 中可以根据条件调用不同的功能 FC 或功能块 FB。其特点是易于分工合作,调试方便。结构化编程是将过程要求类似或相关的任务归类,在功能 FC 或功能块 FB 中编程,形成通用解决方案。通过不同的参数调用相同的函数 FC 或通过不同的背景数据块调用相同的函数块 FB。

结构化编程具有以下优点:

(1) 程序只需生成一次,显著地减少了编程时间。

(2) 该块只在用户存储器中保存一次,降低了存储器的用量。

(3) 该块可以被程序任意次调用,每次使用不同的地址。该块采用形式参数编程,当用户程序调用该块时,要用实际参数赋值给形式参数。该块采用形式参数(INPUT,OUTPUT 或 IN/OUT 参数)编程,当用户程序调用该块时,要用实际参数给这些形式参数赋值。

在前文 1.5 节已简单介绍过用户程序的结构,S7 – 1200 的用户程序由代码块和数据块组成。代码块包括组织块、函数和函数块,数据块包括全局数据块和背景数据块。

函数是用户编写的一种可以快速执行的子程序块。它是一种不带"记忆"的逻辑块,所谓不带"记忆"表示没有背景数据块。FC 有两个作用:一是作为子程序用,二是作为函数用。老版本的 STEP 7 V5.5 将 Function 和 Function block 翻译为功能和功能块,新版的 STEP 7 已更改为函数和函数块。

函数(FC)的特点有:无存储空间的程序块;用于编制频繁出现的复杂功能;功能执行完毕之后,临时变量中的数据将丢失;必须使用全局操作数保存数据;在程序中的不同点可以多次调用 FC;FC 没有分配给它的数据块,FC 使用临时堆栈临时保存数据,FC 退出后,临时堆栈中的变量将丢失。

所谓带参函数(FC),是指编辑函数(FC)时,在局部变量声明表内定义了形式参数,在函数(FC)中使用了符号地址完成控制程序的编程,以便在其他块中能重复调用有参函数(FC)。

6.1.3 案例分析

用函数 FC 实现计算压力值的运算,具体如下:

设压力变送器量程的下限为 0 MPa,上限为 High MPa,经过 A/D 转换后得到 0 ~ 27 648 的整数,转换后的数字 N 和压力 P 之间的计算公式为

$$P = (\text{High} * N)/27\,648$$

1. 建立项目与添加新块

在博途软件里新建立一个项目,并添加设备 PLC 后,在项目树的程序块单击 添加新块,出现添加新块的界面,单击左边方框的"FC 函数"按钮,默认的编号为 1,在名称栏输入"计算压力",单击"确定"按钮,生成函数 FC1,如图 6-1 所示。

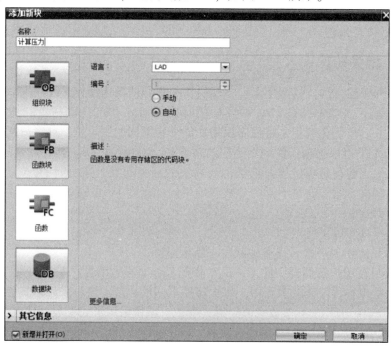

图 6-1 添加 FC 函数

2. 生成函数的局部变量

添加新块后，在项目视图中的项目树里单击程序块"计算压力 FC1"，右边出现程序编辑界面，将鼠标的光标放在 FC1 的程序区上方的"块接口"水平分隔条上，按住鼠标左键，往下拉动分隔条，分隔条上面出现该函数的接口区，也就是定义函数局部变量的地方。

输入参数 Input 用于接收调用它的主调块提供的输入数据；输出参数 Output 用于将块的程序执行结果返回给主调块；输入输出参数 InOut 的初值由主调块提供，块执行完后用同一个参数将它的值返回给主调块；临时数据 Temp 是暂时保存在局部数据堆栈中的数据，每次调用块之后，临时数据可能被同一优先级中后面调用的块的临时数据覆盖，调用 FC 和 FB 时，首先应初始化它的临时数据（写入数值），然后再使用；常量 Constant 是块中使用并带有符号名的常量。函数的局部变量的类型及说明如表 6-1 所示。

表 6-1 函数的局部变量的类型及说明

变量名	类型	说明
输入参数	Input	由调用逻辑块的块提供数据，输入给逻辑块的指令
输出参数	Output	向调用逻辑块的块返回参数，即从逻辑块输出结果数据
I/O 参数	InOut	参数的值由调用块的块提供，由逻辑块处理修改，然后返回
临时变量	Temp	静态变量存储在背景数据块中，块调用结束后，其内容被保留
静态变量	Constant	临时变量存储在 L 堆栈中，块执行结束变量的值因被其他内容覆盖而丢掉

在块接口列表里输入函数各个局部变量的名称，单击"数据类型"列的按钮，用下拉式列表设置各个变量的数据类型，如图 6-2 所示。在接口区生成的局部变量只能在它所在的块中使用。用鼠标右键单击项目树中的 FC1，单击快捷菜单的"属性"，选中打开的对话框左边的"属性"，用属性去掉复选框"块的优化访问"选项中的钩。单击工具栏上的"编译"按钮，成功编译后在 FC1 的接口区会出现"偏移量"列，只有临时数据才有偏移量，一般都使用优化的块访问，不需要去掉。

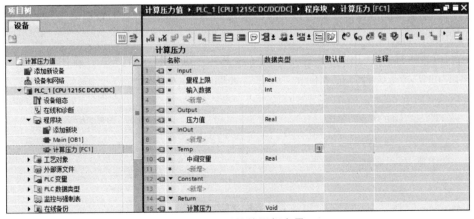

图 6-2 函数的局部变量

3. 程序设计与仿真

在函数 FC1 的程序编辑窗口输入程序,如图 6-3 所示。程序中用 CONV 指令将参数"输入数据"接收的 A~D 转换后的整数值（0~27 648）转换为实数（Real），再用实数乘法指令和实数除法指令完成运算,运算的中间结果用临时局部变量"中间变量"保存。STEP 软件在局部变量的前面会自动添加"#",比如"#输入数据"。

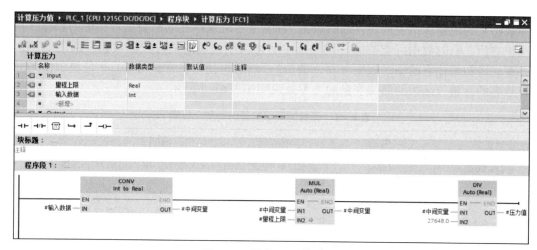

图 6-3 函数 FC1 的程序

将项目树中的函数 FC1 直接拖至 OB1 程序区的水平"导线"上,这里就出现了一个带接口参数的 FC1 函数,如图 6-4（a）所示。FC1 的方框中左边的参数有输入 Input 类型的参数,也有输入/输出 InOut 类型的参数,右边的参数有输出 Output 类型的参数,它们都被称为 FC 的形式参数,简称形参,形参在 FC 内部的程序中使用。别的代码块要调用 FC 时,需要为每个形参指定实际的参数,简称实参。实参和形参应具有相同的数据类型,比如这里的实参"压力转换值"和可以对应的形参"输入数据"有相同的数据类型。在 PLC 变量表中可以定义实际参数,也可以在全局数据块中定义实际参数。这里是在 PLC 变量表中定义实际参数,如图 6-5 所示。

变量定义完成后,在 OB1 程序区,在带"???"的参数里输入对应的变量,如图 6-4（b）所示。PLC 变量表里的数据为全局变量,全局变量的符号地址两边添加双引号,与局部变量的数据有区别。

将程序下载到仿真 CPU 后,令 IW64 为 13 824,执行 FC1 程序后,输出压力值 5.0 MPa 被传送给它的实参压力计算值 MD18,仿真结果如图 6-6 所示。

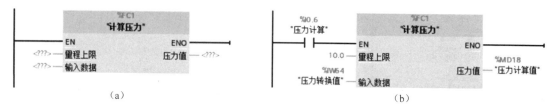

图 6-4 FC1 函数

默认变量表							
名称	数据类型	地址	保持	可从...	从H...	在H...	注释
压力转换值	Int	%IW64	☐	☑	☑	☑	
压力计算值	Real	%MD18	☐	☑	☑	☑	
压力计算	Bool	%I0.6	☐	☑	☑	☑	

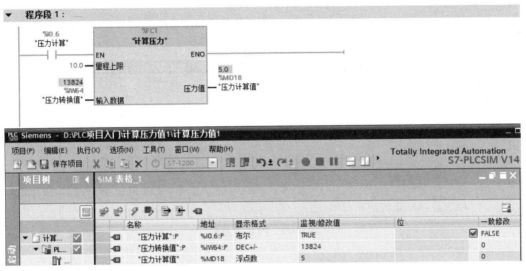

图 6－5　PLC 变量表

图 6－6　仿真结果

6.1.4　任务实施

创建一个新项目，添加新设备，选择与实训设备对应的 PLC 型号，在项目树的程序块单击添加新块，出现添加新块的界面，单击“FC 函数”，在名称栏输入“两台电机启停”。添加新块后，在项目视图中的项目树里单击程序块“两台电机启停”，右边出现程序编辑界面，单击界面上方的“块接口”处，并在参数列表里输入数据，如图 6－7 所示。

两台电机启停			
名称	数据类型	默认值	注释
▼ Input			
■ 启动	Bool		
■ 停止	Bool		
▼ Output			
■ 电机	Bool		
▼ InOut			
■ 指示	Bool		
▼ Temp			

图 6－7　“两台电机启停”的 FC 函数局部变量

在 FC1 程序编辑区，输入电机启停程序，如图 6－8 所示。这个电机启停程序的原理比较简单，带“#”的变量代表这个是局部变量，“#启动”和“#停止”是 Input 类型的变量，“#电机”是 Output 类型的变量，“#指示”是 InOut 类型的变量。

根据任务的控制要求，确定 PLC 的 I/O 分配，在 PLC 变量的“默认变量表”里输入变量，如图 6－9 所示。

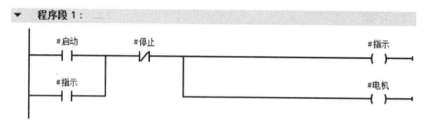

图 6-8 “两台电机启停”的 FC1 程序

	名称	数据类型	地址	保持	可从 ...	从 H...	在 H...	注释
1	电机1启动	Bool	%I0.0	☐	☑	☑	☑	
2	电机1停止	Bool	%I0.1	☐	☑	☑	☑	
3	电机1	Bool	%Q0.0	☐	☑	☑	☑	
4	电机1指示	Bool	%Q0.1	☐	☑	☑	☑	
5	电机2启动	Bool	%I0.2	☐	☑	☑	☑	
6	电机2停止	Bool	%I0.3	☐	☑	☑	☑	
7	电机2	Bool	%Q0.2	☐	☑	☑	☑	
8	电机2指示	Bool	%Q0.3	☐	☑	☑	☑	

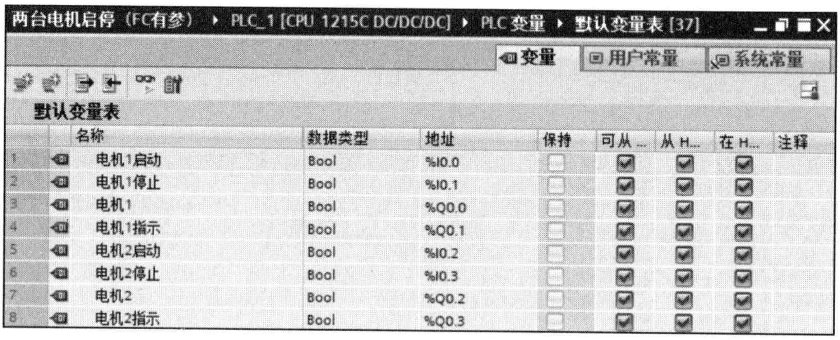

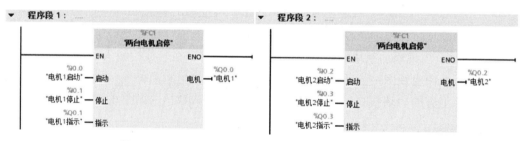

图 6-9 PLC 变量表

在 PLC 的 OB1 主程序编辑界面，把“两台电机启停”的 FC1 函数拖入到编辑区，两个电机的控制过程一样，所以拖入两个 FC1 函数，把相对应的 PLC 变量导入到函数接口处，其 OB1 程序如图 6-10 所示。

图 6-10 “两台电机启停”的 OB1 程序（有参数型）

当按下电机 1 启动按钮后，I0.0 线圈接通，这实际参数赋值给 FC1 函数的形式参数“#启动”，FC1 函数执行完程序后，“#电机 1”“#电机 1 指示”输出变量接通，这个形式参数传递的值传递给实际参数“电机 1”Q0.0、“电机 1 指示”Q0.1，使得电机 1 启动及电机 1 指示灯亮。按下电机 1 停止按钮后，I0.1 线圈接通，I0.1 常闭触点断开，这实际参数赋值给 FC1 函数的形式参数“#停止”，FC1 函数执行完程序后，“#电机 1”“#电机 1 指示”输出变量断开，这个形式参数传递的值传递给实际参数“电机 1”Q0.0、“电机 1 指示”Q0.1，使得电机 1 停止及电机 1 指示灯灭。电机 2 的工作原理与电机 1 的类似，不再详述。

以上的程序设计是应用了带参数的 FC1 函数，如果在 FC1 中不使用局部变量，采用无形式参数的 FC1，就是直接使用绝对地址或符号地址进行编程，如同在主程序中编程一样。

函数 FC1 的程序如图 6-11 所示。

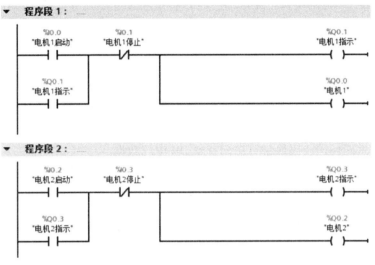

图 6-11 函数 FC1 的程序

在 OB1 主程序中调用 FC1 函数，如图 6-12 所示，从图中可以看到，OB1 程序中的 FC1 函数没有接口参数。程序的工作原理请读者自行分析。

图 6-12 "两台电机启停"的 OB1 程序（无形式参数）

6.2 拓展任务：基于 FC 的两台电机 Y-△ 降压启动控制

6.2.1 任务要求

某一车间，两台设备由两台电动机带动，两台电动机要实现星-三角降压启动。当按下启动按钮时，两台电机同时开始星形启动，设备 1 的电机由星形转换到三角形的时间为 5 s，设备 2 的电机由星形转换到三角形的时间为 10 s。按下停止按钮时，两台电机立即停止。要求用 FC 函数编程实现控制功能。

6.2.2 相关知识

CPU 提供了以下几个选项，用于执行用户程序期间存储数据。

全局存储器：CPU 提供了各种专用存储区，其中包括输入（I）、输出（Q）和位存储器（M）。所有代码块可以无限制地访问该储存器。

临时存储器：只要调用代码块，CPU 的操作系统就会分配要在执行块期间使用的临时或本地存储器（L）。代码块执行完成后，CPU 将重新分配本地存储器，以用于执行其他代码块。

数据块（DB）：在用户程序中存储代码块的数据。相关代码块执行完成后，DB 中存储的数据不会被删除。数据块（DB）分为全局数据块（全局 DB）和背景数据块（背景 DB）。

全局 DB 存储程序中代码块的数据，任何代码块 OB、FB 或 FC 都可访问。

背景 DB 存储特定 FB 的数据。背景 DB 中数据的结构反映了 FB 的参数（Input、Output 和 InOut）和 Static 静态数据，FB 的临时存储器不存储在背景 DB 中。尽管背景 DB 反映特定 FB 的数据，然而任何代码块都可访问背景 DB 中的数据。

每个存储单元都有唯一的地址，用户程序利用这些地址访问存储单元中的信息。存储单元的寻址方式又可分为绝对寻址和符号寻址。数据块 DB 也有这两种寻址方式。数据块可以按位（例如 DB1.DBX3.5）、字节（DBB）、字（DBW）和双字（DBD）等绝对地址来访问。在访问数据块中的数据时，应指明数据块的名称，也可以用绝对地址，如 DB1.DBW20 或符号地址，如"电机 DB"。在 DB 属性中取消勾选"优化的块访问"选项，可以引用绝对地址访问数据块，数据块中会显示"偏移量"列中的偏移量。如果勾选"优化的块访问"选项，只能使用符号地址访问数据块，不能使用绝对地址，这种访问方式可以提高存储器的利用率。

全局 DB 除用来存储定时器数据外，还可以存储字符串、数组和结构类型的数据，也可以在代码块的接口区创建这些类型的数据。

6.2.3 任务实施

1. 确定变量与定时数据块

根据传统的 Y-△ 降压启动控制电路，一个电机需要三个接触器来实现星-三角的降压启动，再结合任务的要求，可以确定任务的输入/输出变量。在新建项目、添加 PLC 设备后，在"项目树"的 PLC 变量里添加一个新变量表：变量表_1，PLC 程序的变量表如图 6-13 所示。

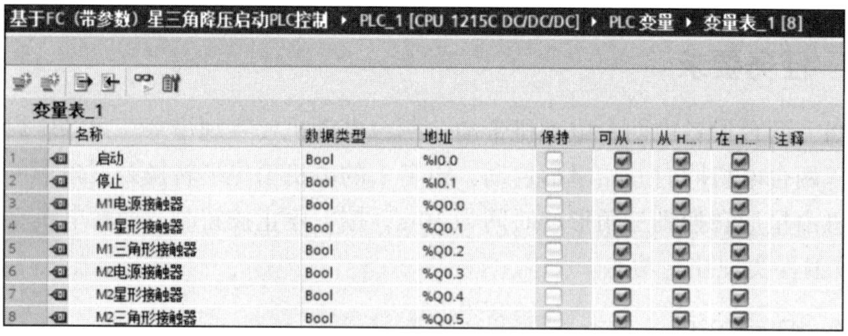

图 6-13 PLC 程序的变量表

该任务中两台电机的控制功能是一样的，只是从星形切换到三角形的时间不同。在前文的项目中有用到过定时器，在程序中添加 IEC 定时器时，系统会自动为其分配背景数据块，定时器指令的数据保存在背景数据块中。这里可以添加一个全局数据块来代替定时器的背景数据块，添加方法与添加 FC 函数类似。单击项目树的“程序块”添加新块，出现添加新块的界面，单击打开方框中的“DB 数据块”按钮，在名称栏输入“T_1”，类型为“全局 DB”。添加全局 DB 数据块后，在数据列表里添加数据类型为“IEC_TIMER”类型的数据。在数据块中添加两组定时器类型的数据，一个名称为“T11”，定时时间为 5 s，一个名称“T22”，定时时间为 10 s，如图 6－14 所示。

	名称	数据类型	起始值	保持	可从 HMI/...	从 H...	在 HMI ...	设定值
1	▼ Static							
2	▼ T11	IEC_TIMER			✓	✓	✓	
3	PT	Time	T#5S		✓	✓	✓	
4	ET	Time	T#0ms		✓		✓	
5	IN	Bool	false		✓	✓	✓	
6	Q	Bool	false		✓		✓	
7	▼ T22	IEC_TIMER			✓	✓	✓	
8	PT	Time	T#10s		✓	✓	✓	
9	ET	Time	T#0ms		✓		✓	
10	IN	Bool	false		✓	✓	✓	
11	Q	Bool	false		✓		✓	

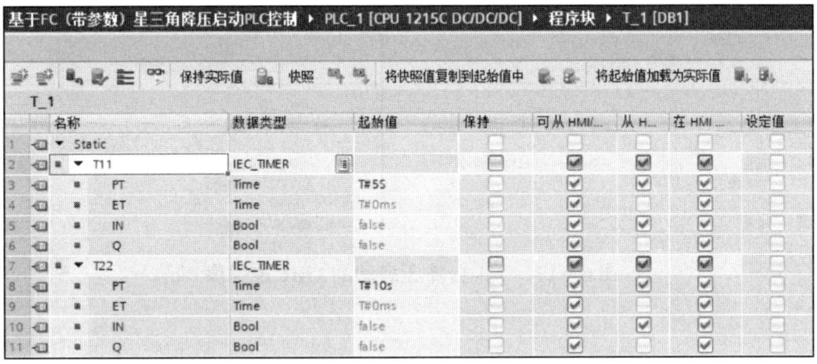

图 6－14　两组“IEC_TIMER”类型的数据

2. 程序设计与调试

添加名称为“电机 1”的 FC 函数，并定义其局部变量，如图 6－15 所示，这里 IEC_TIMER 类型的变量“TIMEDB”及变量“电源”采用 InOut 类型。函数 FC1 的程序如图 6－16 所示。

	名称	数据类型
1	▼ Input	
2	启动	Bool
3	停止	Bool
4	▼ Output	
5	星形	Bool
6	三角形	Bool
7	▼ InOut	
8	▼ TIMEDB	IEC_TIMER
9	PT	Time
10	ET	Time
11	IN	Bool
12	Q	Bool
13	电源	Bool
14	▼ Temp	
15	TEMP	Bool
16	▸ Constant	

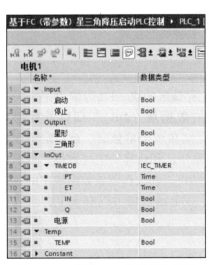

图 6－15　函数 FC1 的局部变量表

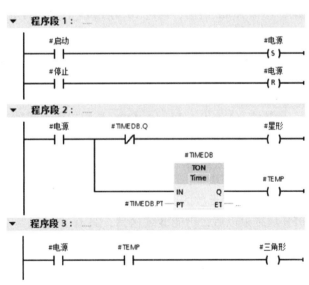

图 6－16　函数 FC1 的程序

Y－△降压启动的 OB1 主程序如图 6－17 所示。主程序调用两个 FC1 函数，程序段 1 的功能是实现设备 1 的电机的星－三角降压启动，其中定时时间来自全局 DB 数据块的 T_1 的 T11 数据。程序段 2 的功能是实现设备 2 的电机的星－三角降压启动，其中定时时间来自全局 DB 数据块的 T_1 的 T22 数据。按下启动按钮，I0.0 接通，调用两个 FC1 函数后，Q0.0、Q0.1 接通，Q0.3、Q0.4 也接通，设备 1 电机和设备 2 电机同时星形启动并开始计时，5 s 后变成 Q0.0、Q0.2 接通，设备 1 电机三角形运行，设备 2 在 10 s 后变成 Q0.3、Q0.5 接通，设备 2 电机三角形运行。按下停止按钮，I0.1 接通，传递给形参"#停止"，局部变量"#电源""#星形""#三角形"都断开，传递给实参，所有的输出 Q 都断开，电机立即停止。

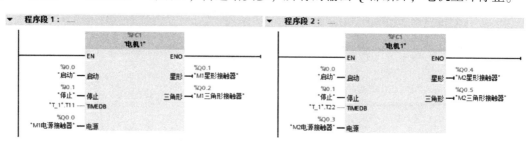

图 6-17 Y-△降压启动的 OB1 主程序

6.3 基于 FB 的三台电机 Y-△降压启动控制

6.3.1 任务要求

该机组共有 3 台电机，每台电机要求星-三角降压启动；启动时按下启动按钮，按 M1 启动，10 s 后 M2 启动，再过 10 s 后 M3 启动；停止时按下停止按钮，逆序停止，即 M3 先停止，10 s 后 M2 停止，再过 10 s 后 M1 停止；任何一台电机，控制电源的接触器和星形接法的接触器接通电源 6 s 后，星形接触器断电，1 s 后三角形接触器接通。

6.3.2 相关知识

函数块（Function Block，FB）是用户所编写的有固定存储区的块。FB 为带"记忆"的逻辑块，它有一个数据结构与函数块参数表完全相同的数据块（DB），即背景数据块（Instance Data Block），函数块的所有形参和静态数据都存储在一个单独的、被指定给该函数块的背景数据块中，用来存储接口数据区（TEMP 类型除外）和运算的中间数据。当函数块被执行时，背景数据块被调用，函数块结束，调用随之结束。存放在背景数据块中的数据在 FB 块结束以后，仍能继续保持，具有"记忆"功能。一个函数块可以有多个背景数据块，使函数块可以被不同的对象使用。

FB 与 FC 相比，有以下不同：

（1）FB 每次调用都必须分配一个背景数据块，属于带存储数据功能的块。FC 没有背景数据块，没有存储数据功能。

（2）只能在函数 FC 内部访问它的局部变量，其他代码块或 HMI（人机界面）可以访问函数块 FB 的背景数据块中的变量。

（3）函数 FC 没有静态变量（Static），函数块 FB 有保存在背景数据块中的静态变量。当编写 FC 程序时，必须寻找空的标志区（M 区）或全局数据块来存储需保持的数据，并且要自己编写程序来保存它们，而 FB 的静态变量可由 STEP 7 的软件来自动保存。

（4）函数块 FB 的局部变量（不包括 Temp）有默认值（初始值），函数 FC 的局部变量没有默认值。在调用函数块 FB 时可以不设置某些有默认值的输入、输出参数的实参，这种情况下将使用这些参数在背景数据块中的启动值，或使用上一次执行后的参数值，这样可以使得调用函数块更简单。调用函数 FC 时应给所有的形参指定实参。

（5）函数块 FB 的输出参数值不仅与来自外部的输入参数有关，还与用静态数据保存的内部状态数据有关。函数因为没有静态数据，相同的输入参数产生相同的执行结果。

6.3.3　案例分析

用函数 FB 实现多台电机的顺序启动控制。当按下启动按钮 1 时，电机 1 先启动，5 s 后电机 2 启动，按下停止按钮 1，电机 1 和电机 2 立即停止。当按下启动按钮 2 时，电机 3 先启动，6 s 后电机 4 启动，按下停止按钮 2，电机 3 和电机 4 立即停止。

1. 添加函数块

在博途软件里新建立一个项目，添加设备 PLC 后，在项目树的程序块单击"添加新块"，出现"添加新块"的界面，单击打开方框中的"FB 函数"按钮，默认的编号为 1，在名称栏输入"电机顺序控制"，单击"确定"按钮，生成函数块 FB1。在"电机顺序控制 FB1"处右键单击"属性"，去掉 FB1 属性中"优化的块访问"，可以在项目树的文件夹里看到新生成的 FB1。

2. 生成函数块的局部变量

打开 FB1，用鼠标往下拉动程序编辑器的分隔条，分隔条上面是函数块的接口区，生成的局部变量如图 6－18 所示。IEC 定时器、计数器实际上也是函数块，定时器指令框上面是它的背景数据块。在 FB 函数块中，定时器的背景数据块如果是一个固定的数据块，在同时多次调用 FB 时，该数据块将会被同时用于多处，程序运行时将会出错。为避免出现这种问题，在块接口中生成数据类型为 IEC_TIMER 的静态变量"TIMEDB"，用它提供定时器 TON 的背景数据。每次调用 FB1 时，在 FB1 不同的背景数据块中，不同的被控对象都有保存 TON 的背景数据的存储区"TIMEDB"。

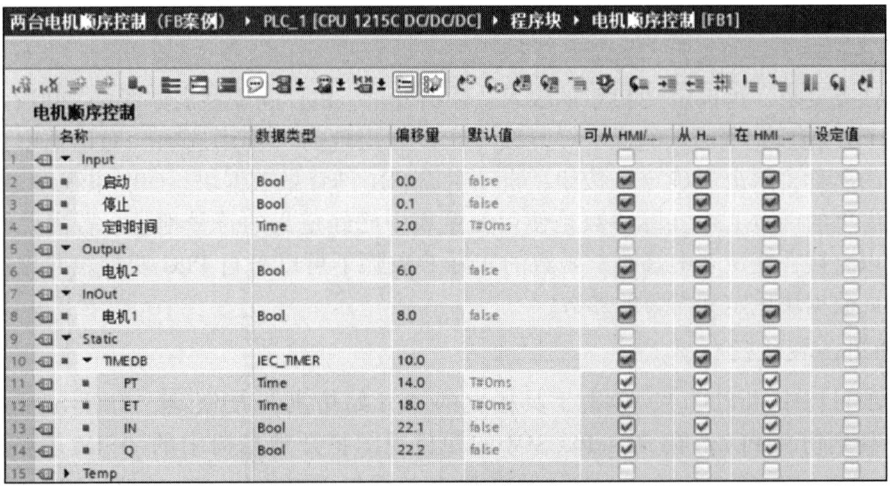

	名称	数据类型	偏移量	默认值	可从 HMI/...	从 H...	在 HMI ...	设定值
1	▼ Input				☐	☐	☐	☐
2	启动	Bool	0.0	false	☑	☑	☑	☐
3	停止	Bool	0.1	false	☑	☑	☑	☐
4	定时时间	Time	2.0	T#0ms	☑	☑	☑	☐
5	▼ Output				☐	☐	☐	☐
6	电机2	Bool	6.0	false	☑	☑	☑	☐
7	▼ InOut				☐	☐	☐	☐
8	电机1	Bool	8.0	false	☑	☑	☑	☐
9	▼ Static				☐	☐	☐	☐
10	▼ TIMEDB	IEC_TIMER	10.0		☑	☑	☑	☐
11	PT	Time	14.0	T#0ms	☑	☑	☑	☐
12	ET	Time	18.0	T#0ms	☑	☐	☑	☐
13	IN	Bool	22.1	false	☑	☑	☑	☐
14	Q	Bool	22.2	false	☑	☐	☑	☐
15	▸ Temp				☐	☐	☐	☐

图 6－18　FB1 的局部变量

3. FB1 和 OB1 程序

用 Input 参数"启动"控制电机 InOut 参数"电机1"。参数"启动"为1时,"电机1"的状态为1,接通延时定时器 TON 开始定时,到达时间预设值后,Output 参数"电机2"为1,"停止"参数为控制参数"电机1"和"电机2"的停止。FB1 的程序如图 6-19 所示。在编辑程序中的定时器指令时要注意它的选择方式。在程序编辑界面右边的"指令"里选择定时器操作指令时,会弹出"调用选项"窗口,现要从 FB1 函数块里的 Static 变量里调用定时数据,这里单击"取消",在 TON 指令盒上方<???>处双击,右边出现[图],单击后出现下拉选项,选择"#TIMEDB"。在 TON 定时期间,每个扫描周期执行完 FB1 之后,都需要保存"#TIMEDB"中的数据,函数块执行完后,下一次重新调用它时,其 Static 静态变量的值保持不变。"TIMEDB"不能用函数块的临时数据区生成,只能用静态变量。函数块的背景数据块中的变量就是它对应的 FB1 接口区中的 Input、Output、InOut 参数和 Static 变量。函数块 FB1 的数据用背景数据块保存,这里例子里要调用两次 FB1,它会产生两个相对应的背景数据块,名称分别为电机顺序控制_DB1、电机顺序控制_DB2。背景数据块在函数块执行完后不会丢失,以供下次执行使用,其他代码块也可以访问背景数据块中的变量,不能直接删除和修改背景数据块中的变量,只能在它对应的函数块接口中删除和修改这些变量。

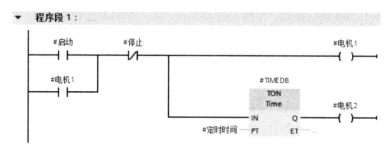

图 6-19 FB1 的程序

生成函数块 FB 的输入、输出参数和静态变量时,它们被自动指定一个默认值,可以修改这些默认值。局部变量的默认值被传送给 FB 的背景数据块,作为同一个变量的启动值,可以在背景数据块中修改变量的启动值,调用 FB 时没有指定实参的形参使用背景数据块中的启动值。

根据任务要求,可以定义 PLC 的输入、输出变量,PLC 的变量表如图 6-20 所示。将项目树中的 FB1 拖放到程序区的水平"导线"上。在出现的"调用选项"对话框中,输入背景数据块的名称,单击"确定"按钮,自动生成 FB1 的背景数据块。OB1 主程序如图 6-21 所示。程序里的函数 FB1 实际参数是使用变量表中已经定义的符号地址,若需要修改地址名称,可以直接在变量表中修改。函数的实际参数除了可以来自 PLC 变量表的地址外,还可以在全局数据块里定义需要的参数。

4. 调用函数块的仿真

选中项目树中的 PLC_1,单击工具栏上的"开始仿真"按钮[图],打开 S7-PLCSIM,将程序下载到仿真 PLC。在 S7-PLCSIM 的项目视图打开项目树中的"SIM 表格_1",生成 IB0 和 QB0 的表格。当把 IB0 的最低位 I0.0 的框打钩再去掉,即模拟启动按钮1按下,QB0 的最低位 Q0.0 接通置1,系统会在 QB0 的最低位方框处打上"√",表示 Q0.0 接

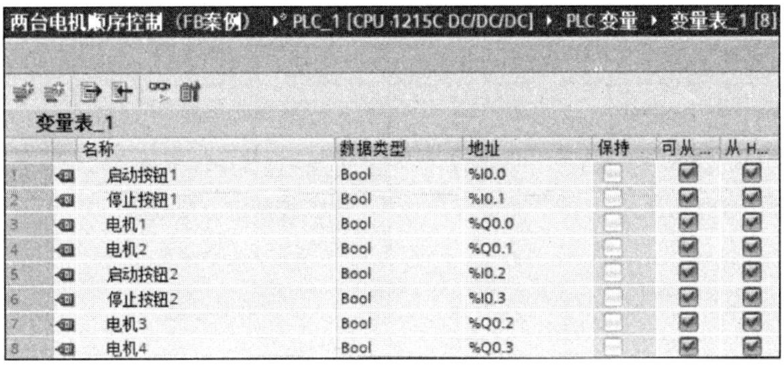

图 6-20 PLC 的变量表

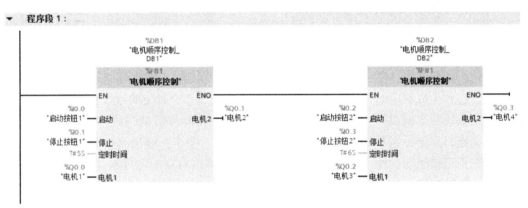

图 6-21 OB1 主程序

通，电机1启动。5 s 后 Q0.1 接通置 1，次低位方框处也打上"√"，表示 Q0.1 接通，电机 2 启动，如图 6-22 所示。双击 I0.1 对应的方框，模拟停止按钮按下，则 Q0.0、Q0.1 都断开，相对应的"√"消失，电机 1 和电机 2 都停止。启动按钮 2 按下的模拟过程与上述类似，不再赘述。

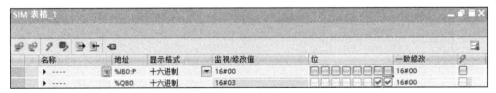

图 6-22 程序的仿真

6.3.4 任务实施

1. 确定 I/O 分配表

根据 Y-△降压启动的控制特点，我们知道每个电机都要有三个接触器来实现 Y-△降压控制，那么三台电机就需要 9 个接触器来控制，从而需要 9 个输出变量。这里就可以确定三台电机 Y-△降压启动的 I/O 分配表，见表 6-2。

表6-2 三台电机Y-△降压启动I/O分配表

输入/输出元件	地址	输入/输出元件	地址
启动按钮（常开型）	I0.0	M2 星形接触器	Q0.4
停止按钮（常开型）	I0.1	M2 三角形接触器	Q0.5
M1 控制电源接触器	Q0.0	M3 控制电源接触器	Q0.6
M1 星形接触器	Q0.1	M3 星形接触器	Q0.7
M1 三角形接触器	Q0.2	M3 三角形接触器	Q1.0
M2 控制电源接触器	Q0.3		

2. 生成 FB1 的局部变量

由于三台电动机按照不同的时间序列，都是要实现星-三角降压启动，因此，可以采用结构化程序设计的思路，单独设计一个函数块来实现按启动按钮，完成星-三角降压启动，按停止按钮，立即停止。在主程序中，实现按不同时间序列，三次调用该函数块即可。函数块调用时，必须生成对应的背景数据块，三次调用，生成三个对应的背景数据块。

按照函数块的案例步骤，首先添加函数块"星-三角降压启动"，打开接口参数的定义界面，定义接口变量，包括输入（Input）参数：启动、停止；输出（Output）参数：星形接触器、三角形接触器；输入输出（InOut）参数：电源接触器、定时器（时间1）、定时器（时间2）；临时变量（Temp）：临时1和临时2，如图6-23所示。

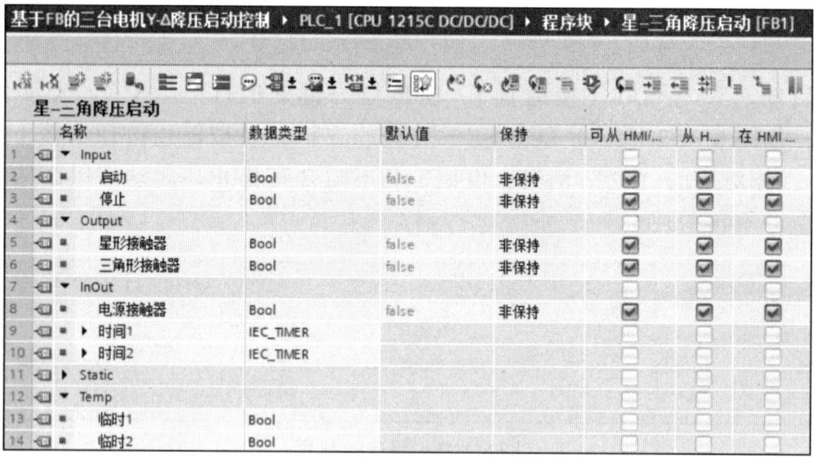

图6-23 FB1接口变量

3. FB1 程序设计

根据任务要求，编写函数块FB1程序，如图6-24所示。程序段1：按下启动按钮，启动的常开触点接通后，电源接触器线圈接通；程序段2~4：用两个接通延时定时器，控制星形接触器线圈和三角形接触器线圈，电源接触器接通后，星形接触器也接通，电机实现星形运行，延时6 s后星形接触器断开，再过1 s，三角形接触器接通，电机实现三星形运行；程序5：按下停止按钮，停止的常开触点接通，使得电源接触器线圈断开，从而电源接触器的常开触点断开，星形接触器和三角形接触器也断开，电机停止。

图 6－24　FB1 程序

4. 主程序设计

根据 I/O 的地址分配，PLC 的变量定义如图 6－25 所示。

基于FB的三台电机Y-Δ降压启动控制 ▸ PLC_1 [CPU 1215C DC/DC/DC] ▸ PLC 变量 ▸ 变量表_1 [11]

变量表_1

		名称	数据类型	地址	保持	可从...	从 H...	在 H...	注释
1		启动按钮	Bool	%I0.0	☐	☑	☑	☑	
2		停止按钮	Bool	%I0.1	☐	☑	☑	☑	
3		电源线圈1	Bool	%Q0.0	☐	☑	☑	☑	
4		星形线圈1	Bool	%Q0.1	☐	☑	☑	☑	
5		三角形线圈1	Bool	%Q0.2	☐	☑	☑	☑	
6		电源线圈2	Bool	%Q0.3	☐	☑	☑	☑	
7		星形线圈2	Bool	%Q0.4	☐	☑	☑	☑	
8		三角形线圈2	Bool	%Q0.5	☐	☑	☑	☑	
9		电源线圈3	Bool	%Q0.6	☐	☑	☑	☑	
10		星形线圈3	Bool	%Q0.7	☐	☑	☑	☑	
11		三角形线圈3	Bool	%Q1.0	☐	☑	☑	☑	

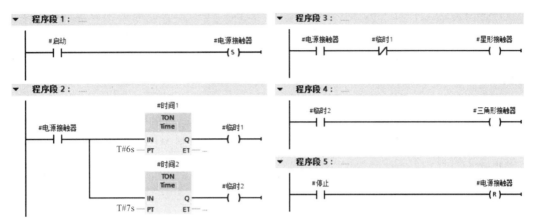

图 6－25　PLC 的变量定义

添加数据块：电机 1T1、电机 1T2、电机 2T1、电机 2T2、电机 3T1、电机 3T2，块类型为 IEC_TIMER，调用函数块时与接口参数时间 1、时间 2 匹配，完成参数的传递。由于三台电机是按时间顺序先后启动和停止，三台电机Y－△降压启动的 OB1 主程序需要定时器来实现各个电机的启动和停止。其主程序如图 6－26 所示。设置 MB10 为系统存储器，M10.0 为首次扫描接通存储器位。程序段 1：程序首次扫描，把 M0.0 开始的连续 24 位复位，Q0.0 开始的连续 9 位复位。程序段 2～程序段 3：建立运行标志位和停止标志位。当启动按钮按下时，启动标志位 M0.0 置位，停止标志位 M0.1 复位；当按下停止按钮时，启动标志位 M0.0 复位，停止标志位 M0.1 置位。程序段 4：启动标志位 M0.0 接通 10 s 后，M1.0 接通，再过 10 s，M1.1 接通，产生两个时差分别为 10 s、20 s 的启动信号。程序段 5：启动标志位 M0.1 接通 10 s 后，M2.0 接通，再过 10 s，M2.1 接通，产生两个时差分别为 10 s、20 s 的停止信号。程序段 6～程序段 8：通过 3 次调用 FB1 函数块，实现电机的顺序启动，逆序停止。

按下启动按钮,启动标志位 M0.0 接通后,控制 M1 电机星形启动的 Q0.0、Q0.1 接通,6 s 后,Q0.1 断开,再过 1 s,Q0.2 接通,M1 电机三角形运行。启动标志位 M0.0 接通后 10 s,M1.0 标志位接通,控制 M2 电机星形启动的 Q0.3、Q0.4 接通,6 s 后,Q0.4 断开,再过 1 s,Q0.5 接通,M2 电机三角形运行。启动标志位 M0.0 接通后 20 s,M1.1 标志位接通,控制 M3 电机星形启动的 Q0.6、Q0.7 接通,6 s 后,Q0.7 断开,再过 1 s,Q1.0 接通,M3 电机三角形运行。按下停止按钮,停止标志位 M0.1 接通后,控制 M3 电机的输出 Q 断开,电机 M3 停止,10 s 后,M2.0 标志位接通,控制 M2 电机的输出 Q 断开,电机 M2 停止,停止标志位 M0.1 接通后 20 s,M2.1 标志位接通,控制 M1 电机的输出 Q 断开,电机 M1 停止。

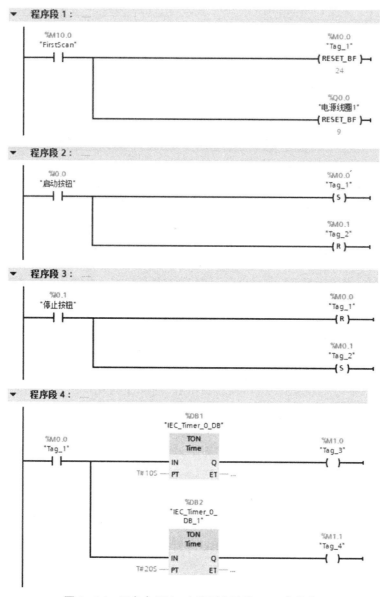

图 6-26 三台电机丫-△降压启动的 OB1 主程序

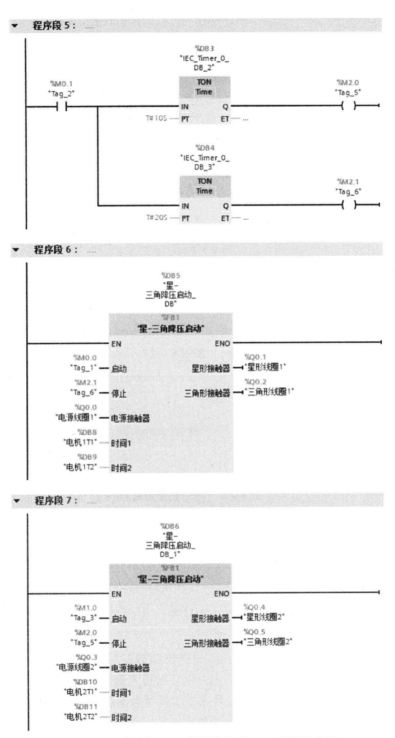

图 6-26 三台电机 Y-△ 降压启动的 OB1 主程序（续）

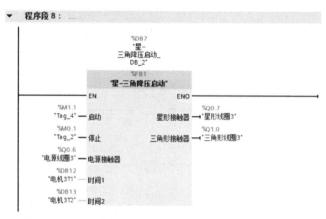

图 6-26 三台电机 Y-△ 降压启动的 OB1 主程序（续）

5. 程序的仿真

选中项目树中的 PLC_1，单击工具栏上的"开始仿真"按钮，打开 S7_PLCSIM，将程序下载到仿真 PLC。在 S7-PLCSIM 的项目视图打开项目树中的"SIM 表格_1"，生成地址为 I0.0、I0.1、Q1.0 和 QB0 的表格。把 I0.0 对应的方框勾选，观察输出 Q 的接通情况，从输出 Q 的通断确定三台电机的运行情况，如图 6-27 所示。

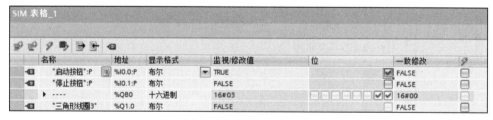

图 6-27 PLC 程序仿真

6.4 拓展任务：基于多重背景的三台电机 Y-△ 降压启动控制

任务要求是用多重背景数据块实现上一个任务：基于 FB 的三台电机 Y-△ 降压启动控制功能。

在上个任务中，需要多次调用 FB1 函数块来控制被控对象，每次调用时，都要为定时器指定一个背景数据块，如果调用次数很多，则会出现大量的数据块"碎片"，为了解决这个问题，可以在程序中使用多重背景数据块来减少背景数据块的数量，更合理地利用存储空间。将 FB1 的定时器背景数据块的类型改为静态 Static 类型，就是在函数块的接口区定义数据类型为 IEC_TIMER 或 IEC_COUNTER 的静态变量，用这些静态变量来提供定时器或计数器的背景数据。这种函数块的背景数据块称为多重背景数据块。

函数块 FB1 的接口变量如图 6-28 所示，时间 1 和时间 2 的接口类型为 Static，数据类型为 IEC_TIMER。这个任务中的 FB1 梯形图程序没有变化，和上个任务一样。调用 FB1 生成的背景数据块如图 6-29 所示，与图 6-28 比较，Input、Output、InOut 及静态 Static 接口参数完全一致，但在 FB1 的背景数据块中，缺少了临时变量。FB1 的背景数据还可以选择变量是否具有保持特性。主程序 OB1 的梯形图程序如图 6-30 所示，请读者自行分析。

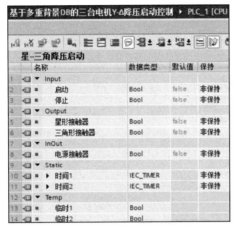

图 6-28 FB1 的接口变量

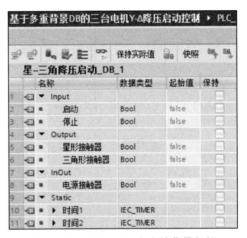

图 6-29 调用 FB1 生成的背景数据

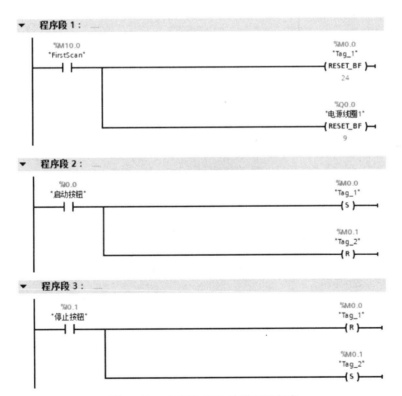

图 6-30 主程序 OB1 的梯形图程序

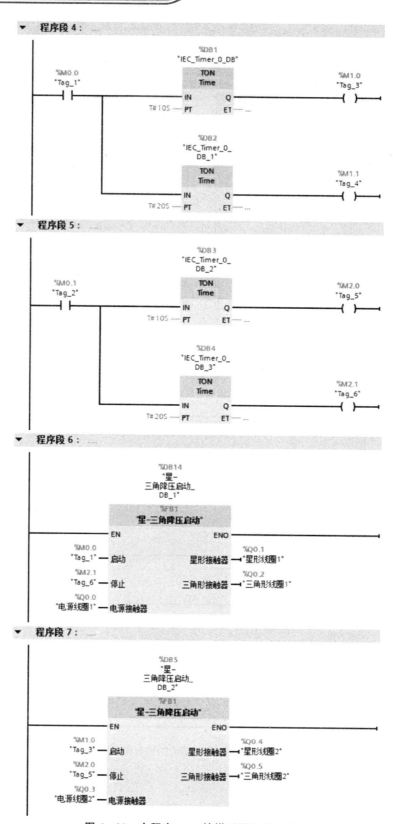

图 6-30 主程序 OB1 的梯形图程序（续）

图 6-30 主程序 OB1 的梯形图程序（续）

6.5 两台电机启停及制动控制

6.5.1 任务要求

按下启动按钮 1，1 号设备的电机运行。按下停止按钮 1，1 号设备的电机停止，制动器 1 立即工作，延时 10 s 后停止。按下启动按钮 2，2 号设备的电机运行。按下停止按钮 2，2 号设备的电机停止，制动器 2 立即工作，延时 8 s 后停止。

6.5.2 任务实施

在上一个任务里介绍了用于定时器或计数器的多重背景数据块的应用，这个任务要求使用用户生成的函数块做背景数据。

1. FB1 变量与程序

在博途软件里新建立一个项目，并添加设备 PLC 后，在项目树的程序块单击"添加新块"，出现添加新块的界面，单击打开对话框的"FB 函数"按钮，在名称栏输入名称后，单击"确定"按钮，生成函数块 FB1。FB1 局部变量如图 6-30 所示。FB1 程序如图 6-31 所示。FB1 的程序里用了一个断电延时定时器 TOF，请注意它和通电延时型时间继电器 TON 的区别。当按下启动按钮时，电机通电并自锁，当按下停止按钮时，电机断电，电机的常闭触点复位，制动器通电，定时时间到后制动器才断开。

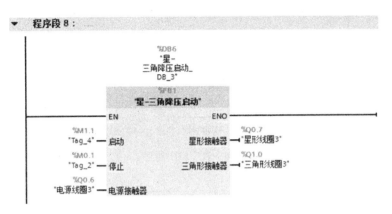

图 6-30 FB1 局部变量

2. PLC 变量及程序

为了实现多重背景，生成一个名为"两台电机控制"的函数块 FB2。在它的接口区生成两个数据类型为"电机及制动控制"的静态变量"1 号电机"和"2 号电机"，每个静态变量内部的输入参数、输出参数等局部变量是自动生成的，与 FB1"电机及制动控制"相同，如图 6-32 所示。

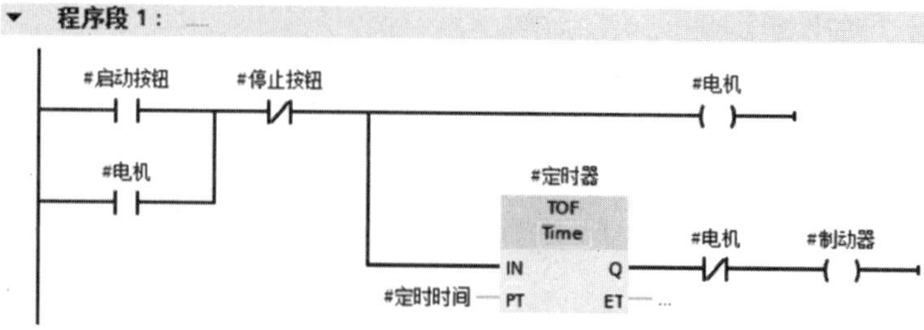

图 6-31　FB1 程序

两台电机控制

	名称	数据类型	默认值	保持
1	▸ Input			
2	▸ Output			
3	▸ InOut			
4	▾ Static			
5	▾ 1号电机	"电机及制动控制"		
6	▾ Input			
7	启动按钮	Bool	false	非保持
8	停止按钮	Bool	false	非保持
9	定时时间	Time	T#0ms	非保持
10	▾ Output			
11	制动器	Bool	false	非保持
12	▾ InOut			
13	电机	Bool	false	非保持
14	▾ Static			
15	▸ 定时器	IEC_TIMER		非保持
16	▸ 2号电机	"电机及制动控制"		

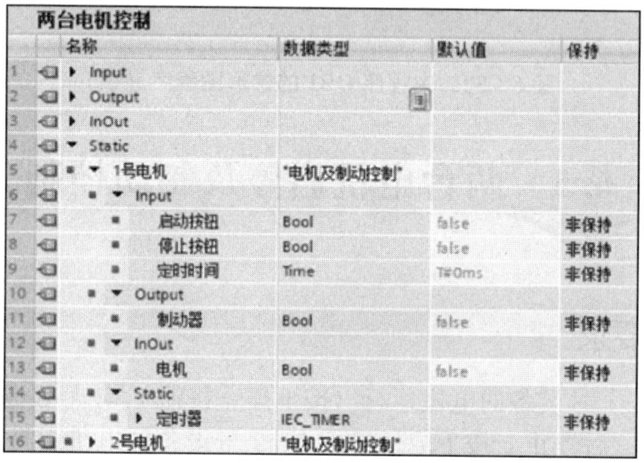

图 6-32　FB2 接口变量

双击打开函数块 FB2，调用 FB1 “电机及制动控制”，出现 “调用选项” 对话框，如图 6-33 所示。单击选中 “多重背景 DB”，对话框中有对多重背景的解释，单击▼按钮，选中列表中的 “1 号电机”，用 FB2 的静态变量 “1 号电机” 提供名为 “电机及制动控制” 的 FB1 的背景数据。用同样的方法在 FB2 函数块中再次调用 FB1，用 FB2 的静态变量 “2 号电机” 提供 FB1 的背景数据。PLC 变量表如图 6-34 所示，FB2 函数块的程序如图 6-35 所示。

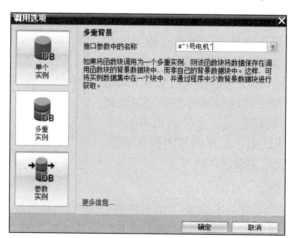

图 6-33　“调用选项” 对话框

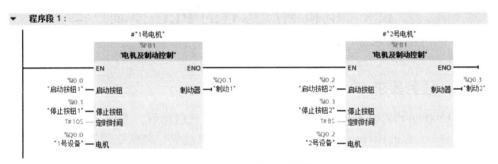

图 6-34 PLC 变量表

图 6-35 FB2 函数块的程序

在 OB1 调用 FB2 函数块，如图 6-36 所示，生成一个名为"两台电机控制_DB"的背景数据块。该背景数据块和 FB2 的接口变量相同，都只有静态变量"1 号电机"和"2 号电机"。两次调用 FB1 的背景数据都在 FB2 的背景数据块"两台电机控制_DB"中。这种多重背景的应用避免了多次调用函数块生成多个自己的背景数据块，有效地解决了生成大量数据块的问题。

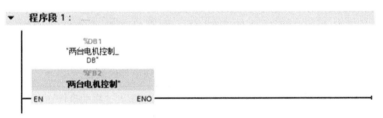

图 6-36 OB1 主程序

3. PLC 程序的仿真

选中项目树中的 PLC_1，单击工具栏上的"开始仿真"按钮，打开 S7_PLCSIM，将程序下载到仿真 PLC。在 S7-PLCSIM 的项目视图打开项目树中的"SIM 表格_1"，生成地址为 I0.0、I0.1、I0.2、I0.3、Q0.0、Q0.1、Q0.2、Q0.3 的表格，如图 6-37 所示。双击 I0.0，相当于启动按钮 1 按下，Q0.0 接通，1 号设备启动，双击 I0.1，Q0.0 断开，1 号设备停止，制动 1 接通并延时，10 s 后，制动 1 停止。按下启动按钮 2 的动作过程与此类似。

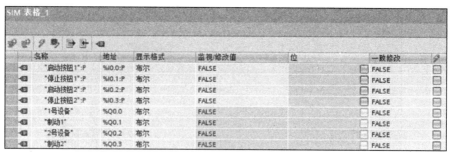

图 6-37　PLC 程序仿真

6.6　电机断续运行的 PLC 控制

6.6.1　任务要求

用 S7-1200 的 PLC 实现电机断续运行的控制，电机启动后，工作 2 h，停止 1 h，再工作 2 h，停止 1 h，如此循环；当按下停止按钮后或电机过载，电机立即停止运行。系统要求使用循环中断组织块实现上述工作和停止时间的延时功能。

6.6.2　相关知识

1. 启动组织块的事件

组织块在模块一的 1.5 部分已有简单的介绍，组织块充当操作系统和用户程序之间的接口。组织块包括启动组织块、程序循环组织块、延时中断组织块、循环中断组织块、硬件中断组织块、时间错误中断组织块和诊断组织中断组织块。OB 是由事件驱动的。当出现启动组织块的事件时，由操作系统调用对应的组织块。如果当前不能调用 OB，则按事件的优先级将其保存到队列，如果没有为该事件分配 OB，则会触发默认的系统响应。S7-1200 启动组织块事件的属性如表 6-3 所示。

表 6-3　S7-1200 启动组织块事件的属性

事件类型	OB 编号	OB 个数	启动事件	优先级
程序循环	1 或 ≥123	≥1	启动或结束前一个程序循环 OB	1
启动	100 或 ≥123	≥0	从 STOP 切换到 RUN 模式	1
时间中断	≥10	最多 2 个	已达到启动时间	2
延时中断	≥20	最多 4 个	延时时间结束	3
循环中断	≥30	最多 4 个	等长总线循环时间结束	8
硬件中断	40~47 或 ≥123	≤50	上升沿（≤16 个）、下降沿（≤16 个）	18
			HSC 计数值 = 设定值，计数方向变化，外部复位，最多各 6 次	18

续表

事件类型	OB 编号	OB 个数	启动事件	优先级
状态中断	55	0 或 1	CPU 接收到状态中断,例如从站中的模块更改了操作模式	4
更新中断	56	0 或 1	CPU 接收到更新中断,例如更改了从站或设备的插槽参数	4
制造商中断	57	0 或 1	CPU 接收到制造商或配置文件特定的中断	4
诊断错误中断	82	0 或 1	模块检测到错误	5
拔出/插入中断	83	0 或 1	拔出/插入分布式 I/O 模块	6
机架错误	86	0 或 1	分布式 I/O 的 I/O 系统错误	6
时间错误	80	0 或 1	超过最大循环时间,调用的 OB 仍在执行,错过时间中断,STOP 期间将丢失时间中断,中断队列溢出,因为中断负荷过大丢失中断	22

如果插入/拔出中央模块,或超出最大循环时间两倍,CPU 将切换到 STOP 模式。系统忽略过程映像更新期间出现的 I/O 错误。块中有编程错误或 I/O 访问错误时,保持 RUN 模式不变。启动事件与程序循环事件不会同时发生,在启动期间,只有诊断错误事件能中断启动事件,其他事件将进入中断队列,在启动事件结束后再处理。

2. 事件执行的优先级与中断队列

优先级、优先级组合队列用来决定时间服务程序的处理顺序。每个 CPU 事件都有它的优先级,不同优先级的事件分为 3 个优先级组。优先级的编号越大,优先级越高。事件一般按优先级的高低来处理,先处理高优先级的事件。优先级相同的事件按"先来先服务"的原则来处理。高优先级组的事件可以中断低优先级组事件的 OB 的执行。一个 OB 正在执行时,如果出现了另一个具有相同或较低优先级组的事件,后者不会中断正在处理的 OB,将根据它的优先级添加到对应的中断队列排队等待。当前的 OB 处理完后,再处理排队的事件。不同的事件均有它自己的中断队列和不同的队列深度。对于特定的事件类型,如果队列中的事件个数达到上限,下一个事件将使队列溢出,新的中断事件被丢弃,同时产生时间错误中断事件。

S7-1200 可以用 CPU 的"启动"属性中的复选框"OB 应该可中断"设置组织块是否可以被中断。对于 V4.0 以上版本的 S7-1200 CPU,优先级大于或等于 2 的组织块将中断循环程序的执行。如果设置为中断模式,优先级为 2~25 的组织块可被优先级高于当前运行的组织块的任何事件中断,时间错误事件类型会中断所有其他事件类型的组织块。如果未设置可中断模式,优先级为 2~25 的组织块不能被任何事件中断。

3. 程序循环组织块

程序循环组织块（Program cycle）OB1 是用户程序中的主程序，CPU 循环执行操作系统程序，在每一次循环中，操作系统程序调用一次 OB1。程序循环组织块的优先等级为 1，为最低优先等级，任何其他类别的事件都可以中断循环程序的执行。CPU 在 RUN 模式时循环执行 OB1，可以在 OB1 中调用 FC 和 FB。如果用户程序生成了其他程序循环的组织块，CPU 按 OB 编号的顺序执行它们，首先执行主程序 OB1，然后执行编号大于或等于 123 的程序循环 OB。一般情况只需要一个程序循环组织块。

S7 - 1200 操作系统的运行过程如图 6 - 38 所示。

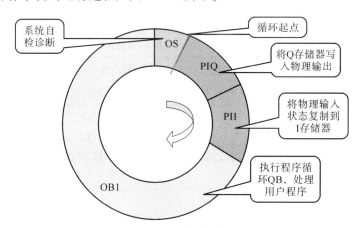

图 6 - 38　S7 - 1200 操作系统的运行过程

具体运行过程如下：

（1）操作系统启动扫描循环监视时间；

（2）操作系统将输出过程映像区的值写到输出模块；

（3）操作系统读取输入模块的输入状态，并更新输入过程映像区；

（4）操作系统处理用户程序并执行程序中包含的运算；

（5）当循环结束时，操作系统执行所有未决的任务，例如加载和删除块或调用其他循环 OB；

（6）最后，CPU 返回循环起点，并重新启动扫描循环监视时间。

打开博途软件，生成一个名为"组织块例子"的新项目，双击项目树中的"添加新设备"，添加一个新设备，CPU 的型号为 CPU 1215C。打开项目视图中的文件夹"\ PLC_1 \ 程序块"双击其中的"添加新块"，单击方框中的"OB 组织块"按钮，如图 6 - 39 所示，选择列表中的"Program cycle"，生成一个程序循环组织块，OB 默认的编号为 123（可手动设置 OB 的编号，最大编号为 32767）。块的名称为默认的 Main_1（可修改块的名称）。单击右下角的"确认"按钮，OB 块自动生成，可以在项目树的文件夹"\ PLC_1 \ 程序块"中看到新生成的 OB123。

分别在 OB1 和 OB123 输入程序，如图 6 - 40 和图 6 - 41 所示，将它们下载到 CPU，将 CPU 切换到 RUN 模式后，可以用 1 号按钮 I0.0 和 2 号按钮 I0.1 分别控制 Q0.1、Q0.2、Q0.3，OB1 和 OB123 均被循环执行。

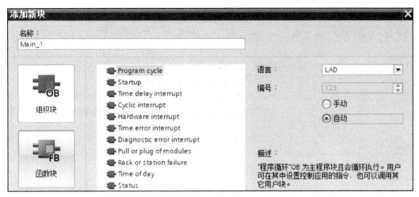

图 6-39　生成程序循环组织块

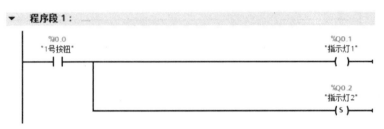

图 6-40　OB1 中的程序

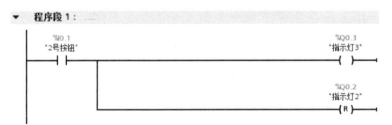

图 6-41　OB123 中的程序

4. 启动组织块

启动组织块（Startup）用于初始化，CPU 从 STOP 模式切换到 RUN 模式时，执行一次启动 OB。执行完后，开始执行程序循环 OB1。允许生成多个启动 OB，默认的是 OB100，其他的启动 OB 的编号应大于或等于 123，一般只需要一个启动组织块。启动组织块不会中断程序循环 OB，因为 CPU 在进入 RUN 模式之前将先执行启动 OB。

S7-1200 PLC 支持 3 种启动模式：不重新启动模式、暖启动-RUN 模式、暖启动-断电前的操作模式，如图 6-42 所示。不管选择哪种启动模式，已编写的所有启动 OB 都会执行，并且 CPU 是按 OB 的编号顺序执行它们，首先执行启动组织块 OB100，然后执行编号大于或等于 123 的启动组织块 OB。

在"组织块例子"中，用生成程序循环组织块类似的方法生成启动（Startup）组织块 OB100 和 OB124。分别在启动组织块 OB100 和 OB124 中生成初始化程序，如图 6-43 和图 6-44 所示。把程序下载到 CPU 并切换到 RUN 模式，执行 OB100 程序后 QB0 被初始化为"16#F0"，再经过执行 OB124 程序后，QB0 被初始化为"16#FF"。

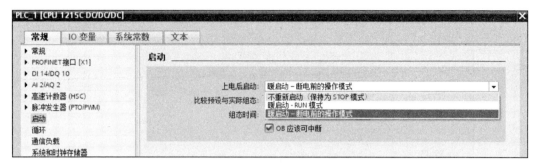

图 6-42　S7-1200 PLC 的启动模式

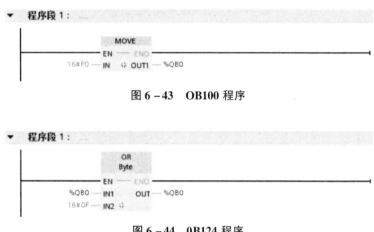

图 6-43　OB100 程序

图 6-44　OB124 程序

5. 循环中断组织块

循环中断（Cyclic interrupt）组织块被用于按设定的时间间隔循环执行中断程序。最多可以组态 4 个循环中断事件。循环中断组织块以设定的循环时间（1~60 000 ms）周期性地执行，与程序循环 OB 的执行无关。在 CPU 运行期间，可以使用"SET_CINT"指令重新设置循环中断的间隔扫描时间、相移时间；同时还可以使用"QRY_CINT"指令查询循环中断的状态。循环中断 OB 的编号必须为 30~38，或大于等于 123。如果循环中断 OB 的执行时间大于循环时间，则将会启动时间错误 OB。循环中断 OB 的执行过程如图 6-45 所示。

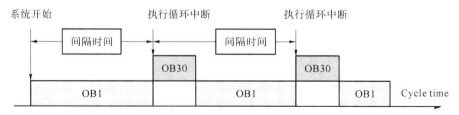

图 6-45　循环中断 OB 的执行过程

由图 6-45 可知，循环中断组织块的执行过程如下：
（1）PLC 启动后开始计时；
（2）当到达固定的时间间隔后，操作系统将启动相应的循环中断 OB；

(3) 图例中，到达固定的时间间隔后，循环中断 OB30 中断，程序循环 OB1 先执行。

6.6.3 案例分析

利用循环中断产生一个 1 Hz 的时钟信号，在 Q0.0 输出。

1 Hz 的时钟信号周期为 1 s，高、低电平各持续 500 ms，交替出现，因此每隔 500 ms 产生中断，在循环中断组织块程序中对 Q0.0 取反即可。

1. 添加组织块

在博途软件里新建立一个项目，并添加设备 PLC 后，在项目树的程序块单击 添加新块，出现"添加新块"的界面，单击方框中的"OB 组织块"按钮，选择列表中的"Cyclic interrupt"，默认的编号为 30，在名称栏输入"时钟信号"，循环时间设置为 500 ms，单击"确定"按钮，生成循环中断组织块，如图 6-46 所示。

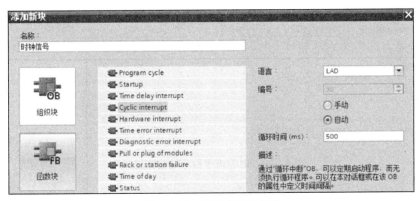

图 6-46 循环中断组织块

单击循环中断组织块 OB30，鼠标右键单击"属性"，打开"常规"对话框，单击"循环中断"，如图 6-47 所示，这里可以修改组织块的循环时间和相移。相移是相位偏移的简称，是与基本时间周期相比启动时间所偏移的时间，用于错开不同时间间隔的几个循环中断 OB，使它们不会被同时执行，即如果使用多个循环中断 OB，当这些循环中断 OB 的时间基数有公倍数时，则可以使用该相移来防止他们同时被启动。相移的默认值为 0。

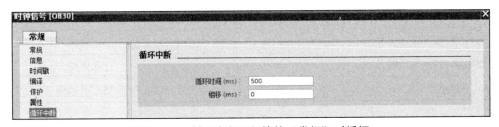

图 6-47 循环中断组织块的"常规"对话框

2. 组织块程序

OB30 组织块的程序如图 6-48 所示。这个程序就是对 Q0.0 取反，每隔 500 ms 取反一次，从而输出 Q0.0 能产生周期为 1 s 的时钟信号。

图 6-48 OB30 组织块的程序

3. 程序的仿真

选中项目树中的 PLC_1，单击工具栏上的"开始仿真"按钮，将程序下载到仿真 PLC。单击程序编辑界面的按钮，开启程序监视。程序界面中的 Q0.0 出现以 0.5 s 的时间间隔交替通断的情况，如图 6-49 所示。

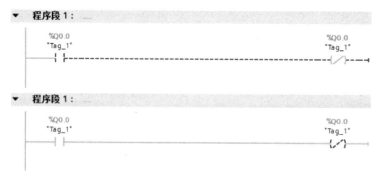

图 6-49 时钟信号程序的仿真结果

6.6.4 任务实施

1. 确定 I/O 分配

根据 PLC 输入/输出点分配原则及任务的要求，电机断续运行的 I/O 分配如表 6-4 所示。

表 6-4 电机断续运行的 I/O 分配

输入/输出元件	地址	作用
按钮 SB1	I0.1	启动电机
按钮 SB2	I0.2	停止电机
热继电器 FR（常开触点）	I0.3	过载保护
继电器 KA	Q0.0	控制电机运行

2. PLC 的外部接线图

根据控制要求及表 6-4 的 I/O 分配表，任务的外部接线图与模块三中电机正反转的外部接线图类似，如图 6-50 所示。

3. 建立项目与编辑变量

打开博途编程软件，在 PORTAL 视图中选择"创建新项目"，输入项目名称"电机断续运行"，选择保存路径后单击"创建"按钮，创建项目完成，然后进行项目的硬件组态。根据 PLC 的 I/O 分配表，其 PLC 变量表如图 6-51 所示。

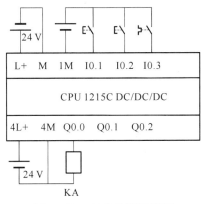

图 6-50　PLC 外部接线图

图 6-51　电机断续运行的 PLC 变量表

4. PLC 程序设计

1）OB100 程序

打开项目视图中的文件夹"\ PLC_1 \ 程序块"，双击其中的"添加新块"，单击打开的对话框中的"组织块"按钮，选中列表中的"Startup"，生成一个启动组织块 OB100。在启动组织块中对循环中断计数值 MW10 清零，其程序如图 6-52 所示。

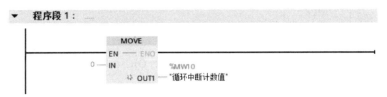

图 6-52　电机断续运行的 OB100 程序

2）OB30 程序

打开项目视图中的文件夹"\ PLC_1 \ 程序块"，双击其中的"添加新块"，单击打开的对话框中的"组织块"按钮，选择列表中的"Cyclic interrupt"，生成一个循环中断组织块 OB30，循环时间设置为 60 000 ms，即 1 min。

在循环中断组织块中对循环中断次数进行计数，当计数值为 180 次，即 3 h 时，对计数值 MW10 清零，其程序如图 6-53 所示。程序段 1：对 1 min 循环中断计数值清零；程序段 2：当计数值到 180 次时，即时间到达 3 h，对计数值清零。

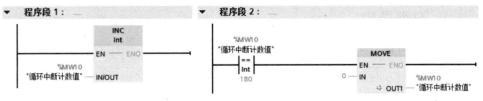

图 6-53　电机断续运行的 OB30 程序

3) OB1 程序

在主程序 OB1 中主要完成电机的继续运行控制，即系统启动后时间小于 2 h 时电机运行，时间在 2~3 h 时电机停止运行，并如此循环工作，其程序如图 6-54 所示。程序段 1：按下启动按钮 SB1，电机运行状态 M2.0 置位；程序段 2：M2.0 常开触点接通并且循环中断计数值 MW10 小于或等于 120 时，Q0.0 输出通电，电机启动；程序段 3：按下停止按钮或电机过载时，循环中断计数值 MW10 并复位电机运行状态 M2.0，Q0.0 断电，电机停止。

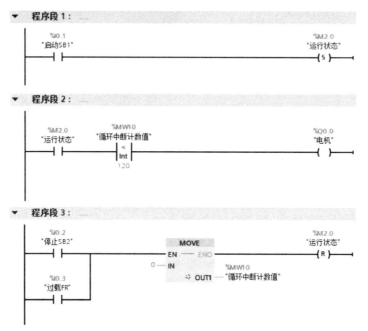

图 6-54 电机断续运行的 OB1 程序

5. 调试程序

按任务的控制要求连接好线路，将调试好的用户程序下载到 CPU 中。按下启动按钮 SB1，观察电机是否按系统设置时间断续运行，调试时可以把时间设置短些。按下停止按钮 SB2，电机是否立即停止运行。若上述的调试结果与控制要求一致，则说明调试成功，完成任务。

6.7 电机定时启停的 PLC 控制

6.7.1 任务要求

用 S7-1200 的 PLC 实现电机定时启停的控制，系统启动后，每天 6:00 电机启动，工作 3 h 后自动停止运行，若按下停止按钮或电机过载，电机立即停止运行。系统要求使用延时中断组织块实现延时，使用硬件中断实现停机功能。

6.7.2 相关知识

1. 延时中断组织块

PLC 的普通定时器的工作过程与扫描工作方式有关，其定时精度较差。如果需要高精度的延时，应使用延时中断（Time delay interrupt）。在指令 SRT_DINT 的 EN 使能输入的上升沿，启动延时过程。用该指令的参数 DTIME（1~60 000 ms）来设置延时时间，如图 6-55 所示。在启动延时中断后，延时一定的时间再执行时间延时 OB。在时间延时中断 OB 中配合使用计数器，可以得到比 60 s 更长的延时时间。用参数 OB_RN 来指定延时时间到时调用的 OB 编号，S7-1200 未使用参数 SIGN，可以设置任意的值。REN_VAL 是指令执行的状态代码。

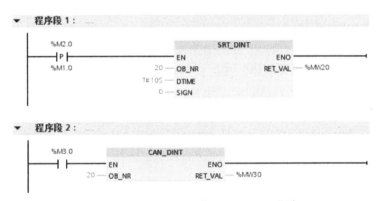

图 6-55 SRT_DINT 和 CAN_DINT 指令

延时中断用完后，若不再需要使用延时中断，则可使用 CAN_DINT 指令来取消已启动的延时中断 OB，还可以在超出所组态的延时时间之后取消调用待执行的延时中断 OB。在 OB_NR 参数中，可以指定将取消调用的组织块编号。

循环中断和延时中断组织块的个数之和最多允许 4 个，延时中断 OB 的编号应为 20~23 或大于等于 123。要使用延时中断 OB，需要调用指令 SRT_DINT，且将延时中断 OB 作为用户程序的一部分下载到 CPU。只有在 CPU 处于"RUN"模式时，才会执行延时中断 OB。暖启动将清除延时中断 OB 的所有启动事件。

2. 硬件中断组织块

1）硬件中断事件与硬件中断组织块

硬件中断（Hardware interrupt）组织块用来处理需要快速响应的过程事件。出现 CPU 内置的数字量输入的上升沿、下降沿或高速计数器事件时，立即中止当前正在执行的程序，改为执行对应的硬件中断 OB。

最多可以生成 50 个硬件 OB，在硬件组态时定义中断事件，硬件中断 OB 的编号为 40~47 或大于等于 123。S7-1200 支持下列中断事件：

（1）上升沿事件，是 CPU 内置的数字量输入和 4 点信号板上的数字量输入由 OFF 变为 ON 时，产生的上升沿事件。

(2) 下降沿事件,是上述数字量由 ON 变为 OFF 时,产生的下降沿事件。
(3) 高速计数器 1~6 的实际计数值等于设置值 (CV = PV)。
(4) 高速计数器 1~6 的方向改变,计数值由增大变为减小,或由减小变为增大。
(5) 高速计数器 1~6 的外部复位,某些 HSC 的数字量外部复位输入由 OFF 变为 ON 时,将计数值复位为 0。

如果在执行硬件中断 OB 期间,同一个中断事件再次发生,则新发生的中断事件丢失。如果一个中断事件发生,在执行该中断 OB 期间,又发生多个不同的中断事件,则新发生的中断事件进入排队,等第一个中断 OB 执行完毕后依次执行。

对硬件中断事件处理的方法:给一个事件指定一个硬件中断 OB,这种方法最为简单方便,应优先采用;多个硬件中断 OB 分时处理一个硬件中断事件,需要用 DETACH 指令取消原有的 OB 与事件的连接,用 ATTACH 指令将一个新的硬件中断 OB 分配给中断事件。

2) 生成硬件中断组织块

打开博途编程软件,在 PORTAL 视图中选择"创建新项目",输入项目名称"硬件中断例子",选择保存路径后单击"创建"按钮,创建项目完成,然后进行项目的硬件组态。打开项目视图中的文件夹"\ PLC_1 \ 程序块",双击其中的"添加新块",单击打开的对话框中的"组织块"按钮,选中列表中的"Hardware interrupt",生成一个硬件中断组织块,OB 的编号为 40,将块的名称改为"硬件中断 1",如图 6-56 所示。单击窗口下方的"确定"按钮,OB 块被自动生成和打开,用同样的方法生成名为"硬件中断 2"的 OB41。

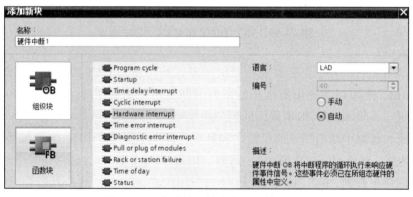

图 6-56 生成的硬件中断组织块 OB40

3) 组态硬件中断事件

用鼠标双击项目树的文件夹"PLC_1"中的"设备组态",打开设备视图,首先选中 CPU,再选中巡视窗口的"属性→常规"选项卡左边的"数字量输入"的通道 0,即 I0.0,如图 6-57 所示,用复选框启用上升沿检测功能。单击选择框"硬件中断"右边的 按钮,用下拉式列表将 OB40(硬件中断 1)指定给 I0.0 的上升沿中断事件,出现该中断事件时将调用 OB40。用同样的方法,用复选框启用通道 1 的下降沿中断,并将 OB41 指定给该中断事件。如果选中 OB 列表中的"—",则表示没有 OB 连接到中断事件。选中巡视窗口的"属性→常规→系统和时钟存储器",启用系统存储器字节 MB1,其中 M1.2 的功能始终为 1(高电平)。

图 6–57 组态硬件中断组织块 OB40

4）编写程序与仿真

在 OB40 和 OB41 中，分别用 M1.2 一直闭合的常开触点将 Q0.0 置位和复位，如图 6–58、图 6–59 所示。

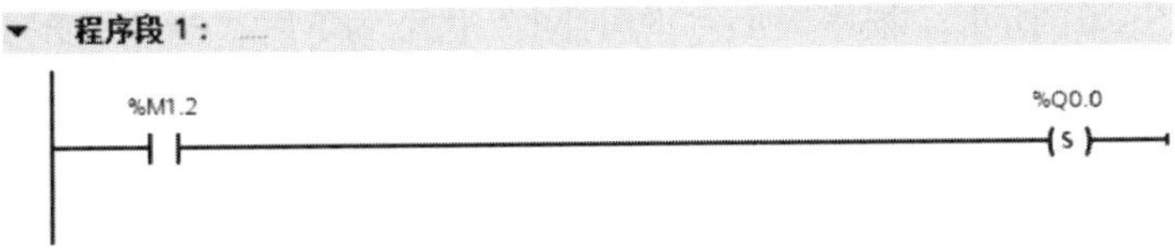

图 6–58 OB40 程序

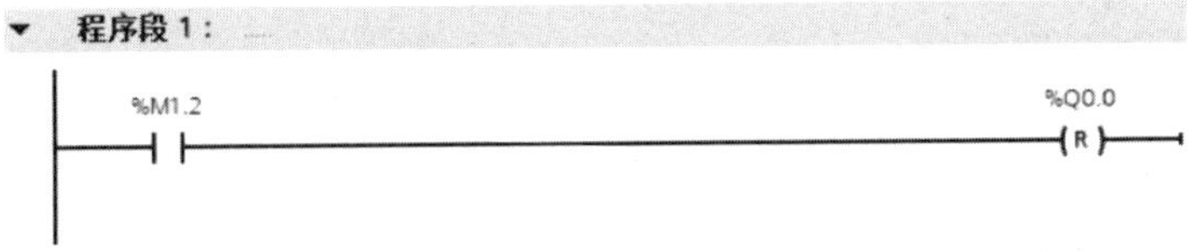

图 6–59 OB41 程序

打开仿真软件 S7–PLC SIM，下载所有的块，仿真 PLC 切换到 RUN 模式。打开 SIM 表格_1，生成 IB0 和 QB0 的 SIM 条目。两次单击 I0.0 对应的小方框，方框中出现钩以后再单击去掉，在 I0.0 的上升沿，CPU 调用 QB40，将 Q0.0 置位为 1，结果如图 6–60 所示。两次单击 I0.1 对应的小方框，当方框中的钩去掉时（I0.1 的下降沿），CPU 调用 OB41，将 Q0.0 复位为 0。

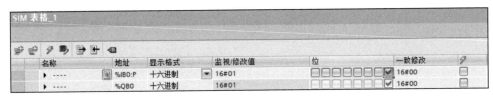

图 6–60 SIM 表格_1 的仿真

3. 时钟功能指令

系统时间是格林尼治标准时间，本地时间是根据当地时区设置的本地标准时间。我国的本地时间（北京时间）比系统时间快 8 个小时，可以用 CPU 的巡视窗口设置时区。

"WR_SYS_T"是"设置时间"指令，用于设置 CPU 时间的日期和系统时间，将输入

IN 的 DTL 值写入 PLC 的实时时钟。"读取时间"指令"RD__SYS_T"将读取的 PLC 时钟当前日期和系统时间保存在输出 OUT 中，数据类型为 DTL。输出参数"RET_VAL"是返回指令执行的状态信息，数据类型为 Int。

"写入本地时间"指令"WR_LOC_T"将参数 LOCTIME 输入的日期时间作为本地时间写入时钟。参数 DST 与夏令时有关，我国不使用夏令时。"读取本地时间"指令"RD_LOC_T"的输出 OUT 提供数据类型为 DTL 的 PLC 中的当地时期和本地时间。为了读取到正确的时间，在组态 CPU 的属性时，应设置实时时间为北京时间。

"设置时区"指令"SET_TIMEZONE"是用于设置本地时区和夏令时/标准时间切换的参数。"运行时间定时器"指令"RTM"用于对 CPU 的 32 位运行小时计数器的设置、启动、停止和读取操作。

举例：生成一个全局数据块，在其中设置 4 个数据类型为 DTL 的变量 DT1、DT2、DT3、DT4。将 DT1 的时间数据写入本地时间，读取系统时间到 DT2 中，读取本地时间到 DT3 中。用"读取本地时间"指令控制路灯的定时接通和断开，20:00 开灯，06:00 关灯。

其程序如图 6-61 所示。程序段 1："写时间"状态为 1 时，指令 WR_LOC_T 将 DT1 变量的日期时间数据写入本地时间。程序段 2："读时间"状态为 1 时，指令 RS_SYS_T 读取系统时间到 DT2 变量中，同时用 RD_LOC_T 指令把本地时间读到 DT3 变量中，可以启用仿真来比较同时读出的系统时间 DT2 和本地时间 DT3 的时间。程序段 3：用 RD_LOC_T 指令读取本地时间到数据类型为 DTL 的局部变量 DT4 中，其中的 HOUR 是小时值，其变量名称为 DT4.HOUR。用 Q0.0 来控制路灯，20:00~0:00 时上面的比较触点接通，0:00~6:00 时下面的比较触点接通，路灯亮。

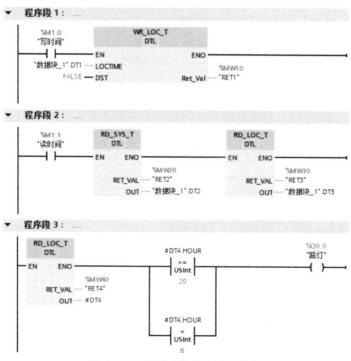

图 6-61 时钟功能指令例子程序

6.7.3 案例分析

控制要求：I0.0 上升沿到时，调用硬件中断组织块 OB40，在 OB40 中启动延时中断，并读取本地时间到全局数据块 DT1 中，延时时间为 10 s，时间到时读取本地时间到全局数据块 DT2 中，比较 DT2 和 DT1 数据的时间差。

1. 硬件组态

生成一个名为"延时中断例子"的新项目。CPU 的型号为 CPU 1215C。打开项目视图的文件夹"PLC_1 \ 程序块"，双击其中的"添加新块"，生成名为"硬件中断"的组织块 OB40，名为"延时中断"的组织块 OB20，以及全局数据块 DB1。

选中设备视图中的 CPU，再选中巡视窗口的"属性→常规"选项卡左边的"数字量输入"的通道 0，用复选框启用上升沿中断功能。单击选择框"硬件中断"右边的…按钮，用下拉式列表将 OB40 指定给 I0.0 的上升沿中断事件，出现该中断事件时调用 OB40。

2. 硬件中断组织程序设计

在 I0.0 的上升沿触发硬件中断，CPU 调用 OB40，在 OB40 中调用指令 SRT_DINT 启动延时中断的延时，延时时间为 10 s。延时时间到时，调用参数 OB_RN 指定的延时中断组织块 OB20。OB40 程序如图 6-62 所示。参数 SIGN 是调用延时中断 OB 时，OB 的启动事件信息中出现的标识符。RET_VAL 是指令执行的状态代码。RET1 和 RET2 是数据类型为 Int 的 OB40 的临时局部变量。

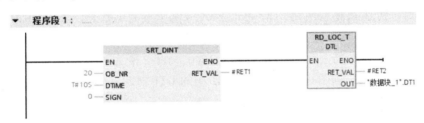

图 6-62 OB40 程序

为了保存读取的定时开始和定时结束时的日期时间值，在 DB1 中生成数据类型为 DTL 的变量 DT1 和 DT2。在 OB40 中调用"读取本地时间"指令"RD_LOC_T"，读取启动 10 s 延时的实时时间，用 DB1 中的变量 DT1 保存。

3. 时间延时中断组织块程序设计

在 I0.0 上升沿调用的 OB40 中启动时间延迟，延时时间到时，调用时间延迟组织块 OB20。在 OB20 中调用"RD_LOC_T"指令，读取 10 s 延时结束的实时时间，用 DB1 中的变量 DT2 保存，同时将 Q0.0 置位。OB20 程序如图 6-63 所示。

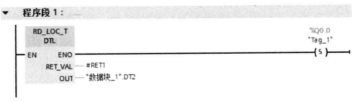

图 6-63 OB20 程序

4. OB1 的程序设计

在 OB1 中调用指令"QRY_DINT"来查询延时中断的状态字 STATUS，查询的结果用 MW8 保存，其低字节为 MB9。"QRY_DINT"指令的参数 STATUS 中每个位的含义请参考帮助文件。OB_NR 的实参是 OB20 的编号。在延时过程中，在 I0.1 为 1 状态时，调用指令"CAN_DINT"来取消延时中断过程，在 I0.2 为 1 状态时，复位 Q0.0。OB1 程序如图 6-64 所示。

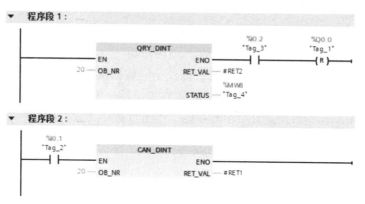

图 6-64 OB1 程序

5. 程序的仿真

打开仿真软件 S7-PLCSIM，下载所有的块。打开 SIM 表格_1，生成 IB0、QB0、MB9 的 SIM 表条目。仿真 PLC 切换到 RUN 模式，M9.4 马上变为 1 状态，表示 OB20 已经下载到 CPU。打开数据块_1 [DB1]，单击工具栏上的 按钮，启动监视功能。单击 SIM 表中 I0.0 对应的小方框，在 I0.0 的上升沿，CPU 调用 OB40，M9.2 变为 1 状态，表示正在执行 SRT_DINT 启动的时间延时，如图 6-65 所示。DB1 中的 DT1 显示在 OB40 中读取的 DTL 格式的时间值。

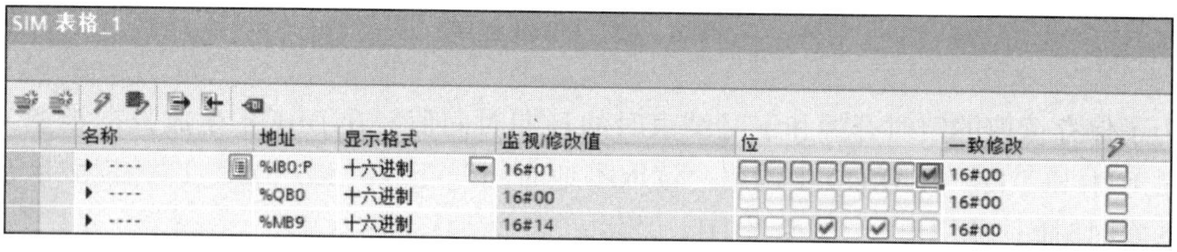

图 6-65 SIM 表仿真结果 1

定时时间到时，M9.2 变为 0 状态，表示定时结束。CPU 调用 OB20，DB1 中的 DT2 显示在 OB20 中读取的 DTL 格式的时间值，Q0.0 被置位，仿真结果如图 6-66 所示，数据块中的日期时间值如图 6-67 所示。在图中可以看到在指令 SRT_DINT 启动定时和定时时间到两次读取的实时时间之差为 10 s，多次仿真发现误差很小，定时精度是相当高的。

把 IB0 对应的位置打钩，把 I0.2 设为 1，可以将 Q0.0 复位。把 I0.0 设为 1，CPU 调用硬件中断组织块 OB40，再次启动时间延迟中断的定时。在定时期间，把 I0.1 设为状态，执行指令 CAN_DINT，时间延迟被取消，M9.2 变为 0 状态。10 s 的延迟时间到时，不会调用 OB20。Q0.0 不会变为 1 状态，DB1 中的 DT2 也不会显示新读取的时间值。

图 6-66　SIM 表仿真结果 2

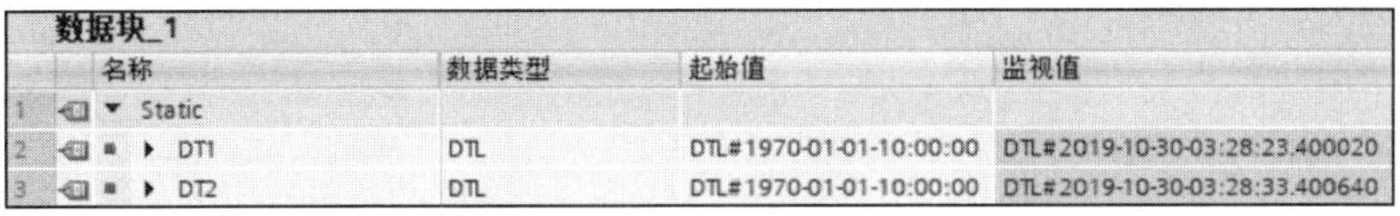

图 6-67　数据块中的日期时间值

6.7.4　任务实施

1. 确定 I/O 分配

根据 PLC 输入/输出点分配原则及任务的要求，确定该任务的地址分配。启动按钮 SB1：I0.1，停止按钮 SB2：I0.2，热继电器 FR（常开触点）：I0.3，电机：Q0.0。根据任务的控制要求及 I/O 分配，该任务的外部接线图与上个任务的外部接线图相同。

2. 建立项目与 PLC 变量表

打开博途编程软件，在 PORTAL 视图中选择"创建新项目"，输入项目名称"电机定时启停"，选择保存路径后单击"创建"按钮，创建项目完成，然后进行项目的硬件组态。根据任务的 I/O 分配表，编辑 PLC 的变量，如图 6-68 所示。

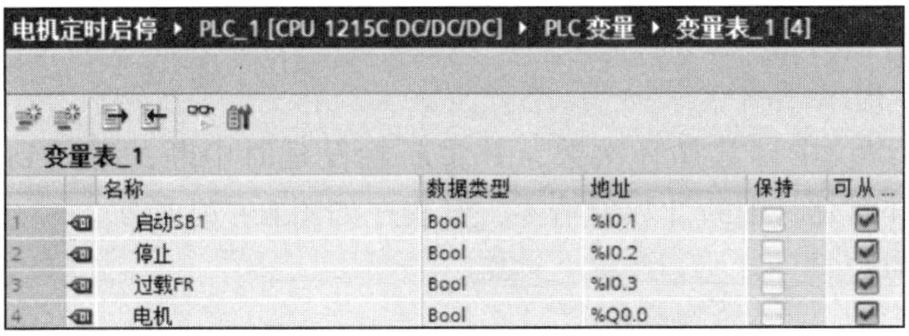

图 6-68　电机定时启停的 PLC 变量

3. 编写程序

1）生成 OB40 组织块

打开项目视图中的文件夹"\PLC_1\程序块"，用鼠标双击其中的"添加新块"，单击打开的方框中的"组织块"按钮，选中列表中的"Hardware interrupt"，生成一个名称为"硬件中断"的组织块 OB40。

2）组态硬件中断事件

用鼠标双击项目树的文件夹"PLC_1"中的"设备组态"，打开设备视图，首先选中 CPU，打开工作区下面的巡视窗口的"属性"选项卡，选中左边的"数字量输入"的通道 2

和3，即I0.2和I0.3，用复选框激活"启用上升沿检测"功能，请参考图6-57，只是这里选择的通道号不同。单击选择框"硬件中断"右边…按钮，在弹出的对话框OB列表中选择硬件中断OB40，然后单击"打钩"按钮确定。将OB40同时指定给I0.2和I0.3的上升沿中断事件，出现该中断事件，即按下停止按钮I0.2或电机过载（FR常开触点接通）时，将会调用OB40。

3）编写OB40程序

在OB40硬件中断程序中需要对系统启动标志位M2.0和电机运行Q0.0进行复位，并取消延时中断功能，如图6-69所示。

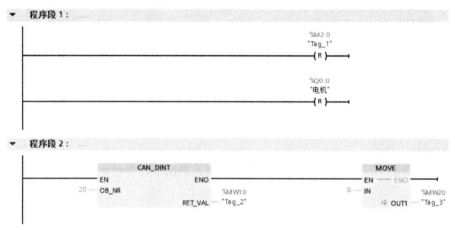

图6-69 电机定时启停的OB40程序

4）生成OB20组织块

打开项目视图中的文件夹"\PLC_1\程序块"，用鼠标双击其中的"添加新块"，单击打开的方框中的"组织块"按钮，选中列表中的"Time delay interrupt"，生成一个延时中断组织块OB20。

5）编写OB20程序

在延时中断组织块中计数循环次数，并重新触发延时中断，时间到达180 min（3小时），电机停止，并对延时中断计数值清零，其程序如图6-70所示。

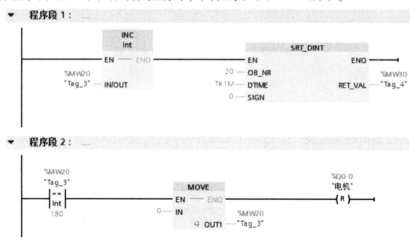

图6-70 电机定时启停的OB20程序

6) 编写 OB1 程序

在主程序 OB1 中主要完成系统启动，CPU 时间的读取，电机启动及运行延时中断功能。为了读取正确的 CPU 时间，首先对 CPU 进行时间设置。

(1) 设置 CPU 系统时间。

用鼠标双击"设置组态"，然后用鼠标双击 CPU，选择常规属性下的"时间"，将本地时间改为"北京时间"，取消夏令时，如图 6-71 所示。

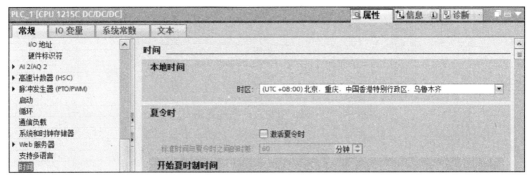

图 6-71 设置 CPU 的本地时间

这样设置后，将 CPU 转入"在线"状态，在项目树下的"在线访问 \ 网卡 \ 更新可访问的设备 \ plc_1 \ 在线和诊断"，打开如图 6-72 所示系统设置时间的对话框，选中复选框"从 PG/PC 获取"后，单击"应用"按钮，便可使 CPU 的时间与 PC 同步，否则为 PLC 出厂默认日期：DTL#1970-01-01-00:00:00。

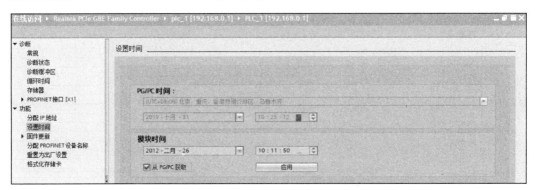

图 6-72 系统设置时间的对话框

系统设置时间也可以通过扩展指令中的日期和时间中的"WR_LOC_T（写入本地时间）和 WR_SYS_T（设置时间）"指令来设置 CPU 的本地时间和系统时间，用户可参考这两个指令的帮助功能来写入本地时间和系统时间。

这时就可以通过扩展指令中的日期和时间中的读取本地或系统时间指令来获得本地或系统时间。两个指令分别为"RD_LOC_T"（读取本地时间，即带时差时间）和"RD_SYS_T"（读取系统时间，即 UTC 时间）。

(2) 读取 CPU 系统时间。

在 OB1 的接口区中生成局部变量 D_T，如图 6-73 所示，数据类型为 DTL，用来作为指令 RD_SYS_T 的输出参数 OUT 的实参。

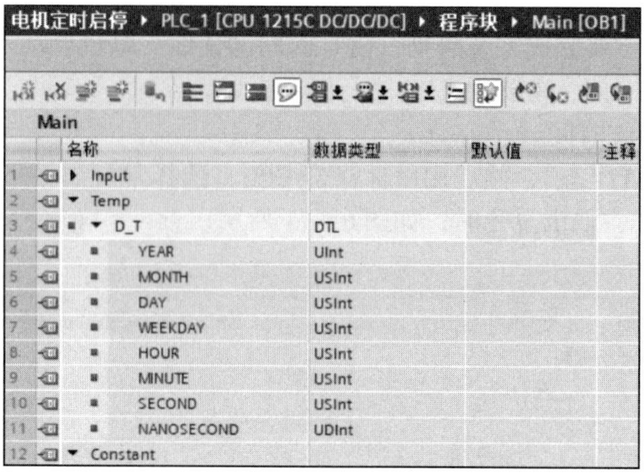

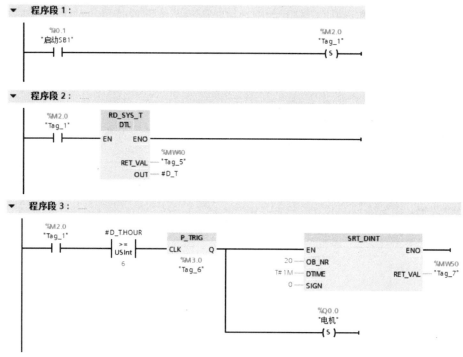

图 6-73 OB1 中定义的局部变量 D_T

(3) 编写 OB1 程序。

电机定时启停的 OB1 的程序如图 6-74 所示。按下启动按钮 I0.1 后，系统启动，启动标志位 M2.0 置 1，系统启动后实时读取系统时间，当系统时间大于或等于 6:00 时，启动电机并触发延时中断。延时中断的时间设置为 1 min，延时时间到后，调用 OB20 延时中断程序。

图 6-74 电机定时启停的 OB1 程序

4. 调试程序

将调试好的用户程序及设备组态下载到 CPU 中，并连接好线路。按下启动按钮 SB1，观察电机是否按系统设置的时间启动和延时停止（建议调试时将比较时间设置为"分"，电机运行的时间也设置短些)；按下停止按钮 SB2，观察电机是否立即停止运行。若上述调试现象与控制要求一致，则说明任务完成。

6.8　拓展知识

S7－1200 PLC 的扩展指令有日期和时间指令、字符串和字符指令、分布式 I/O 指令、PROFIenergy 指令、中断指令、报警指令、诊断指令、脉冲指令、配方和数据记录指令、数据块控制指令、寻址指令等。

6.8.1　日期和时间指令

日期和时间指令如图 6－75 所示。日期和时间的数据类型有两种：Time 和 DTL。数据类型 Time 的长度为 4B，时间单位为 ms。数据结构 DTL 由年、月、日、小时、分、秒、纳秒组成，可以在全局数据块或块的接口区定义 DTL 变量。

“转换时间并提取”指令 T_CONV 用于在整数和时间数据类型之间转换。“时间相加”指令 T_ADD 的输入参数 IN1 的值与 IN2 的值相加，“时间相减”指令 T_SUB 的输入参数 IN1 的值减去 IN2 的值，参数 OUT 是用来指定保存运算结果的地址。各参数的数据类型见指令的在线帮助。“时间值相减”指令 T_DIFF 将输入参数 IN1 中的时间减去 IN2 中的时间值，结果发送到输出参数 OUT 中。“组合时间”指令 T_COMBINE 用于合并日期值和时间值，并将其转换为合并后的日期和时间值。时钟功能指令的说明请参考前文相关的介绍。

6.8.2　字符串和字符指令

1. 字符串的结构与定义

字符串和字符指令如图 6－76 所示。STRING（字符串）数据有 2B 的头部，后面是最多 254B 的 ASCII 字符代码。字符串的首字节是字符串的最大长度，第 2 个字节是当前长度，即当前实际使用的字符数。当前长度必须小于或等于最大长度。字符串占用的字节数为最大长度加 2。

名称	描述
日期和时间	
T_CONV	转换时间并提取
T_ADD	时间相加
T_SUB	时间相减
T_DIFF	时差
T_COMBINE	组合时间
时钟功能	
WR_SYS_T	设置时间
RD_SYS_T	读取时间
RD_LOC_T	读取本地时间
WR_LOC_T	写入本地时间
SET_TIMEZONE	设置时区
RTM	运行时间定时器

图 6－75　日期和时间指令

名称	描述
字符串＋字符	
S_MOVE	移动字符串
S_CONV	转换字符串
STRG_VAL	将字符串转换为数值
VAL_STRG	将数值转换为字符串
Strg_TO_Chars	将字符串转换为字符
Chars_TO_Strg	将字符转换为字符串
MAX_LEN	获取字符串长度
ATH	将 ASCII 字符串转换为十六进制值
HTA	将十六进制数转换为 ASCII 字符串
LEN	获取字符串长度
CONCAT	合并字符串
LEFT	读取字符串中的左侧字符
RIGHT	读取字符串中的右侧字符
MID	读取字符串中间的几个字符
DELETE	删除字符串中的字符
INSERT	在字符串中插入字符
REPLACE	替换字符串中的字符
FIND	在字符串中查找字符

图 6－76　字符串和字符指令

执行字符串指令之前，首先应定义字符串，不能在变量表中定义字符串，只能在代码块的接口区或全局数据块中定义它。

生成符号名为"数据块_1"的全局数据块 DB1，取消它的"优化的块访问"属性后，可以用绝对地址访问它。在数据块_1 中定义生成字符串变量 String1、String2、String3，如图 6 – 77 所示。字符串的数据类型 String [18] 中的"[18]"表示其最大长度为 18 个字符，加上两个头部字节，共 20B。String1 的起始地址（偏移量）为 DBB0，String2 的偏移量为 DBB20。如果字符串的数据类型为 String（没有方括号），则每个字符串变量将占用 256B。

	名称	数据类型	偏移量	起始值	保持
1	▼ Static				
2	String1	String[18]	0.0	""	
3	String2	String[18]	20.0	""	
4	String3	String[18]	40.0	""	

图 6 – 77 数据块中的字符串变量

2. 字符串转换指令

字符串转换指令可以将数字字符串转换为数值或将数值转换为数字字符串。

S_CONV 指令用于将输入的字符串转换为对应的数值，或将数值转换为对应的字符串。它可将参数 IN 指定的整数、无符号整数或浮点数转换为输出 OUT 指定的字符串。

STRG_VAL 指令将数值字符串转换为对应的整数或浮点数。从参数 IN 指定的字符串的第 P 个字符开始转换，直到字符串结束。

VAL_STRG 指令将输入参数 IN 中的整数、无符号整数或浮点数转换为输出参数 OUT 中对应的字符串。被转换的字符串将取代 OUT 字符串从参数 P 提供的字符偏移量开始到参数 SIZE 指定的字符数结束的字符。

字符串操作指令有 LEN 指令、CONCAT 指令、LEFT 指令、RIGHT 指令、MID 指令、DELETE 指令、INSERT 指令、REPLACE 指令、FIND 指令，其功能简介如图 6 – 76 所示。在图 6 – 76 中还有其他的字符串与字符指令。这些字符串和字符指令的具体使用方法请参考帮助文件或 S7 – 1200 的系统手册。

6.8.3 中断连接与中断分离指令

1. 指令简介

ATTACH 指令是中断连接指令，DETACH 指令是中断分离指令，它们分别用于 PLC 运行时建立和断开硬件中断事件和中断 OB 的连接。

2. 中断连接与中断分离指令举例

（1）组态硬件中断事件。

打开项目视图，生成一个名为"中断连接与分离指令例子"的新项目，CPU 的型号为 1215C DC/DC/DC。打开项目视图中的文件夹"\PLC_1\程序块"，用鼠标双击其中的"添加新块"，单击打开的方框中的"组织块"按钮，选中列表中的"Hardware interrupt"，生成一个名称为"硬件中断 1"的组织块 OB40，用同样的方法再生成一个"硬件中断 2"

的组织块 OB41。

用鼠标双击项目树的文件夹"PLC_1"中的"设备组态",打开设备视图,首先选中 CPU,打开工作区下面的巡视窗口的"属性"选项卡,选中左边的"数字量输入"的通道 0,即 I0.0,用复选框激活"启用上升沿检测"功能。单击选择框"硬件中断"右边 按 钮,在弹出的对话框 OB 列表中选择硬件中断 1 [OB40],然后单击"打钩"按钮确定,将 OB40 同时指定给 I0.0 的上升沿中断事件,出现该中断事件,将会调用 OB40。

(2) 程序设计与仿真。

要求使用 ATTACH 指令和 DETACH 指令在 I0.0 上升沿事件时,交替调用硬件中断组织块 OB40 和 OB41,分别将不同的数值写入 QB0。

OB40 程序如图 6-78 所示。在 OB40 程序中,用 DETACH 指令断开 I0.0 上升沿事件与 OB40 的连接,用 ATTACH 指令建立 I0.0 上升沿事件与 OB41 的连接,用 MOVE 指令给 QB0 赋值"16#0F"。打开 OB40,在程序编辑器上面的接口区生成两个临时局部变量 RET1 和 RET2,用来作 ATTACH 指令和 DETACH 指令的返回值实参,返回值是指令的状态代码。

打开指令列表中的"扩展指令"选项的"中断"文件夹,将其中的指令 DETACH 拖放到程序编辑器,设置参数 OB_NR 为 40。双击中断事件 EVENT 左边的问号,单击出现的 按钮,选中出现的下拉列表中的中断事件"上升沿 0"(I0.0 的上升事件),它的代码值为"16#C000108"。在 PLC 默认的变量表的"系统常量"选项卡中也可以找到"上升沿 0"的代码值。DETACH 指令用来断开 I0.0 的上升沿中断事件与 OB40 的连接。如果没有指定参数 EVENT 的实参,当前连接到 OB_NR 指定的 OB40 的所有中断事件将被断开连接。

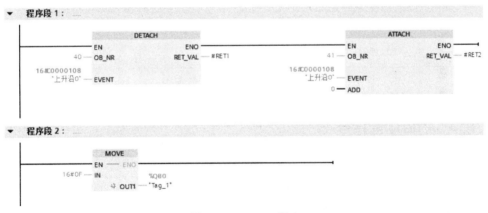

图 6-78 OB40 程序

在图 6-78 中的 ATTACH 指令将参数 OB_NR 指定的 OB41 连接到 EVENT 指定的事件"上升沿 0"。在该事件发生时,将调用 OB41。参数 ADD 为默认值 0 时,指定的事件取代连接到原来分配给这个 OB 的所有事件。下一次出现 I0.0 上升沿事件时,调用 OB41,如图 6-79 所示。在 OB41 的接口区生成两个临时局部变量 RET1 和 RET2,用 DETACH 指令断开 I0.0 上升沿事件与 OB41 的连接,用 ATTACH 指令建立 I0.0 上升沿事件与 OB40 的连接,用 MOVE 指令给 QB0 赋值"16#F0"。

打开仿真软件 S7-PLCSIM,下载程序,仿真 PLC 切换到 RUN 模式。打开 SIM 表格_1,

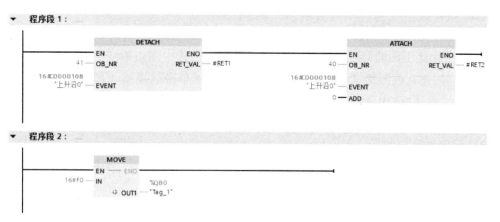

图 6-79 OB41 程序

生成 I0.0 和 QB0 的 SIM 表条目。两次单击 I0.0 对应的小方框，在 I0.0 的上升沿，CPU 调用 OB40，断开 I0.0 上升沿事件与 OB40 的连接，将该事件与 OB41 连接，将"16#0F"写入 QB0，后者的低 4 位为 1，如图 6-80 所示。两次单击 I0.0 对应的小方框，在 I0.0 的上升沿，CPU 调用 OB41，断开 I0.0 上升沿事件与 OB41 的连接，将该事件与 OB40 连接，将"16#F0"写入 QB0，后者的高 4 位为 1。连续多次单击 I0.0 对应的小方框，由于 OB40 和 OB41 中的 ATTACH 和 DETACH 指令的作用，在 I0.0 奇数次的上升沿调用 OB40，QB0 被写入"16#0F"，在 I0.0 偶数次的上升沿调用 OB41，QB0 被写入"16#F0"。

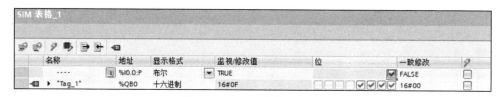

图 6-80 SIM 表格_1 仿真

6.8.4 时间中断指令

1. 时间中断指令的功能

时间中断用于设置的日期和时间产生一次中断，或者从设置的日期时间开始，周期性地重复产生中断，例如每分钟、每小时、每天、每周、每月、每年等产生一次时间中断，可以用专用的指令来设置、激活和取消中断。时间中断 OB 的编号应为 10~17 或大于等于 123。

2. 时间中断举例

打开博途软件，在 PORTAL 视图中选择"创建新项目"，输入项目名称"时间中断例子"，选择保存路径后单击"创建"按钮，创建项目完成。打开项目视图中的文件夹"\PLC_1\程序块"，用鼠标双击其中的"添加新块"，单击打开的对话框中的"组织块"按钮，选中列表中的"Time of day"，生成一个名称为"时间中断"的组织块，默认的编号为 10。

时间中断的指令在指令列表的"扩展指令"选项板的"中断"文件夹中，在 OB1 中调用 QRY_TINT 来查询时间中断的状态,读取的状态字用 MW20 保存。QRY_TINT 指令的状态字参数 STATUSD 每个位的含义请参考帮助文件。OB1 程序如图 6-81 所示。在 I0.0 的上升沿,调用指令 SET_TINTL 和 ACT_TINT 来分别设置和激活时间中断 OB10。在 I0.1 的上升沿,调用指令 CAN_TINT 来取消时间中断。上述指令的参数 OB_NR 是组织块编号,SET_TINTL 用来设置时间中断,它的参数 SDT 是开始产生中断的日期和时间。参数 LOCAL 和 TURE(1)和 FALSE(0)分别表示使用本地时间和系统时间。参数 PERIOD 用来设置执行的方式,16#02101 表示每分钟产生一次时间中断。参数 ACTIVATE 为 1 时,该指令设置并激活时间中断;参数 ACTIVATE 为 0 时仅设置时间中断,需要调用指令 ACT_TINT 来激活时间中断。图 6-82 所示为 OB10 程序,每调用一次 OB10,将 MB30 加 1。

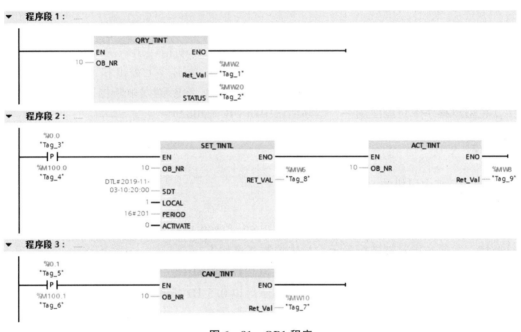

图 6-81 OB1 程序

图 6-82 OB10 程序

打开仿真软件 S7-PLCSIM 生成 IB0、MB21、MB30 的 SIM 表,MB21 是 QRY_TINT 读取的状态字 MW20 的低字节。下载程序后,仿真 PLC 切换到 RUN 模式,两次单击 I0.0,使 I0.0 产生上升沿,观察 MB21、MB30 的状态。两次单击 I0.1,使 I0.1 产生上升沿,观察 MB21、MB30 的状态。请读者自行仿真并查看运行结果。

6.8.5 时间错误组织块

如果发生以下事件之一，操作系统将调用时间错误中断（Time error interrupt）OB。在用户程序中只能使用一个时间错误中断 OB（OB80）。

（1）循环程序超出最大循环时间。
（2）被调用 OB（如延时中断 OB 和循环中断 OB）当前正在执行。
（3）中断 OB 队列发生溢出。
（4）由于中断负载过大而导致中断丢失。

6.8.6 诊断错误组织块

具有检测和报告诊断错误功能的模块可以启用诊断错误中断（Diagnostic error interrupt）功能，使模块能检测到 I/O 状态变化。下列情况将调用诊断错误组织块 OB82：有诊断功能的模块没有用户电源、输入信号超过模拟量模块的测量范围（上溢出和下溢出）、AO 模块输出电路短线和短路故障。若已经在执行其他中断 OB，诊断错误中断将置于同优先级的队列中。在用户程序中只能使用一个诊断错误中断 OB（OB82）。

练习

1. 排风系统中风机的 PLC 控制

控制要求如下：

某车间排风系统，由 3 台风机组成，采用 S7-1200 PLC 控制。其中风机工作状态需要进行监控，并通过指示灯进行显示，具体控制要求如下：

（1）当系统中没有风机工作时，指示灯以 2 Hz 频率闪烁。
（2）当系统中只有 1 台风机工作时，指示灯以 0.5 Hz 频率闪烁。
（3）当系统中有 2 台以上风机工作时，指示灯常亮。

要求用 FC 函数编程，闪烁程序也要自编。

2. 两台电机 Y-△ 降压启动顺序控制

控制要求如下：

（1）该机组总共有 2 台电机，每台电机都要求 Y-△ 降压启动。
（2）启动时，按下启动按钮，M1 电机启动，然后隔 10 s 启动 M2。
（3）停止时实现逆序停止，即按下停止按钮，M2 先停止，过 10 s 后 M1 停止。
（4）任一台电机启动时，控制电源的接触器和 Y 接法的接触器接通电源 6 s 后，Y 接触器断开，1 s 后 △ 接法接触器动作接通。

要求用 FC 或 FB 函数编程。

3. 手动/自动切换的 Y-△ 降压启动控制

控制要求如下：

某一个车间，有一台设备的电机要用星-三角降压启动，要求用 PLC 控制，采用 FC 或 FB 实现手动/自动控制，由一个转换开关完成手动/自动切换。手动模式时，手动完成星形转三角形运行；自动模式时，电机延时 5 s 后电机由星形转三角形运行。控制要求设置一个启动按钮和一个停止按钮来启动和停止控制系统。

4. 喷泉控制装置的 PLC 设计

控制要求如下：

要求按下启动按钮，喷泉控制装置开始工作，按下停止按钮，喷泉装置停止工作，喷泉的工作方式有以下两种，可通过方式选择开关来选择。

方式一：开始工作时，1#喷头喷水 3 s，接着 2#喷头喷水 3 s，然后 3#喷头喷水 3 s，最后 4#喷头喷水 20 s；重复上述过程，直至按下停止按钮为止。

方式二：开始工作时，1#和 3#喷头喷水 5 s，接着 2#和 4#喷头喷水 5 s，停 2 s，如此交替运行 60 s，然后 4 组喷头全喷水 20 s；重复上述过程，直至按下停止按钮为止。

5. 中断程序设计

（1）用循环中断实现 QB0 口 8 盏彩灯以流水灯形式的点亮控制。流水灯的效果是灯亮一个灭前一个，到第 8 盏灯灭掉后第 1 盏灯又开始亮，如此循环。

（2）用循环中断组织块 OB30，每 3 s 将 QW1 加 1。在 I0.2 的上升沿，将循环时间改为 1.5 s。设计出主程序和 OB30 程序。

（3）用循环中断实现控制 8 盏彩灯的循环移位控制，每次点亮相邻的 3 盏彩灯。用 I0.0 控制移位的方向，I0.0 为 1 状态时彩灯左移，I0.0 为 0 状态时彩灯右移。

（4）用延时中断实现 QB0 口 8 盏彩灯以跑马灯形式的点亮控制。跑马灯的效果是灯从左到右依次点亮，全亮后再从左到右依次点灭。

（5）编写程序，在 I0.2 的下降沿时调用硬件中断组织块 OB40，将 MW10 加 1。在 I0.2 的上升沿时调用硬件中断组织块 OB41，将 MW10 减 1。

（6）用两个延时中断和硬件中断实现两台电机的顺启逆停控制。

模块 7 数字量控制系统的编程与调试

7.1 自动开关门控制

7.1.1 任务要求

用 PLC 控制仓库大门的自动打开和关闭,以便让车辆进入仓库,控制要求如下:

(1) 在操作面板上设有 SB1 和 SB2 两个常开按钮,其中 SB1 用来启用大门控制系统,SB2 用于停止大门控制系统。

(2) 用超声波接收开关检测是否有车辆要进入大门。当本单位的车辆驶近大门时,车上发出特定编码的超声波,被门上的超声波接收器识别,输出逻辑"1"信号,则开启大门。

(3) 用光电开关检测车辆是否已经进入大门,当红外光束被车辆挡住时,接收头输出逻辑"1";未被挡住时,接收头输出逻辑"0";当光电开关检测到车辆已进入大门时,则关闭大门。

(4) 门的上限装有限位开关 SQ1,门的下限装有限位开关 SQ2。

(5) 门的上下运动由电机驱动,开门接触器 KM1 闭合时门打开,关门接触器 KM2 闭合时门关闭。

7.1.2 相关知识

1. 程序设计的工作与步骤

进行 PLC 控制设计时必须要做好的工作:了解系统的概况,包括系统的控制目标、控制方案、控制规模、整体功能、具体功能、控制精度、I/O 种类和数量、通信内容与方式、显示内容与方式、操作方式等,应尽量对系统有一个全面的了解;熟悉使用的 PLC 的类型、功能、编程语言和指令系统,能熟练地操作编程器和控制器;根据控制系统的控制要求、设备、器件条件、工艺过程，结合采用的 PLC 的功能强弱，确定 PLC 在整个控制系统中所承担的工作任务。

PLC 设计主要有以下几个步骤：①根据 PLC 承担的任务，明确 PLC 的输入与输出信号的种类和数量，编制输入/输出信号分配表；②制定控制结构框图，选择控制方案；③按选定的方案，制定相应的图表；④编写 PLC 梯形图程序；⑤程序调试和修改；⑥编制程序使用说明书等设计相关文件。

2. 各种程序设计法

数字量控制系统也称为开关量控制系统。控制系统的 PLC 程序设计常用的方法：经验设计法、继电器控制电路转换为梯形图法、顺序控制设计法、逻辑设计法等。逻辑设计法是通过中间量把输入和输出联系起来，实际上就找到了输出和输入的关系，完成了设计任务。这里只介绍经验设计法，其他的程序设计法会在下文中介绍。

经验设计法是在一些典型的控制电路程序的基础上，根据被控制对象的具体要求，进行选择组合，并多次反复调试和修改梯形图，有时需增加一些辅助触点和中间编程环节，才能达到控制要求。这种设计方法较灵活，用于较简单的梯形图设计，设计出的梯形图一般不是唯一的。程序设计的经验要慢慢积累，但要熟悉典型的基本控制程序，如启保停电路、脉冲发生电路等，它是设计一个较复杂系统的控制程序的基础。

经验设计法的基本步骤为：

（1）在准确了解控制要求后，合理地为控制系统中的事件分配输入输出口。选择必要的机内器件，如定时器、计数器、辅助继电器。

（2）对于一些控制要求较简单的输出，可直接写出它们的工作条件，依"启—保—停"电路模式完成相关的梯形图支路，工作条件稍复杂的可借助辅助继电器。

（3）对于复杂的控制要求，要正确分析控制要求，并确定组成总的控制要求的关键点。在空间类逻辑为主的控制中，关键点为影响控制状态的点。在时间类逻辑为主的控制中，关键点为控制状态转换的时间。

（4）将关键点用梯形图表达出来。关键点总是要用机内器件来表达的，在安排机内器件时需要合理安排。绘制关键点的梯形图时，可以使用常见的基本环节，如定时器计时环节、振荡环节等。

（5）在完成关键点梯形图的基础上，针对系统最终的输出进行梯形图的编制。

（6）审查初步完成的梯形图程序，在此基础上补充遗漏的功能，更正错误，进行最后的完善。

7.1.3 案例分析

设计一台电机点动与连续运行的正反转控制。按下正向启动按钮 SB1，电机启动，松开按钮，电机连续运行；按下正向点动按钮 SB2，电机点动运行，按下停止按钮 SB3，电机立即停止。按下反向启动按钮 SB4，电机启动，松开按钮，电机连续运行；按下反向点动按钮 SB5，电机点动运行，按下停止按钮 SB3，电机立即停止。电机正反向运行不能直接切换，需要按下停止按钮才可以。任何时间若热继电器动作，则电机停止运行。

在前文的项目中，用过启保停程序及复位置位程序，这些基本环节的程序比较常用，如图 7-1、图 7-2 所示。图 7-1 启保停程序最主要的特点是具有"记忆"功能，按下启动按钮，I0.0 的常开触点接通，Q0.0 的线圈"通电"，它的常开触点同时接通；松开启动按钮，I0.0 的常开触点断开，"能流"经 Q0.0 的常开触点和 I0.1 的常闭触点流过 Q0.0 的线圈，Q0.0 仍然为 1 状态，这就是"自锁"功能。按下停止按钮，I0.1 的常闭触点断开，Q0.0 的线圈"断电"，Q0.0 的常开触点断开，这时放开停止按钮，I0.1 的常闭触点恢复接通状态，但由于 Q0.0 的常开触点已断开这条回路，Q0.0 的线圈仍然保持"断电"。这种启保停电路也可以采用如图 7-2 所示的置位和复位指令来实现。

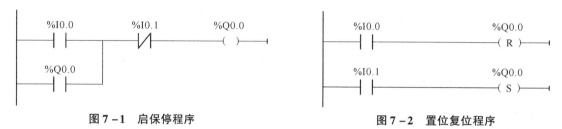

图 7-1 启保停程序　　　　　　　　图 7-2 置位复位程序

启动按钮、停止按钮在 PLC 的外部接线中一般使用常开按钮，热继电器可以用常闭触点，也可以使用常开触点，该案例的接线与模块三中电机正反转的外部接线类似，仅热继电器改为常开触点，不再重复绘制。PLC 的 I/O 分配如下：

正向启动按钮 SB1：I0.0，正向点动按钮 SB2：I0.1，停止按钮 SB3：I0.2，反向启动按钮 SB4：I0.3，反向点动按钮 SB5：I0.4，FR 热继电器常开触点：I0.5，电机正转：Q0.0，电机反转：Q0.1。

电机正转和反转都有两个不同的状态：点动和连续运行，这里采用位存储器 M 来保存，其程序如图 7-3 所示。程序中采用了启保停的基本程序，把连续运行和点动状态分别放在标志位 M0.0 和 M0.1 中，两个标志位再在程序段 3 并联，接通输出 Q0.0，使得电机正转。控制要求电机正反转，这由两个不同的输出变量控制，不能同时接通，所以程序中采用了互锁环节。电机连续运行时要能切换到点动运行，在程序段 1 中串联了正向点动的常闭触点，当按下正向点动按钮 I0.1 时，其常闭触点先断开正向连续运行回路，再接通正向点动回路，电机点动运行。电机反转的运行情况与正转类似，请读者自行分析。

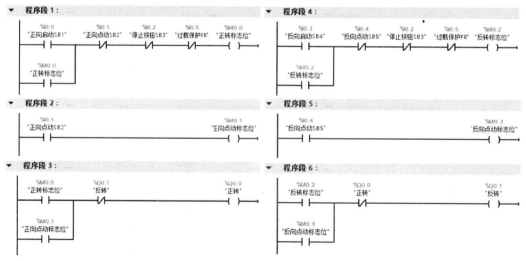

图 7-3 电机点动/连续运行 PLC 程序

7.1.4 任务实施

1. 确定 PLC 的变量

根据任务要求的内容，可以确定 PLC 的 I/O 分配，PLC 变量表如图 7-4 所示。图 7-4 中除了 PLC 的输入、输出变量外，还增加了两个位存储器变量 M0.1 和 M0.2，作为系统启动和停止的标志位。该任务的 PLC 外部接线图与模块三中电机正反转的外部接线图类似，不再重复绘制。

	名称	数据类型	地址	保持	可从…	从 H…	在 H…
1	启动SB1	Bool	%I0.0		✓	✓	✓
2	停止SB2	Bool	%I0.1		✓	✓	✓
3	超声波开关	Bool	%I0.2		✓	✓	✓
4	光电开关	Bool	%I0.3		✓	✓	✓
5	上限位SQ1	Bool	%I0.4		✓	✓	✓
6	下限位SQ2	Bool	%I0.5		✓	✓	✓
7	开门接触器	Bool	%Q0.0		✓	✓	✓
8	关门接触器	Bool	%Q0.1		✓	✓	✓
9	系统启动标志位	Bool	%M0.1		✓	✓	✓
10	进入大门标志位	Bool	%M0.2		✓	✓	✓

图 7-4 PLC 变量表

2. 程序设计与调试

自动开关门控制的 PLC 程序如图 7-5 所示。该程序的设计是采用了经验设计法，由两个接触器控制电机来完成开门和关门的动作，相当于电机的正反转，需要互锁环节。在程序中也用到了基本的启保停程序。程序段 1：按下启动按钮，接通启动标志位 M0.1 并自锁，按下停止按钮，断开启动标志位 M0.1。程序段 2：在系统启动的前提下，即 M0.1 常开触点接通，超声波接收开关检测到车辆驶近大门时，超声波开关 I0.2 接通，开门接触器 Q0.0 线圈接通，电机执行开门的动作，到达上限位 SQ1 时，其常闭触点断开，Q0.0 断开，电机停止。程序段 3：在系统启动的前提下，若车已完全进入大门时，红外光束被车辆由挡住变为不挡住，光电开关从 1 变为 0 时，I0.3 信号的下降沿来到，其触点接通一个扫描周期，进入大门标志位 M0.2 线圈接通。程序段 4：动作原理与程序段 1 类似，在系统启动的前提下，车辆已进入大门后，M0.2 常开触点接通，关门接触器 Q0.1 线圈接通，电机执行关门的动作，到达下限位 SQ2 时，其常闭触点断开，Q0.1 断开，电机停止。任意时刻，按下停止按钮，M0.1 线圈断开，其常开触点断开，开门接触器 Q0.0 或关门接触器 Q0.1 断开，系统停止工作。

打开仿真软件 S7-PLCSIM 生成 IB0、Q0.0、Q0.1 的 SIM 表。单击对应的按钮 I，观察输出 Q 的状态，若符合任务要求，则说明调试成功。请读者自行仿真并查看运行结果。

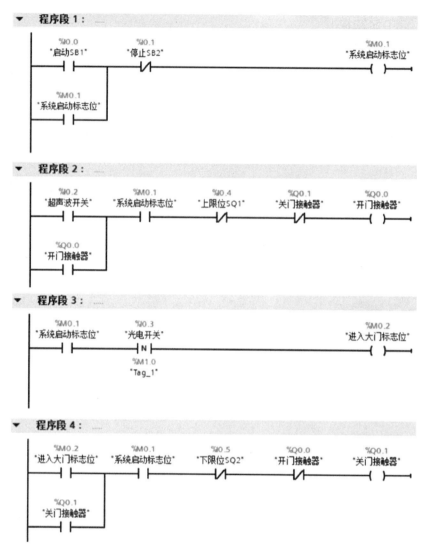

图 7-5 自动开关门控制的 PLC 程序

7.2 Z3040 摇臂钻床控制系统设计

7.2.1 任务要求

分析 Z3040 摇臂钻床的传统电气控制电路图，其主电路图如图 7-6 所示，控制电路图如图 7-7 所示。把这个继电器接触器控制的电路转换成 PLC 控制，断电延时时间设为 3 s，增加一个系统总启动按钮和总停止按钮，其他保持原来的功能不变。

模块7 数字量控制系统的编程与调试

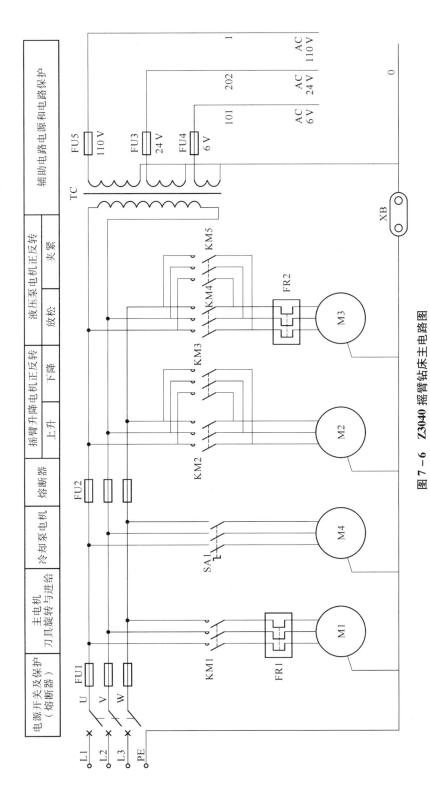

图 7-6 Z3040 摇臂钻床主电路图

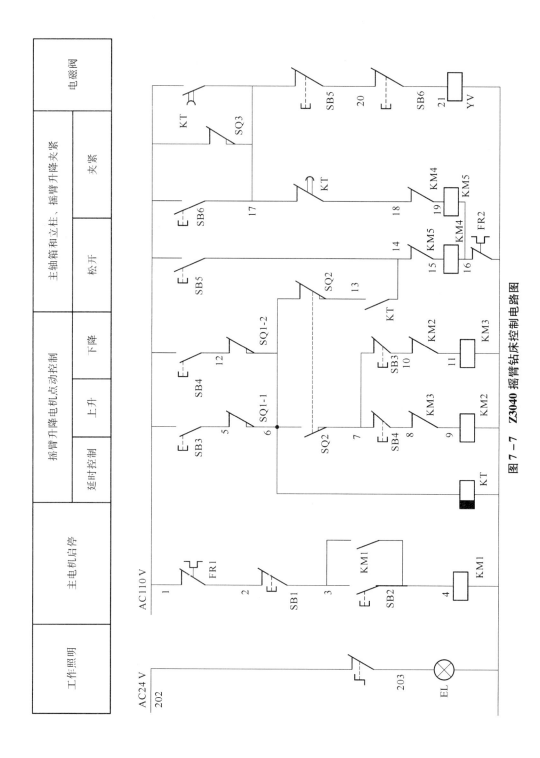

图 7-7 Z3040 摇臂钻床控制电路图

7.2.2 相关知识

1. 继电器控制电路转换为梯形图法

继电器控制电路转换为梯形图法是用 PLC 的外部硬件接线和梯形图程序来实现继电器控制系统的功能，也称为转换设计法。在前文中的电机正反转控制设计中已略有提及。这种设计法适用于老的继电器控制系统已被证明能完成系统要求的控制功能的情况，继电器电路图与梯形图有很多相似之处，因此可以将继电器电路图"翻译"成梯形图。这种设计方法的优点：改造前后的系统区别不大，操作工人易适应，一般不需改动控制面板和它上面的器件，可减少硬件改造的费用和工作量。

继电器电路图转换为梯形图法的设计要点有：

(1) 熟悉现有的继电器控制线路，掌握系统的工作原理。

(2) 绘制 PLC 的外部接线图，将继电器电路图上的被控器件（如接触器线圈、指示灯、电磁阀等）换成接线图上对应的输出点的编号，将电路图上的输入装置（如传感器、按钮开关、行程开关等）触点都换成对应的输入点的编号。

(3) 将继电器电路图中的中间继电器、时间继电器，用 PLC 的辅助继电器、定时器来代替。

(4) 画出全部梯形图程序，并予以简化和修改。

2. Z3040 摇臂钻床的结构与控制特点

钻床是一种用途广泛的万能机床，可进行钻孔、扩孔、铰孔、攻螺纹及修刮端面等多种形式的加工。钻床按结构形式可分为立式钻床、卧式钻床、摇臂钻床、深孔钻床、台式钻床等。在各种钻床中，摇臂钻床操作方便、灵活，适用范围广，特别适用于带有多孔大型工件的孔加工，是机械加工中常用的机床设备。Z3040 摇臂钻床的外观如图 7-8 所示。

Z3040 摇臂钻床由底座、内立柱、外立柱、摇臂、主轴箱、工作台等部分组成，其结构示意图如图 7-9 所示。

图 7-8 Z3040 摇臂钻床的外观

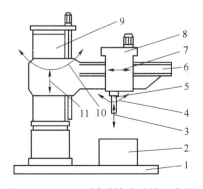

图 7-9 Z3040 摇臂钻床结构示意图

1—底座；2—工作台；3—主轴纵向进给运动；4—主轴旋转主运动；
5—主轴；6—摇臂；7—主轴箱沿摇臂径向运动；8—主轴箱；
9—内、外立柱；10—摇臂回转运动；11—摇臂垂直运动

内立柱固定在底座的一端，外立柱套在内立柱上，并可绕内立柱回转360°。摇臂的一端为套筒，它套在外立柱上，通过丝杠传动，即升降丝杠的正、反向旋转，摇臂可沿外立柱上下移动，并与外立柱一起绕内立柱回转。主轴箱由主传动电机、主轴和主轴传动机构、进给和变速机构以及机床的操作机构等部分组成，主轴箱安装于摇臂的水平导轨上，通过手轮操作可使主轴箱沿摇臂水平导轨做径向运动。主轴和钻头由主轴电机带动旋转，并可在垂直方向上进行纵向进给。Z3040摇臂钻床由主轴电机M1、升降电机M2、液压泵电机M3和冷却泵电机M4拖动。

钻床的运动有三种：

（1）主运动，即主轴的旋转运动。

（2）进给运动，即钻头一面旋转，同时做垂直纵向进给运动。此时，主轴箱应通过夹紧装置紧固在摇臂的水平导轨上，摇臂与外立柱也应通过夹紧装置紧固在内立柱上。

（3）辅助运动，即摇臂沿外立柱的垂直移动，主轴随着主轴箱沿摇臂水平导轨做手动径向移动，摇臂与外支柱一起绕内立柱做手动360°回转运动。

7.2.3 任务实施

1. 任务分析

1）主轴电机控制线路分析

（1）主电路分析：主轴电机M1由接触器KM1控制，为单方向旋转，并由热继电器FR1做电机长期过载保护。主轴的正、反转则由机床液压系统操纵机构配合正、反转摩擦离合器实现。

（2）控制电路分析：停止按钮SB1、主轴启动按钮SB2与KM1构成主轴电机的单方向启动—停止控制电路。按下SB2→KM1线圈通电并自锁→M1启动；按下SB1→KM1线圈断电→M1自由停车。

2）摇臂升降及夹紧、放松控制

（1）主电路分析。

摇臂升降电机M2由正、反转接触器KM2、KM3控制实现正、反转。液压泵电机M3由正、反转接触器KM4、KM5控制，实现电机的正、反转，拖动双向液压泵，送出压力油，经二位六通阀送至摇臂夹紧机构实现夹紧与松开。

（2）控制电路分析。

控制电路保证在操纵摇臂升降时，首先使液压泵电机M3正向启动旋转，送出压力油，经液压系统将摇臂松开，然后才使电机M2启动，拖动摇臂上升或下降，当移动到位后，控制电路又保证M2先停下，再自动使M3反向启动，通过液压系统将摇臂夹紧，最后M3停转。M2为短时工作，不用设过载保护。M3由接触器KM4、KM5实现正、反转控制，并有热继电器FR2做长期过载保护。

摇臂上升控制：按下摇臂上升点动按钮SB3，时间继电器KT线圈通电，瞬动常开触头KT闭合，接触器KM4线圈通电，液压泵电机M3正向启动旋转，拖动液压泵送出压力油，经二位六通阀进入摇臂夹紧机构的松开油腔，推动活塞和菱形块，将摇臂松开。同时KT的断电延时的常闭触点 K 闭合，电磁阀 YV 线圈通电。同时，活塞杆通过弹簧片压上行程开关 SQ2，发出摇臂松开信号，即常闭触头 SQ2（6-13）断开，常开触头 SQ2（6-7）闭合，前者断开 KM4 线圈电路，液压泵电机停止旋转，液压泵停止供油，摇臂维持在松开状态；后者接通 KM2 线圈电路，使 KM2 线圈通电，摇臂升降电机 M2 正向启动旋转，拖动摇臂上升。行程开关 SQ2 是用来反映摇臂是否松开且发出松开信号的元件。

当摇臂上升到所需位置时，松开 SB3，KM2 与 KT 线圈同时断电，摇臂停止上升。而 KT 线圈断电，其断电延时闭合触头 KT（17-18）经延时 1~3 s 后才闭合，断电延时断开触头 KT（1-17）经延时后才断开。在 KT 断电延时的 1~3 s 时间内 KM5 线圈仍处于断电状态，这段延时就确保了摇臂升降电机在断开电源后到完全停止运转才开始摇臂的夹紧动作。所以，时间继电器 KT 延时长短是根据电机 M2 切断电源到完全停止的惯性大小来调整的。

当时间继电器 KT 断电延时时间到，断电延时闭合触头 KT（17-18）闭合，断电延时断开触头 KT（1-17）断开，KM5 线圈通电吸合，液压泵电机 M3 反向启动，拖动液压泵，供出压力油，这时压力油经二位六通阀进入摇臂夹紧油腔，反向推动活塞和菱形块，将摇臂夹紧。同时，活塞杆通过弹簧片压下行程开关 SQ3，使触头 SQ3（1-17）断开，KM5 线圈及电磁阀 YV 线圈断电，M3 停止旋转，摇臂夹紧完成。SQ3 为摇臂夹紧信号开关。

摇臂升降的极限保护由行程开关 SQ1 来实现。SQ1 有两对常闭触头，分别接于 KM2 和 KM3 电路，当摇臂上升或下降到极限位置时，相应触头断开，切断对应上升或下降接触器 KM2 与 KM3 电路，使 M2 停止旋转，摇臂停止移动，实现极限位置的保护。摇臂自动夹紧程度由行程开关 SQ3 控制。若夹紧机构液压系统出现故障不能夹紧，则将使触头 SQ3（1-17）断不开，或者由于 SQ3 开关安装调整不当，摇臂夹紧后仍不能压下 SQ3，KM5 不能断电，会使 M3 长期处于过载状态，易将电机烧毁。为此，M3 主电路采用热继电器 FR2 做过载保护。摇臂下降过程和上升情况类似，由下降启动按钮 SB4 和下降接触器 KM3 实现控制。

3）主轴箱与立柱的夹紧与放松控制

主轴箱的夹紧与松开和立柱的夹紧与松开是同时进行的，均采用液压机构控制。工作过程如下：

按下松开按钮 SB5，接触器 KM4 线圈通电，液压泵电机 M3 正转，拖动液压泵送出压力油，这时电磁阀 YV 线圈处于断电状态，压力油经二位六通阀进入主轴箱与立柱松开油腔，推动活塞和菱形块，使主轴箱与立柱松开。而由于 YV 线圈断电，压力油不会进入摇臂松开油腔，摇臂仍处于夹紧状态。当主轴箱与立柱松开时，可以手动操作主轴箱在摇臂的水平导轨上移动，也可推动摇臂使外立柱绕内立柱做回转移动，当移动到位，按下夹紧按钮 SB6，接触器 KM5 线圈通电，M3 反转，拖动液压泵送出压力油至夹紧油腔，使主轴箱与立柱夹紧。

4）冷却泵电机 M4 的控制

冷却泵电机 M4 容量小，仅为 0.125 kW，由组合开关 SA1 直接控制单向启动和停车。

5）照明电路与保护环节

照明灯 EL 由控制变压器 T 供给 24 V 安全电压，经开关 SA2 操作实现钻床局部照明，其他 6 V 电压的照明如主轴电机运行指示灯电路、立柱放松与夹紧指示灯电路，图 7-7 的控制电路没有绘制出。

此电路具有完善的联锁、保护环节：行程开关 SQ2 实现摇臂松开到位与开始升降的联锁，行程开关 SQ3 实现摇臂完全夹紧与液压泵电机 M3 停止旋转的联锁。时间继电器 KT 实现摇臂升降电机 M2 断开电源待惯性旋转停止后再进行摇臂夹紧的联锁。摇臂升降电机 M2 正、反转具有双重互锁。SB5 与 SB6 常闭触头接入电磁阀 YV 线圈电路实现主轴箱与立柱夹紧、松开操作时，压力油不进入摇臂夹紧油腔的联锁。熔断器 FU1 为总电路和电机 M1、M4 的短路保护。熔断器 FU2 为电机 M2、M3 及控制变压器 T 一次侧的短路保护。熔断器 FU3、FU4 为照明电路的短路保护，熔断器 FU5 为控制电路的短路保护。热继电器 FR1、FR2 为电机 M1、M3 的长期过载保护。限位开关 SQ1－1 和 SQ1－2 为摇臂上升、下降的极限位置保护。带自锁触头的启动按钮与相应接触器实现电机的欠电压、失电压保护。

2. 确定 PLC 的变量

根据摇臂钻床控制电路中涉及的按钮及行程开关等确定 PLC 的输入量，根据电路中涉及的接触器、电磁阀等控制对象确定 PLC 的输出量。PLC 变量表如图 7－10 所示，图中除了输入、输出的变量外，还增加了两个位存储器变量 M0.0 和 M0.1，作为系统启动标志位和中间状态的临时存储位，PLC 外部接线图与前文电机正反转的外部接线图类似，不再重复绘制。

Z3040摇臂钻床的PLC控制程序 ▸ PLC_1 [CPU 1215C DC/DC/DC] ▸ PLC变量 ▸ 变量表_1 [20]

变量表_1

	名称	数据类型	地址	保持	可从…	从H…	在H…
1	总启动SB0	Bool	%I0.0	☐	☑	☑	☑
2	主轴停止SB1	Bool	%I0.1	☐	☑	☑	☑
3	主轴启动SB2	Bool	%I0.2	☐	☑	☑	☑
4	摇臂上升SB3	Bool	%I0.3	☐	☑	☑	☑
5	摇臂下降SB4	Bool	%I0.4	☐	☑	☑	☑
6	主轴箱与立柱松开SB5	Bool	%I0.5	☐	☑	☑	☑
7	主轴箱与立柱夹紧SB6	Bool	%I0.6	☐	☑	☑	☑
8	总停止SB7	Bool	%I0.7	☐	☑	☑	☑
9	上升限位开关SQ1-1	Bool	%I1.0	☐	☑	☑	☑
10	下降限位开关SQ1-2	Bool	%I1.1	☐	☑	☑	☑
11	放松限位开关SQ2	Bool	%I1.2	☐	☑	☑	☑
12	夹紧限位开关SQ3	Bool	%I1.3	☐	☑	☑	☑
13	主轴电机	Bool	%Q0.0	☐	☑	☑	☑
14	摇臂上升	Bool	%Q0.1	☐	☑	☑	☑
15	摇臂下降	Bool	%Q0.2	☐	☑	☑	☑
16	放松	Bool	%Q0.3	☐	☑	☑	☑
17	夹紧	Bool	%Q0.4	☐	☑	☑	☑
18	电磁阀YV	Bool	%Q0.5	☐	☑	☑	☑
19	启动标志位	Bool	%M0.0	☐	☑	☑	☑
20	临时标志位	Bool	%M0.1	☐	☑	☑	☑

图 7－10　PLC 变量表

3. 程序设计与调试

Z3040 摇臂钻床的 PLC 程序如图 7－11 所示。按下总启动按钮 SB0，I0.0 常开触点接通，启动标志位 M0.0 线圈通电，其程序中所有的 M0.0 常开触点闭合。按下主轴启动按钮 SB2，Q0.0 线圈接通，主轴电机启动，按下主轴停止按钮 SB1，电机停止。按下摇臂上升按钮 SB3，临时标志位 M0.1 线圈接通，同时 T1 关断延时定时器也接通，Q0.5 线圈接通，电磁阀通电，接通摇臂放松和夹紧的油路，同时 Q0.3 线圈接通，KM4 线圈接通，液压泵电机正转实现摇臂的放松。放松到位后，SQ2 放松限位开关动作，I1.2 常闭触点断开，Q0.3 断开，放松停止，同时 I1.2 常开触点闭合，Q0.1 接通，摇臂上升，在上升到目标位置后，松开上升按钮 SB3，M0.1 断开，T1 定时器开始断电延时，Q0.1 断电，摇臂停止上升。断电延时时间到，T1 定时器常闭触点闭合，Q0.4 接通，KM5 通电，液压泵电机反转实现摇臂的夹紧，夹紧到位后，夹紧限位开关 SQ3 动作，I1.3 常闭触点断开，Q0.4 断开，液压泵电机停止，摇臂停止夹紧。按下摇臂下降按钮 SB4 的过程与上升情况类似。为了实现上升和下降的联锁保护，把 I0.3 和 I0.4 的常闭触点串在对应的程序线路中，把 Q0.1 和 Q0.2 的常闭触点也串在对应的程序线路中。当按下主轴箱与立柱的松开按钮 SB5，I0.5 常开触点接通，I0.5 常闭触点断开，此时 Q0.5 断电，电磁阀处于断电状态，接通电磁换向阀，接通主轴箱与立柱的放松和夹紧油路，Q0.3 接通，液压泵电机正转实现主轴箱与立柱的放松，这时可进行人工移动主轴箱和立柱，到达目的地后，按下夹紧按钮 SB6，I0.6 常开触点接通，Q0.4 接通，KM5 通电，液压泵电机反转实现主轴箱与立柱的夹紧。

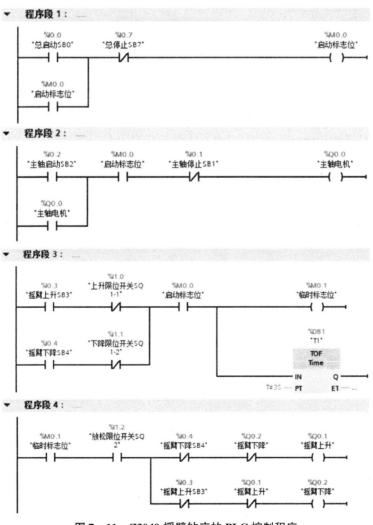

图 7-11 Z3040 摇臂钻床的 PLC 控制程序

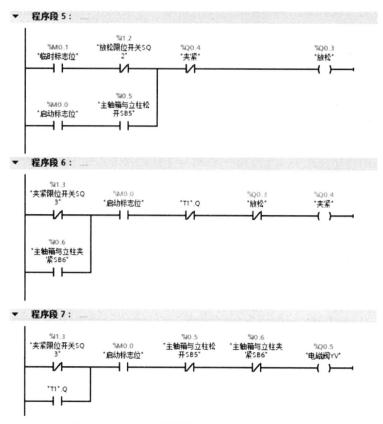

图 7-11 Z3040 摇臂钻床 PLC 控制程序（续）

打开仿真软件 S7-PLCSIM 生成 IB0、QB0 的 SIM 表。单击对应的按钮 I，观察输出 Q 的输出状态，若调试结果与原控制要求一致，则说明调试成功，完成任务。请读者自行仿真并查看运行结果。

7.3 机械手的 PLC 控制

7.3.1 任务要求

机械手工作示意图如图 7-12 所示，其任务是将传送带 A 的物品搬到传送带 B 上。机械手的原位是在传送带 B 上，开始工作时，先是手臂上升，到上限位时，上升限位开关 LS4 闭合，手臂左旋；左旋到位时，左旋限位开关 LS2 闭合，手臂下降；到下限位时，下降限位开关 LS5 闭合，传送带 A 运行。

当光电开关 PS1 检测到物品已进入手指范围时，手指抓物品。当抓紧物品时，抓紧检测开关 LS1 动作，手臂上升；到上限位时，上升限位开关 LS4 闭合，手臂右旋；右旋到位时，右旋限位开关 LS3 闭合，手臂下降，下降到下限位时，下降限位开关 LS5 闭合，手指放开，物品被放到传送带 B 上。延时 2 s 时间到，一个循环结束，再自动重复。

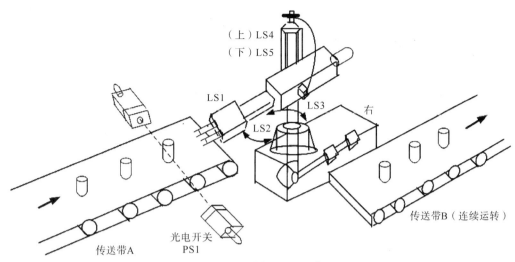

图 7-12 机械手工作示意图

启动按钮按下时开始工作，中途若按下停止按钮，机械手运行一个循环结束后才停止。

机械手的上升、下降、左旋、右旋、抓紧和放松是用二位五通双电控电磁阀完成。一个线圈通电一个状态，断电后仍保持断电前的状态，另一线圈通电换位成另一个状态，断电后仍保持断电前的状态。

7.3.2 相关知识

1. 顺序控制设计法概述

用经验法设计梯形图时，没有一套固定的方法和步骤可以遵循，具有很大的试探性和随意性。在设计复杂的梯形图时，由于要考虑的因素很多，分析起来非常困难，并且很容易遗漏一些应该考虑的问题。修改某一局部程序时，很可能会对其他程序产生意想不到的影响，因此复杂梯形图的修改会比较麻烦，可阅读性差，给 PLC 控制系统的维修和改进带来了很大的困难。

继电器控制电路转换为梯形图法需要有原来能实现控制要求的继电器控制电路，但目前除了一些机床改造型的项目会有原电路外，一般没有原来的控制电路可参考。

所谓顺序控制，就是按照生产工艺预先规定的顺序，在各个输入信号的作用下，根据内部状态和时间的顺序，在生产过程中各个执行机构自动有序地进行操作。顺序控制设计法根据功能流程图，以步为核心，从起始步开始一步一步地设计下去，直至完成。采用顺序控制设计法容易掌握，能提高设计的效率，对程序的调试、修改和阅读也很方便。

顺序功能图（Sequential Function Chart，SFC）是描述控制系统的控制过程、功能和特点的一种图形，也是设计 PLC 的顺序控制程序的有力工具。顺序功能图并不涉及所描述的控制功能的具体技术，它是一种通用的技术语言，可以用于进一步设计和技术交流。

顺序功能图是 IEC 61131-3 居首位的编程语言，有的 PLC 为用户提供了顺序功能图语言，例如 S7-300/400 的 S7 Graph 语言，在编程软件中生成顺序功能图后便完成了编程工作。S7-1200 PLC 没有配备顺序功能图语言，但可以用 SFC 来描述系统的功能，根据它来设计梯形图程序。

2. 顺序控制设计法中的步

（1）步的概念。

顺序控制设计法将系统的一个工作周期划分为若干个顺序相连的阶段，这些阶段称为步（Step），并用编程元件（例如位存储器 M）来代表各步。在任何一步之内，输出量的状态保持不变，这样使步与输出量的逻辑关系变得十分简单。

（2）步的划分。

根据输出量的状态来划分步，只要输出量的状态发生变化就在该处划出一步。

（3）步的转换。

系统不能总停在一步内工作，从当前步进入到下一步称为步的转换，这种转换的信号称为转换条件。转换条件可以是外部输入信号，也可以是 PLC 内部信号或若干个信号的逻辑组合。顺序控制设计就是用转换条件去控制代表各步的编程元件，让它们按一定的顺序变化，然后用代表各步的元件去控制 PLC 的各输出位。

3. 顺序功能图的结构

顺序功能图主要由步、有向连线、转换、转换条件和动作（或命令）组成。

（1）步。

步表示系统的某一工作状态，用矩形框表示，框中可以用数字表示该步的编号，也可以用代表该步的编程元件的地址作为步的编号（如 M0.0），这样在根据顺序功能图设计梯形图时较为方便。

（2）初始步。

初始步表示系统的初始工作状态，用双线框表示，初始状态一般是系统等待启动命令的相对静止的状态。每一个顺序功能图至少应该有一个初始步。

（3）与步对应的动作或命令。

与步对应的动作或命令在每一步内把状态为 ON 的输出位表示出来。可以将一个控制系统划分为被控系统和施控系统。对于被控系统，在某一步要完成某些"动作"；对于施控系统，在某一步要向被控系统发出某些"命令"。

为了方便，以后将命令或动作统称为动作，也用矩形框中的文字或符号表示，该矩形框与对应的步相连表示在该步内的动作，并放置在步序框的右边。在每一步之内只标出状态为 ON 的输出位，一般用输出类指令（如输出、置位、复位等）。步相当于这些指令的子母线，这些动作命令平时不被执行，只有当对应的步被激活才被执行。

如果某一步有几个动作，可以用图 7-13 中的两种画法来表示，但并不隐含这些动作之间的任何顺序。

图 7-13 步的动作

（4）有向连线。

有向连线把每一步按照它们成为活动步的先后顺序用直线连接起来。

(5) 活动步。

活动步是指系统正在执行的那一步。步处于活动状态时，相应的动作被执行，即该步内的元件为 ON 状态；处于不活动状态时，相应的非存储型动作被停止执行，即该步内的元件为 OFF 状态。有向连线的默认方向由上至下，凡与此方向不同的连线均应标注箭头来表示方向。

(6) 转换。

转换用有向连线上与有向连线垂直的短画线来表示，将相邻两步分隔开。步的活动状态的进展是由转换的实现来完成的，并与控制过程的发展相对应。

转换表示从一个状态到另一个状态的变化，即从一步到另一步的转移，用有向连线表示转移的方向。转换实现的条件：该转换所有的前级步都是活动步，且相应的转换条件得到满足。转换实现后的结果：使该转换的后续步变为活动步，前级步变为不活动步。

(7) 转换条件。

使系统由当前步进入到下一步的信号称为转换条件。转换是一种条件，当条件成立时，称为转换使能。该转换如果能够使系统的状态发生转换，则称为触发。转换条件是指系统从一个状态向另一个状态转移的必要条件。

转换条件是与转换相关的逻辑命令，转换条件可以用文字语言、布尔代数表达式或图形符号标注在表示转换的短画线旁边，使用最多的是布尔代数表达式。

在顺序功能图中，只有当某一步的前级步是活动步时，该步才有可能变成活动步。如果用没有断电保持功能的编程元件代表各步，进入 RUN 工作方式时，它们均处于 0 状态，必须在开机时将初始步预置为活动步，否则因顺序功能图中没有活动步，系统将无法工作。

绘制顺序功能图应注意以下几点：

(1) 步与步不能直接相连，要用转换隔开。

(2) 转换也不能直接相连，要用步隔开。

(3) 初始步描述的是系统等待启动命令的初始状态，通常在这一步里没有任何动作。但是初始步是不可不画的，因为如果没有该步，就无法表示系统的初始状态，系统也无法返回停止状态。

(4) 自动控制系统应能多次重复完成某一控制过程，要求系统可以循环执行某一程序，因此顺序功能图应是一个闭环，即在完成一次工艺过程的全部操作后，应从最后一步返回初始步，系统停留在初始状态（单周期操作）；在连续循环工作方式下，系统应从最后一步返回下一工作周期开始运行的第一步。

4. 顺序功能图的类型

顺序功能图主要有三种类型：单序列、选择序列、并行序列。

1) 单序列

单序列是由一系列相继激活的步组成，动作是一个接一个地完成，每一步的后面仅有一个转换，每一个转换的后面只有一个步，如图 7-14（a）所示。

2) 选择序列

选择序列是指某一步后有若干个单一序列等待选择（每个单一序列也称为一个分支），一一般只允许选择进入一个序列，不允许多路序列同时进行，到底进入哪一个序列，取决于控制流前面的转换条件哪一个为真。选择序列的转换符号只能标在水平连线之下，如图 7-14（b）所示。步 3 后有两个转换 h 和 k 所引导的两个选择序列，如果步 3 为活动步并且转换 h 使能，则步 8 被触发；如果步 3 为活动步并且转换 k 使能，则步 10 被触发。

选择序列的合并是指几个选择序列合并到一个公共序列。此时，用需要重新组合的序列相同数量的转换符号和水平连线来表示，转换符号只允许在水平连线之上。图 7-14（b）中如果步 9 为活动步并且转换 j 使能，则步 12 被触发；如果步 11 为活动步并且转换 n 使能，则步 12 也被触发。

3）并行序列

并行序列是指在某一转换条件下同时启动若干个序列，也就是说转换条件的实现导致几个序列同时激活。并行序列的开始称为分支，并行序列的开始和结束都用双水平线表示，如图 7-14（c）所示。当步 3 是活动步并且转换条件 e 为 ON 时，步 4、步 6 这两步同时变为活动步，同时步 3 变为不活动步。步 4、步 6 被同时激活后，每个序列中活动步的进展将是独立的。在表示同步的水平双线上，只允许有一个转换符号。并行序列的结束称为合并，在表示同步水平双线之下，只允许有一个转换符号。当直接连在双线上的所有前级步（步 5、步 7）都处于活动状态，并且转换状态条件 i 为 ON 时，才会发生步 5、步 7 到步 10 的进展，步 5、步 7 同时变为不活动步，而步 10 变为活动步。

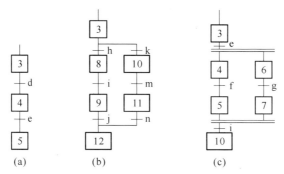

图 7-14 顺序功能图类型

7.3.3 案例分析

1. 任务要求及 I/O 分配

电动机 Y-△降压启动控制要求如下：

按下启动按钮 SB1，电机 Y 连接启动，延时 6 s 后自动转为△连接运行。按下停止按钮 SB2，电机停止，若电机过载，电机也停止。PLC 的 I/O 分配如下：

SB1 启动按钮：I0.0，SB2 停止按钮与热继电器触点串联（常闭型）：I0.1，接触器 KM1：Q0.1，星形接触器 KM2：Q0.2，三角形接触器 KM3：Q0.3。

电机 Y-△降压启动控制的主电路及 PLC 外部接线图请参考前文模块四中的相关任务。这里要注意的不同点是，PLC 外部端子接线中把停止按钮和热键电器的触点串联，它们均为常闭型触点。

2. 绘制顺序功能图

工序图是工作过程按一定步骤有序工作的图形,它是一种通用语言。该案例的工序图如图 7-15 所示。从工序图可以看出,整个工作过程依据电机工作状态分析成若干个工序,工序之间的转移需要满足特定的条件,比如按钮指令或延时时间。工序图可以转换成顺序控制功能图,如图 7-16 所示。

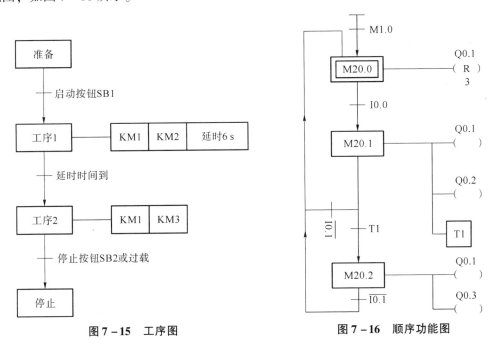

图 7-15 工序图　　　　　图 7-16 顺序功能图

根据控制系统的工艺要求画出系统的顺序功能图后,若 PLC 没有配备顺序功能图语言,则必须将顺序功能图转换成 PLC 执行的梯形图程序。将顺序功能图转换成梯形的方法主要有两种,分别是采用启保停电路的设计方法和采用置位(S)、复位(R)指令的设计方法。

(1) 启保停设计法。

启保停电路仅仅使用与触点和线圈有关的指令,任何一种 PLC 的指令系统都有这一类指令,这是一种通用的编程方法,可以用于任意型号的 PLC。

(2) 置位和复位指令设计法。

在使用 S、R 指令设计控制程序时,将各转换的所有前级步对应的常开触点与转换对应的触点或电路串联,该串联电路即启保停电路中的启动电路,用它作为使所有后续步置位(使用 S 指令)和使所有前级步复位(使用 R 指令)的条件。在任何情况下,各步的控制电路都可以用这一原则来设计,每一个转换又对应一个这样的控制置位和复位的电路块,有多少个转换就有多少个这样的电路块。这种设计方法特别有规律可循,梯形图与转换实现的基本规则之间有对应关系,在设计复杂的顺序功能图的梯形图时,既容易掌握,又不容易出错。

3. 程序设计

在博途软件里新建立一个项目,并添加设备 PLC 后,单击项目树中的"设备和网络",

双击 PLC，弹出 PLC 的“属性”窗口，在“常规”下的“系统和时钟存储器”中把“启用系统存储字节”打上“√”，地址采用默认的存储器地址 MB1，如图 7-17 所示。

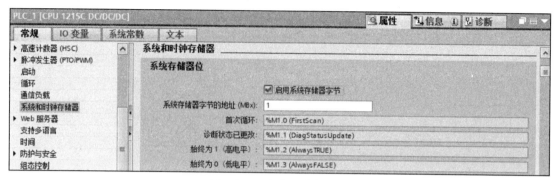

图 7-17 启用系统存储器

根据该案例的 I/O 分配与顺序功能图，PLC 变量表如图 7-18 所示。变量表中的 M1.0 是首次扫描为高电平，步 0、步 1、步 2 的地址分别为 M20.0、M20.1、M20.2。

星三角降压启动（顺序控制） ▸ PLC_1 [CPU 1215C DC/DC/DC] ▸ PLC 变量 ▸ 默认变量表 [42]

默认变量表

	名称	数据类型	地址	保持	可从...	从 H...	在 H...
1	System_Byte	Byte	%MB1	☐	☑	☑	☑
2	FirstScan	Bool	%M1.0	☐	☑	☑	☑
3	DiagStatusUpdate	Bool	%M1.1	☐	☑	☑	☑
4	AlwaysTRUE	Bool	%M1.2	☐	☑	☑	☑
5	AlwaysFALSE	Bool	%M1.3	☐	☑	☑	☑
6	启动	Bool	%I0.0	☐	☑	☑	☑
7	停止与过载	Bool	%I0.1	☐	☑	☑	☑
8	接触器KM1	Bool	%Q0.1	☐	☑	☑	☑
9	星形接触器KM2	Bool	%Q0.2	☐	☑	☑	☑
10	三角形接触器KM3	Bool	%Q0.3	☐	☑	☑	☑
11	步0	Bool	%M20.0	☐	☑	☑	☑
12	步1	Bool	%M20.1	☐	☑	☑	☑
13	步2	Bool	%M20.2	☐	☑	☑	☑

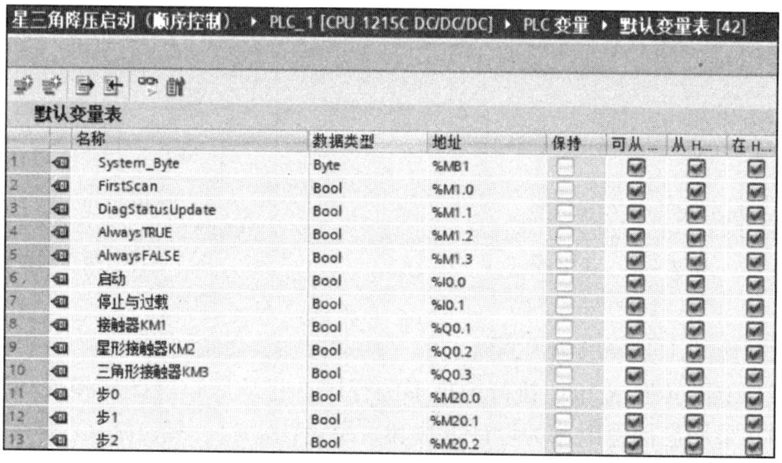

图 7-18 PLC 变量表

针对该案例，设计了以上两种方法的程序。其中，启保停设计法的程序如图 7-19 所示。程序段 1：上电首次扫描后，激活初始步，M20.0 接通并自锁，并复位 Q0.1、Q0.2、Q0.3。程序段 2：在步 0 激活状态下，按下启动按钮 I0.0，激活步 1，M20.1 的常闭触点断开步 0，使步 0 变为不活动步，同时定时器 T1 开始计时。程序段 3：T1 定时器计时时间到后，激活步 2，步 1 变为不活动步。程序段 4：步 1 状态激活时，Q0.1、Q0.2 接通，电机星形启动，步 2 状态激活时，Q0.1、Q0.3 接通，电机三角形运行。PLC 外部端子 I0.1 接的是常闭型停止按钮与热继电器常闭触点串联，若按下停止按钮或电机过载时，I0.1 的常开触点断开，断开步 1、步 2，I0.1 的常闭触点闭合，接通步 0 并复位 Q0.1、Q0.2、Q0.3。

用置位复位指令设计法设计的星-三角降压启动顺序控制程序如图 7-20 所示。用置位复位指令编制的 PLC 程序更加简洁清晰，请读者自行分析程序的工作原理。

程序段 1：

```
%M1.0        %M20.1                                    %M20.0
"FirstScan"   "步1"                                    "步0"
---| |--------|/|----+------------------------------( )

%M20.0             |                                  %Q0.1
"步0"              |                                 "接触器KM1"
---| |-------------+------------------------------( RESET_BF )
                   |                                    3
%I0.1              |                                  %M20.1
"停止与过载"        |                                  "步1"
---|/|-------------+                              ( RESET_BF )
                                                        2
```

程序段 2：

```
%M20.0   %I0.0    %M20.2   %I0.1         %M20.1
"步0"    "启动"   "步2"    "停止与过载"   "步1"
---| |----| |-----|/|-------| |--------------( )

%M20.1                                              %DB1
"步1"                                               "T1"
---| |---+                                          TON
                                                    Time
                                              ---IN      Q---
                                           T#6S---PT     ET---
```

程序段 3：

```
%M20.1   "T1".Q   %M20.0   %I0.1         %M20.2
"步1"             "步0"    "停止与过载"   "步2"
---| |----| |-----|/|-------| |--------------( )

%M20.2
"步2"
---| |---+
```

程序段 4：

```
%M20.1                                              %Q0.1
"步1"                                              "接触器KM1"
---| |---+-------------------------------------------( )
         |
%M20.2   |
"步2"    |
---| |---+

%M20.1                                              %Q0.2
"步1"                                              "星形接触器KM2"
---| |-----------------------------------------------( )

%M20.2                                              %Q0.3
"步2"                                              "三角形接触器KM3"
---| |-----------------------------------------------( )
```

图 7-19 Y-△降压启动控制程序（一）

▼ 程序段 1：

```
     %M1.0                                              %M20.0
    "FirstScan"                                          "步0"
      ─┤├──────────┬─────────────────────────────────────( S )

     %I0.1                                               %Q0.1
   "停止与过载"                                         "接触器KM1"
      ─┤/├─────────┤                             ─────(RESET_BF)─
                   │                                      3
                   │
                   │                                    %M20.1
                   │                                     "步1"
                   └─────────────────────────────────(RESET_BF)─
                                                          2
```

▼ 程序段 2：

```
    %M20.0      %I0.0                                   %M20.1
     "步0"      "启动"                                   "步1"
     ─┤├────────┤├────────┬─────────────────────────────( S )

                          │                             %M20.0
                          │                              "步0"
                          └─────────────────────────────( R )
```

▼ 程序段 3：

```
                          %DB1
                          "T1"
    %M20.1              ┌────────┐
     "步1"              │  TON   │
     ─┤├────────────────┤  Time  │
                        │        │
                     ───┤IN     Q├───
                 T#6S ──┤PT    ET├── ...
                        └────────┘
```

▼ 程序段 4：

```
    %M20.1      "T1".Q                                  %M20.2
     "步1"                                               "步2"
     ─┤├────────┤├────────┬─────────────────────────────( S )

                          │                             %M20.1
                          │                              "步1"
                          └─────────────────────────────( R )
```

▼ 程序段 5：

```
    %M20.1                                              %Q0.1
     "步1"                                            "接触器KM1"
     ─┤├─────────┬───────────────────────────────────────( )
                 │
    %M20.2       │
     "步2"       │
     ─┤├─────────┘

    %M20.1                                              %Q0.2
     "步1"                                          "星形接触器KM2"
     ─┤├───────────────────────────────────────────────( )

    %M20.2                                              %Q0.3
     "步2"                                         "三角形接触器KM3"
     ─┤├───────────────────────────────────────────────( )
```

图 7-20　Y-△降压启动控制程序（二）

4. 仿真与调试

打开仿真软件 S7 – PLCSIM，下载所有的块。打开 SIM 表格_1，生成 I0.0、I0.1、Q0.1、Q0.2、Q0.3、MB20 的 SIM 表条目。仿真开始后，M20.0 马上变为 1 状态，表示首次扫描激活步 0，单击程序编辑界面中工具栏上的 按钮，启动监视功能。把 I0.1 打上"√"，模拟常闭型的热继电器触点和停止按钮的闭合状态，双击 I0.0 的方框，模拟按下启动按钮，Q0.1、Q0.2 接通，M20.1 接通，表示步 1 为活动状态，这时电机星形启动，仿真 SIM 表格如图 7 – 21 所示。6 s 后，Q0.1、Q0.3 接通，M20.2 接通，表示步 2 为活动状态，这时电机三角形运行。任意时刻按下停止按钮或电机过载，I0.1 的方框去掉"√"，输出 Q 断开，电机停止。

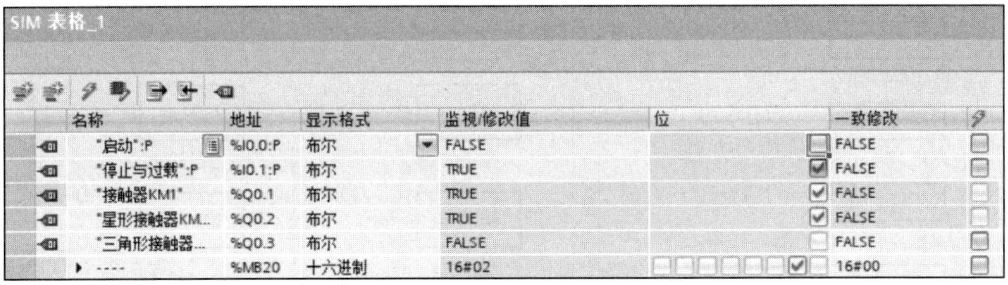

图 7 – 21　仿真 SIM 表格

7.3.4　任务实施

1. 确定 I/O 分配

根据控制要求，确定机械手控制的 I/O 分配表，如表 7 – 1 所示。

表 7 – 1　I/O 分配表

编程地址	功能	编程地址	功能
I0.0	启动按钮 SB1	Q0.0	传送带 A 驱动接触器 KM
I0.1	停止按钮（常开）SB2	Q0.1	手臂左旋电磁阀 YV1
I0.2	手指抓紧检测开关 LS1	Q0.2	手臂右旋电磁阀 YV2
I0.3	手臂左旋限位开关 LS2	Q0.3	手臂上升电磁阀 YV3
I0.4	手臂右旋限位开关 LS3	Q0.4	手臂下降电磁阀 YV4
I0.5	手臂上升限位开关 LS4	Q0.5	手臂抓紧电磁阀 YV5
I0.6	手臂下降限位开关 LS5	Q0.6	手臂放松电磁阀 YV6
I0.7	物品检测光电开关 PS1		

2. 绘制顺序控制功能图

根据机械手的工作过程、I/O 分配表，画出在中途没按下停止按钮的情况下该机械手的控制流程图，如图 7 – 22 所示。根据任务要求以及控制流程图，可绘制出顺序功能图，如图 7 – 23 所示。

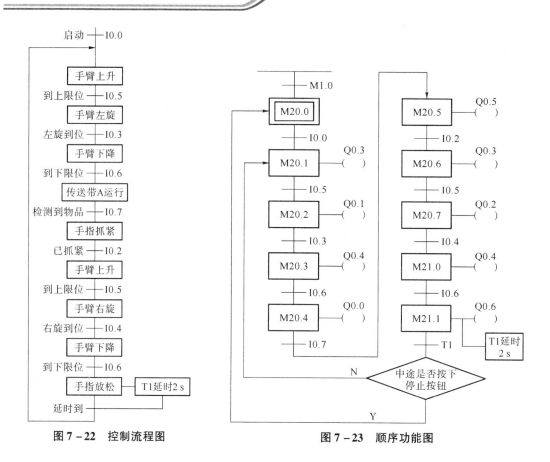

图7-22　控制流程图

图7-23　顺序功能图

3. 确定PLC的变量

根据PLC的I/O分配以及机械手控制的顺序功能图，确定PLC的变量表，如图7-24所示，其中输入输出变量表放在自建的变量表_1中，其余的变量放在默认变量表中。

机械手的PLC控制 ▸ PLC_1 [CPU 1215C DC/DC/DC] ▸ PLC变量

变量表_1

	名称	数据类型	地址
1	启动	Bool	%I0.0
2	停止	Bool	%I0.1
3	抓紧检测	Bool	%I0.2
4	左旋限位	Bool	%I0.3
5	右旋限位	Bool	%I0.4
6	上升限位	Bool	%I0.5
7	下降限位	Bool	%I0.6
8	物品检测	Bool	%I0.7
9	传送带	Bool	%Q0.0
10	手臂左旋	Bool	%Q0.1
11	手臂右旋	Bool	%Q0.2
12	手臂上升	Bool	%Q0.3
13	手臂下降	Bool	%Q0.4
14	手臂抓紧	Bool	%Q0.5
15	手臂放松	Bool	%Q0.6

（a）

机械手的PLC控制 ▸ PLC_1 [CPU 1215C DC/DC/DC] ▸ PLC变量

默认变量表

	名称	数据类型	地址
1	System_Byte	Byte	%MB1
2	FirstScan	Bool	%M1.0
3	DiagStatusUpdate	Bool	%M1.1
4	AlwaysTRUE	Bool	%M1.2
5	AlwaysFALSE	Bool	%M1.3
6	Tag_1	Word	%MW20
7	初始步	Bool	%M20.0
8	启停标志位	Bool	%M10.0
9	步1	Bool	%M20.1
10	步2	Bool	%M20.2
11	步3	Bool	%M20.3
12	步4	Bool	%M20.4
13	步5	Bool	%M20.5
14	步6	Bool	%M20.6
15	步7	Bool	%M20.7
16	步8	Bool	%M21.0
17	步9	Bool	%M21.1

（b）

图7-24　PLC变量表

4. 程序设计

根据 PLC 的变量表与顺序功能图，机械手控制的 PLC 程序如图 7-25 所示，这里的程序采用置位复位指令设计法。程序分析如下：程序运行后，M1.0 接通一个扫描周期，使得 M0.0 置位，激活初始步，按下启动按钮，I0.0 常开触点接通，启停标志位 M10.0 接通，位存储器 M20.1 接通，接通步 1，复位初始步，Q0.3 接通，手臂上升电磁阀 YV3 通电，手臂开始上升。碰到手臂上升限位开关 LS4 后，I0.5 接通，激活步 2，Q0.1 接通，手臂左旋电磁阀 YV1 通电，手臂开始左旋。碰到手臂左旋限位开关 LS2，I0.3 接通，激活步 3，Q0.4 接通，手臂下降电磁阀 YV4 通电，手臂开始下降。碰到下降限位开关 LS5 后，I0.6 接通，激活步 4，Q0.0 接通，传送带 A 运行，物品检测光电开关检测到有物体来的时候，检测开关动作 LS5 工作，I0.7 接通，激活步 5，Q0.5 接通，手臂抓紧电磁阀 YV5 动作，开始抓物品。抓紧后，手指抓紧检测开关 LS1 动作，I0.2 常开触点接通，激活步 6，Q0.3 接通，手臂上升电磁阀 YV3 通电，上升到极限位置时，手臂上升限位开关 LS4 动作，I0.5 接通，激活步 7，Q0.2 接通，手臂右旋电磁阀 YV2 通电，手臂开始右旋。右旋到极限位置时，手臂右旋限位开关 LS3 动作，I0.4 接通，激活步 8，Q0.4 接通，手臂下降电磁阀 YV4 通电，手臂开始下降。下降到极限位置时，手臂下降限位开关 LS5 动作，I0.6 接通，激活步 9，Q0.6 接通，手臂放松电磁阀 YV6 通电，手臂开始放松，定时器 T37 开始延时，2 s 延时时间到，如果在机械手之前的运行中按下停止按钮 SB2，启停标志位 M10.0 断开，激活步 0，回到准备状态，直到按下启动按钮，机械手才重新进行新一轮的动作。如果没有按下停止按钮，激活步 1，机械手继续执行新一轮的动作。需要说明的是，在激活下一个步的同时要复位当前的步，有些步需要接通同一个输出 Q，所有步对应的输出 Q 在程序段 14 中。

本任务用到的电磁阀都是双电控电磁阀。若是把其中的抓紧、放松状态改为单电控电磁阀控制，电磁阀接通时为抓紧，断电时为放松，那么它们只需要一个输出点 Q 控制，程序也要稍做修改。左旋与右旋、上升与下降的动作也可以采用单电控电磁阀来实现。该机械手的 PLC 控制程序也可以用启保停设计法，还可以用移位指令来实现。

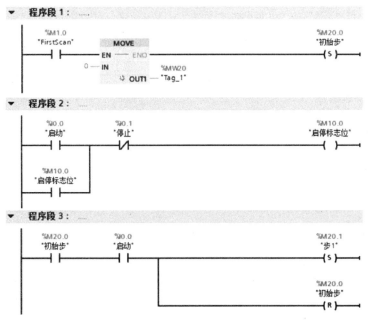

图 7-25 机械手控制的 PLC 程序

程序段 4：

```
  %M20.1      %I0.5              %M20.2
   "步1"      "上升限位"            "步2"
   ─┤├────────┤├─────────────────( S )─

                                  %M20.1
                                   "步1"
                                  ─( R )─
```

程序段 5：

```
  %M20.2      %I0.3              %M20.3
   "步2"      "左旋限位"            "步3"
   ─┤├────────┤├─────────────────( S )─

                                  %M20.2
                                   "步2"
                                  ─( R )─
```

程序段 6：

```
  %M20.3      %I0.6              %M20.4
   "步3"      "下降限位"            "步4"
   ─┤├────────┤├─────────────────( S )─

                                  %M20.3
                                   "步3"
                                  ─( R )─
```

程序段 7：

```
  %M20.4      %I0.7              %M20.5
   "步4"      "物品检测"            "步5"
   ─┤├────────┤├─────────────────( S )─

                                  %M20.4
                                   "步4"
                                  ─( R )─
```

程序段 8：

```
  %M20.5      %I0.2              %M20.6
   "步5"      "抓紧检测"            "步6"
   ─┤├────────┤├─────────────────( S )─

                                  %M20.5
                                   "步5"
                                  ─( R )─
```

程序段 9：

```
  %M20.6      %I0.5              %M20.7
   "步6"      "上升限位"            "步7"
   ─┤├────────┤├─────────────────( S )─

                                  %M20.6
                                   "步6"
                                  ─( R )─
```

程序段 10：

```
  %M20.7      %I0.4              %M21.0
   "步7"      "右旋限位"            "步8"
   ─┤├────────┤├─────────────────( S )─

                                  %M20.7
                                   "步7"
                                  ─( R )─
```

图 7–25 机械手控制的 PLC 程序（续）

程序段 11：

```
%M21.0      %I0.6                                    %M21.1
"步8"      "下降限位"                                  "步9"
──┤├────────┤├──────────────────────────────────────(S)──

                                                     %M21.0
                                                     "步8"
                                                     ──(R)──
```

程序段 12：

```
              %DB1
              "T1"
%M21.1        TON
"步9"         Time
──┤├─────── IN    Q ─────────────
        T#2S ─PT  ET ─...
```

程序段 13：

```
"T1".Q      %M10.0                                   %M20.1
            "启停标志位"                              "步1"
──┤├────────┤├──────────────────────────────────────(S)──

            %M10.0                                   %M20.0
            "启停标志位"                             "初始步"
            ──┤/├────────────────────────────────────(S)──

                                                     %M21.1
                                                     "步9"
                                                     ──(R)──
```

程序段 14：

```
%M20.1                                               %Q0.3
"步1"                                               "手臂上升"
──┤├────────────────────────────────────────────────( )──
   │
%M20.6
"步6"
──┤├──

%M20.2                                               %Q0.1
"步2"                                               "手臂左旋"
──┤├────────────────────────────────────────────────( )──

%M20.3                                               %Q0.4
"步3"                                               "手臂下降"
──┤├────────────────────────────────────────────────( )──
   │
%M21.0
"步8"
──┤├──

%M20.4                                               %Q0.0
"步4"                                               "传送带"
──┤├────────────────────────────────────────────────( )──

%M20.5                                               %Q0.5
"步5"                                               "手臂抓紧"
──┤├────────────────────────────────────────────────( )──

%M20.7                                               %Q0.2
"步7"                                               "手臂右旋"
──┤├────────────────────────────────────────────────( )──

%M21.1                                               %Q0.6
"步9"                                               "手臂放松"
──┤├────────────────────────────────────────────────( )──
```

图 7-25 机械手控制的 PLC 程序（续）

5. 仿真与调试

打开仿真软件 S7 – PLCSIM，下载所有的块。打开 SIM 表格_1，生成 IB0、QB0、MB20、MB21 的 SIM 表条目。仿真开始后，M20.0 马上变为 1 状态，表示首次扫描激活初始步，单击程序编辑界面中工具栏上的 按钮，启动监视功能。仿真时，双击 I0.0 的方框，模拟按下启动按钮，Q0.3 接通，M20.1 接通，表示步 1 为活动状态，仿真结果如图 7 – 26 所示。按照顺序功能图 7 – 23 的动作流程去按下对应的按钮，观察输出 Q 的状态是否与控制要求一致，若不一致，就需要查看监控状态下的程序，查找原因。若与控制要求一致，则说明调试成功。

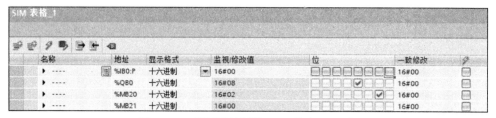

图 7 – 26 机械手控制的 PLC 仿真 SIM 表

7.4 多种工作方式的机械手控制

7.4.1 任务要求

设计一个多种工作方式的机械手控制系统，机械手转运工件示意图和转运工作过程如图 7 – 27、图 7 – 28 所示。

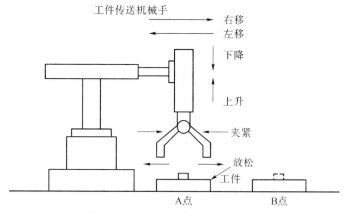

图 7 – 27 机械手转运工件示意图

机械手工作要求如下：
（1）初始状态。
机械手在原点位置，压左限位 SQ4 = 1，压上限位 SQ2 = 1，即机械手在最上面和最左边，机械手松开。

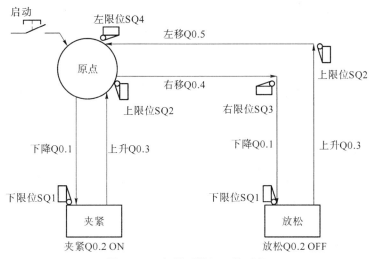

图 7-28 机械手转运工作过程

（2）运行状态。

在自动状态下，按下启动按钮，机械手按照下降→夹紧（延时 2 s）→上升→右移→下降→松开（延时 2 s）→上升→左移的顺序依次从左向右转送工件。下降/上升、左移/右移、夹紧/松开使用电磁阀控制。若连续/单周期开关闭合，则连续循环工作，若连续/单周期开关断开，则单周期工作。

合上手动开关，机械手处于手动状态，每按下一个功能键，机械手就执行相应的功能。

按下回原点按钮，机械手自动回到原点停止，原点指示灯亮。在手动状态要切换到自动状态时，需要先断开手动开关，并按回原点按钮让机械手回到原点后才可以。

（3）停止操作。

按下停止按钮，机械手完成当前工作过程，停在原点位置。

机械手的上升、下移、左移、右移是用双线圈二位电磁阀推动气缸完成，每个线圈完成一个动作。抓紧/放松由单线圈二位电磁阀推动气缸完成，线圈通电时执行抓紧动作，线圈断电时执行放松动作。

该机械手工作方式有手动、连续、单周期、回原点四种工作方式，其中连续和单周期属于自动状态下的两种工作模式，要有必要的电气联锁和保护，自动循环时应按上述顺序动作。

7.4.2 任务实施

1. 确定 PLC 变量

根据任务要求，分析机械手的工作过程，确定该任务的 PLC 变量分配表，如图 7-29 所示。在 PLC 变量表中，连续/单周期、手动开关、自动开关的输入量元件为开关，上限、下限、左限、右限的输入量为限位开关，其他为按钮，原点的输出量元件为指示灯，其他都为电磁阀。除设置必要的输入输出变量外，还给每个步分配了地址，分别为 M20.0 ~ M20.7、M21.0，还有一个停止标志位 M10.0，作为在自动控制模式下，按下停止按钮后的状态保存。

图 7-29 PLC 变量表

名称	数据类型	地址
启动按钮	Bool	%I0.0
停止按钮	Bool	%I0.1
自动开关	Bool	%I0.2
手动开关	Bool	%I0.3
连续单周期	Bool	%I0.4
上限	Bool	%I0.5
下限	Bool	%I0.6
左限	Bool	%I0.7
右限	Bool	%I1.0
手动上升	Bool	%I1.1
手动夹紧	Bool	%I1.2
手动左移	Bool	%I1.3
回原点按钮	Bool	%I1.4
手动下降	Bool	%I1.5
手动松开	Bool	%I2.0
手动右移	Bool	%I2.1
原点指示灯	Bool	%Q0.0
下降	Bool	%Q0.1
夹紧与松开	Bool	%Q0.2
上升	Bool	%Q0.3
右移	Bool	%Q0.4
左移	Bool	%Q0.5
初始步	Bool	%M20.0
步1	Bool	%M20.1
步2	Bool	%M20.2
步3	Bool	%M20.3
步4	Bool	%M20.4
步5	Bool	%M20.5
步6	Bool	%M20.6
步7	Bool	%M20.7
步8	Bool	%M21.0
停止标志位	Bool	%M10.0

图 7-29 PLC 变量表

2. 程序设计

根据控制要求，按照工作方式将控制程序分为三部分，其中，第一部分为自动程序，包括连续和单周期两种控制方式，在主程序里完成；第二部分为手动程序，采用函数进行控制；第三部分为自动回原点程序，采用函数进行控制。图 7-30 所示为多种工作方式机械手的主程序，图 7-31 所示为多种工作方式机械手的手动控制程序，图 7-32 所示为多种工作方式机械手的回原点控制程序。在主程序中，程序段1：初次扫描，把所有的输出和步都复位清零；程序段2：合上手动开关，程序调用 FC1 函数，执行手动程序；程序段3：手动工作模式下，跳过自动控制程序段；程序段4：按下回原点按钮，程序调用 FC2 函数，执行回原点程序；程序段5：回原点工作方式下，跳过自动控制程序段；程序段6~17：自动模式下的各个状态的顺序控制，具体的编程方式和上个任务类似；程序段18：自动状态下，若为单周期控制模式或途中有按下停止按钮，则程序置位初始步，重新等待启动按钮按下才可以进行下一步的工作，若为连续控制模式，则程序置位步1，自动进行新一轮的工作；程序段 19~20：步1、步5 接通时，Q0.1 接通，机械手下降，步3、步7 接通时，Q0.3 接通，机械手上升，其他的输出 Q，都只对应一个步，直接编制在相对应的步里，也可以像上个机械手的任务一样，统一放在各个步的顺序控制结束后；程序段21：机械手回到原点时，原点指示灯 Q0.0 亮；程序段22：在自动状态运行过程中，若中途有按下停止按钮，把这个按过停止按钮的状态存储在 M10.0 中；程序23：跳转指令执行后，跳转的位置 a1，程序结束。图 7-31 的手动控制程序和图 7-32 的回原点控制程序，控制过程比较简单，请读者自行分析。

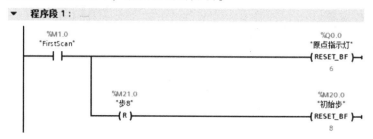

图 7-30 多种工作方式机械手的主程序

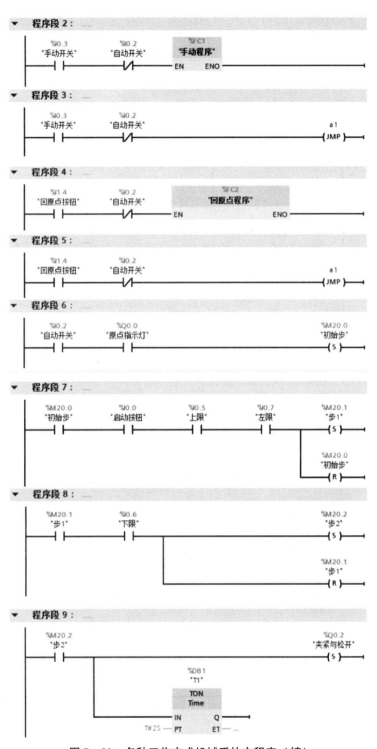

图7-30 多种工作方式机械手的主程序（续）

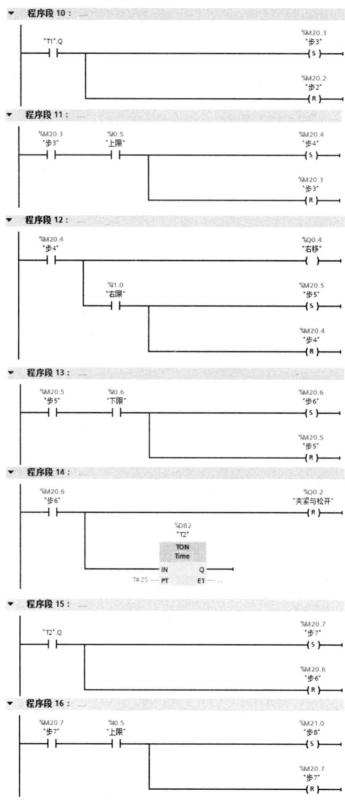

图 7-30 多种工作方式机械手的主程序（续）

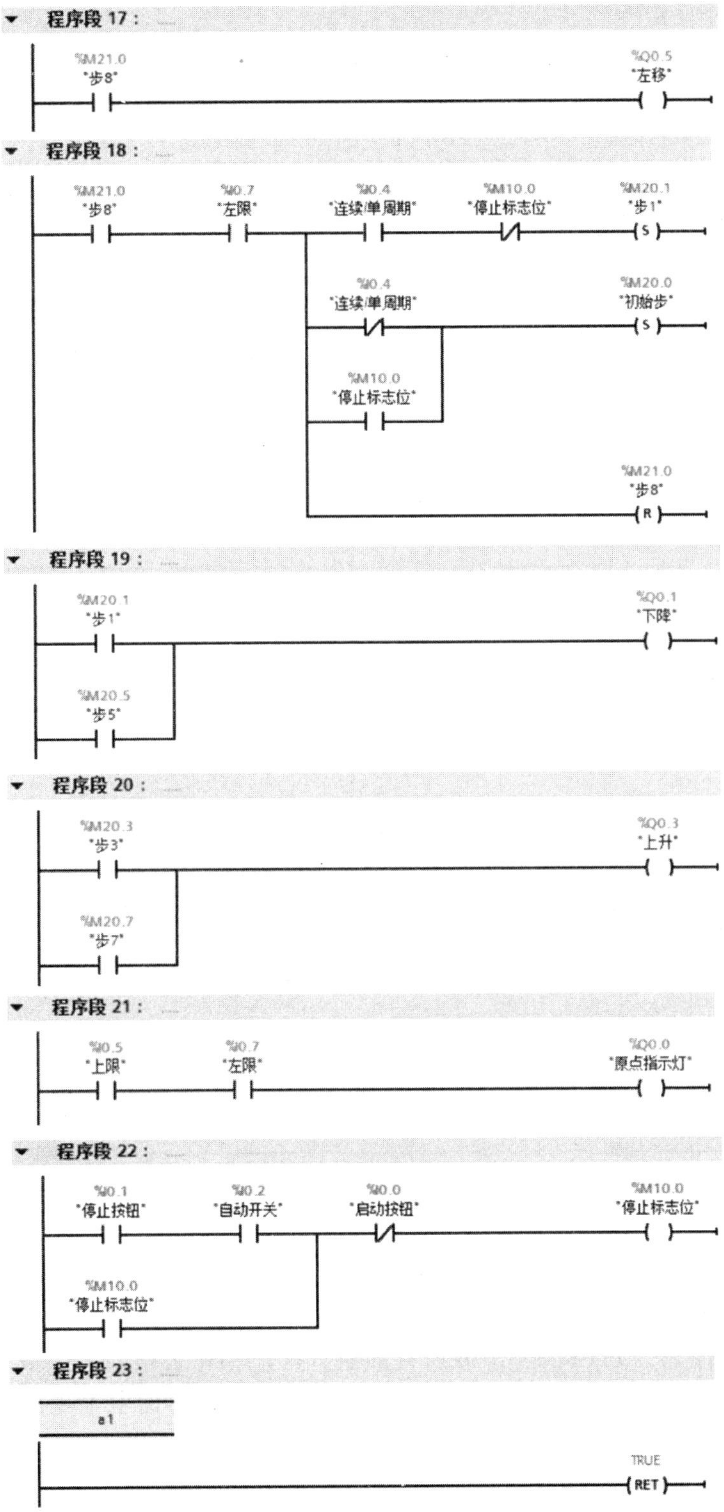

图 7-30 多种工作方式机械手的主程序（续）

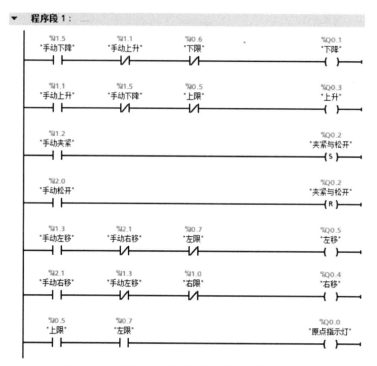

图7-31 多种工作方式机械手的手动控制程序

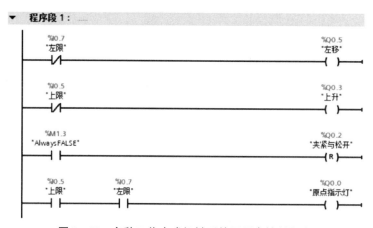

图7-32 多种工作方式机械手的回原点控制程序

3. 仿真与调试

打开仿真软件S7-PLCSIM，下载所有的块。打开SIM表格_1，生成IB0、IB1、IB2、QB0、MB20、M21.0、M10.0的SIM表条目。单击程序编辑界面中工具栏上的⬛按钮，启动监视功能。仿真时，单击I0.4按钮，Q0.3、Q0.5接通，表示程序调用回原点函数，机械手执行左移和上升的动作，仿真结果如图7-33所示。当按下I0.5、I0.7，模拟机械手已到达原点位置，Q0.0原点指示灯亮。合上手动开关I0.3，程序调用手动控制函数，按下手动上升按钮，机械手手动上升，按下手动左移按钮，机械手手动左移，其他的手动动作类似。

断开手动开关 I0.3，合上自动开关 I0.2，按照机械手的动作顺序去按下对应的输入 I，模拟限位开关的动作，观察输出 Q 的状态是否与控制要求一致，若不一致，就需要查看监控状态下的程序，查找原因。若与控制要求一致，说明调试成功。

图 7-33　PLC 的 SIM 表格

7.5　拓展知识

7.5.1　选择序列的编程方法

选择序列中的转换的前级步和后续步都只有一个，需要复位、置位的存储器也只有一个，选择序列的分支与合并的编程方法实际上与单序列的编程方法相同。

7.5.2　并行序列的编程方法

在并行序列的分支中，只要转换条件成立，所有的后续步都同时成为活动步，同时前级步变为非活动步，所以需要将代表前级步的存储器位和转换条件的常开触点串联作为控制电路，在输出中将所有后续步置位，前级步复位。在并行序列的合并中，因为只有所有前级步是活动步且转换条件成立时，后续步才变为活动步，同时所有前级步变为非活动步，所以需要将所有代表前级步的存储器位和转换条件的常开触点串联作为控制电路，在输出中将后续步置位，所有前级步复位。

7.5.3　复杂顺序控制程序的调试方法

调试复杂的顺序功能图对应的程序时，应考虑各种可能的情况，对系统的各种工作方式、顺序功能图中的每个支路、各种可能的进展路线，都应逐一检查，发现问题要及时修改程序，直到每个步的状态及输出都符合顺序功能图的规定。

练习

1. 电镀生产线的 PLC 控制

电镀生产线采用专用行车，行车架装有可升降的吊钩，行车和吊钩各有一台电机拖动。电镀生产线示意图如图 7-34 所示。行车进、退和吊钩升、降由限位开关控制，生产线定为

3槽位。工作流程如下：

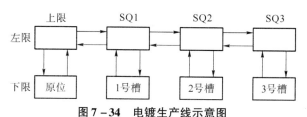

图7-34 电镀生产线示意图

（1）原位，表示设备处于初始状态，吊钩在下限位，行车在左限位。

（2）自动工作过程为：启动→吊钩上升→上限位开关闭合→右行至1号槽→SQ1闭合→吊钩下降进入1号槽内→下限行程开关闭合→电镀延时→吊钩上升……由3号槽内吊钩上升，左行至左限位，吊钩下降至下限位（即原位）。

（3）当吊钩回到原位后，延时一段时间（装卸工件），自动上升右行，按照工作流程要求不停地循环。当回到原位后，按下停止按钮系统不再循环。

2. 运料小车的PLC控制

运料小车控制示意图如图7-35所示。当小车处于后端时，按下启动按钮，小车向前运行，行至前端压下前限位开关，翻斗门打开装货，7 s后，关闭翻斗门，小车向后运行，行至后端，压下后限位开关，打开小车底门卸货，5 s后底门关闭，完成一次动作。要求控制运料小车的运行，并具有以下几种运行方式。

（1）手动操作：用各自的控制按钮，一一对应地接通或断开各负载的工作方式。

（2）单周期操作：按下启动按钮，小车往复运行一次后，停在后端等待下次启动。

（3）连续操作：按下启动按钮，小车自动连续往复运动。

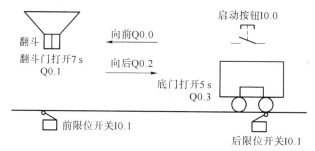

图7-35 运料小车控制示意图

3. 液体搅拌机的PLC控制

液体搅拌机的示意图如图7-36所示，其主要由以下部分组成：

（1）YV1，A液体注入液体搅拌机的控制阀门。

（2）YV2，B液体注入液体搅拌机的控制阀门。

（3）YV3，液体搅拌机送出混合好的液体的控制阀门。

（4）ST1，高液位传感器。

（5）ST2，中液位传感器。

（6）ST3，低液位传感器。

（7）搅拌电机。

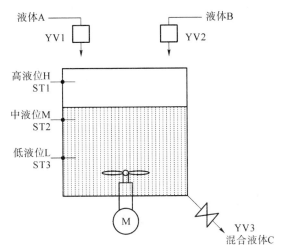

图 7-36 液体搅拌机的示意图

4. 液体搅拌机的详细工作过程

(1) 按下启动按钮,液体搅拌机上电开始工作。
(2) 控制 A 液体注液电磁阀,注入 A 液体到中液位。
(3) 控制 B 液体注液电磁阀,注入 B 液体到高液位。
(4) 保持所有开关不动作,停止 2 s。
(5) 控制搅拌电机,将两液体搅拌 60 s。
(6) 控制混合液体排液电磁阀,将搅拌后的混合液体排除,直到低液位。
(7) 延时 8 s 后,搅拌机中的液体放完,关闭排液电磁阀。
(8) 若没按下停止按钮,搅拌机重复执行 (2) ~ (7),若按下停止按钮,搅拌机停止工作。

模块 8 S7-1200通信的编程与调试

8.1 两台电机的异地启停控制

8.1.1 任务要求

按下本地启动按钮SB1，本地1号电机启动，远程2号电机也启动。按下本地停止按钮SB2，本地1号电机停止，远程2号电机也停止。按下远程启动按钮SB3，远程2号电机启动，本地1号电机也启动，按下远程停止按钮SB4，远程2号电机停止，本地1号电机也停止。

8.1.2 相关知识

1. 通信基础知识

1）通信的概念及方式

通信是指一地与另一地之间的信息传递。PLC通信是指PLC与计算机、PLC与PLC、PLC与人机界面（触摸屏）、PLC与变频器、PLC与其他智能设备之间的数据传递。

通信按不同的方式分为有线通信和无线通信，并行通信与串行通信。

有线通信是以金黉、导线、电缆、光缆、纳米材料等看得见的材料为传输介质的通信。无线通信是指以看不见的材料（如电磁波）为传输介质的通信，常见的无线通信有微波通信、短波通信、移动通信和卫星通信等。

并行通信是指数据的各个位同时进行传输的通信方式，其特点是数据传输速度快，由于它需要的传输线多，故成本高，只适合近距离的数据通信。PLC主机与扩展模块之间通常采用并行通信。串行通信是指数据一位一位地传输的通信方式，其特点是数据传输速度慢，但由于只需要一条传输线，故成本低，适合远距离的数据通信。PLC与计算机、PLC与PLC，

PLC 与人机界面、PLC 与变频器之间通信采用串行通信。

串行通信又可分为异步通信和同步通信。PLC 与其他设备通信主要采用串行异步通信方式。在异步通信中，数据是一帧一帧地传送，一帧数据传送完成后，可以传送下一帧数据，也可以等待。串行通信时，数据是以帧为单位传送的，帧数据有一定的格式，它是由起始位、数据位、奇偶校验位和停止位组成的。

在串行通信中，根据数据的传输方向不同，可分为三种通信方式：单工通信、半双工通信和全双工通信。单工通信：数据只能往一个方向传送的通信，即只能由发送端传输给接收端。半双工通信：数据可以双向传送，但在同一时间内，只能往一个方向传送，只有一个方向的数据传送完成后，才能往另一个方向传送数据。全双工通信：数据可以双向传送，通信的双方都有发送器和接收器，由于有两条数据线，所以双方在发送数据的同时可以接收数据。

有线通信采用的传输介质主要有双绞线、同轴电缆和光缆。具体每种材料的结构与特点请参考相关文献。

2）S7-1200 的通信类型

S7-1200 CPU 本体上集成了一个 PROFINET 通信接口，支持以太网和基于 TCP/IP 的通信标准。使用这个通信口可以实现 S7-1200 CPU 与编程设备的通信，与 HMI 触摸屏的通信，以及与其他 CPU 之间的通信。这个 PROFINET 物理接口支持 10M/100M 的 RJ45 口，支持电缆交叉自适应，一个标准的或交叉的以太网线都可以用于这个接口。

S7-1200 CPU 的 PROFINET 通信口支持以下通信协议及服务：TCP（传输控制协议）、ISO on TCP、UDP（用户数据报协议）、Profinet I/O、S7 通信、HMI 通信、Web 通信。S7-1200 CPU 的 PROFIENT 接口有两种网络连接方法：直接连接和网络连接。直接连接：当一个 S7-1200 CPU 与一个编程设备，或一个 HMI，或一个 PLC 通信时，也就是说只有两个通信设备时，实现的是直接通信。直接连接不需要使用交换机，用网线直接连接两个设备即可。网线有 8 芯和 4 芯的两种双绞线，双绞线的电缆连接方式也有两种，即正线（标准 568 B）和反线（标准 568A），其中正线也称为直通线，反线也称为交叉线。正线接线从下至上线的线序是：白橙、橙、白绿、蓝、白蓝、绿、白棕、棕。反线接线的一端为正线的线序，另一端为从下至上线的线序是：白绿、绿、白橙、蓝、白蓝、橙、白棕、棕。关于 8 芯和 4 芯双绞线的具体接法请参考有关文献。

当多个通信设备进行通信时，也就是说通信设备为两个以上时，实现的是网络连接。多个通信设备的网络连接需要使用以太网交换机来实现。可以使用导轨安装的西门子 CSM1277 的 4 口交换机连接其他 CPU 及 HMI 设备。CSM1277 交换机是即插即用的，使用前不用做任何设置。

2. S7-1200 PLC 之间的以太网通信

S7-1200 PLC 与 S7-1200 PLC 之间的以太网通信可以通过 TCP 和 ISO on TCP 来实现。使用的指令是在双方 CPU 中调用开放式以太网通信指令块 T_block 来实现。所有 T-block 通信指令必须在 OB1 中调用。调用 T-block 通信指令并配置两个 CPU 之间的连接参数，定义数据发送或接收信息的参数。博途软件提供两套通信指令：不带连接管理的通信指令和带连接管理的通信指令。

不带连接管理的通信指令有：TCON 指令，建立以太网连接；TDISCON，断开以太网连接；TSEND，发送数据；TRCV，接收数据。

带连接管理的通信指令有：TSEND_C，建立以太网连接并发送数据；TRCV_C，建立以太网连接并接收数据。实际上 TSEND_C 指令实现的是 TCON、TDISCON 和 TSEND 三个指令综合的功能，而 TRCV_C 指令是 TCON、TDISCON 和 TRCV 三个指令综合的功能。S7-1200 PLC 之间的以太网通信方式为双边通信，因此发送和接收指令必须成对出现。

8.1.3 案例分析

1. 控制要求

将设备 1 的 IB0 中数据发送到设备 2 的接收数据区 QB0 中，设备 1 的 QB0 接收来自设备 2 发送的 IB0 中数据。

2. 硬件原理图

根据控制要求可绘制出如图 8-1 所示的原理图，设备 2 上的输入端及设备 1 上的输出端未详细画出，两设备（PLC）通过带有水晶头的网线相连接。

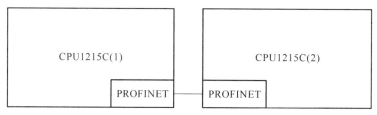

图 8-1 1200 之间以太网通信硬件原理图

3. 组态网络

创建一个新项目，名称为"以太网通信程序"，添加两个 PLC，均为 CPU 1215C，分别命名为 PLC_1 和 PLC_2。分别启用两个 CPU 中的系统和时钟存储器字节 MB1 和 MB0。

在项目视图 PLC 的"设备组态"中，单击 CPU 的属性的"以太网地址"选项，可以设置 PLC 的 IP 地址，在此设置 PLC_1 和 PLC_2 的 IP 地址分别为 192.168.0.10 和 192.168.0.20，地址的设置方法请参考前文 2.3 的介绍。切换到"网络视图"（或用鼠标双击项目树的"设备和网络"选项），要创建 PROFINET 的逻辑连接，首先进行以太网的连接。选中 PLC_1 的 PROFINET 接口的绿色小方框，拖动到另一台 PLC 的 PROFINET 接口上，松开鼠标，则连接建立，保存窗口设置，如图 8-2 所示。

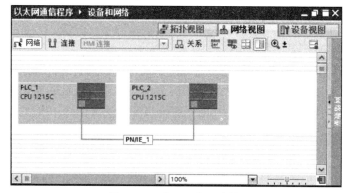

图 8-2 建立以太网连接

4. PLC_1 的编程

（1）在 PLC_1 的 OB1 程序中调用 TSEND_C 指令。

打开 PLC_1 主程序 OB1 的编辑窗口，在右侧"通信"指令文件夹中，打开"开放式用户通信"文件夹，用鼠标双击或拖动 TSEND_C 指令到指定程序段中，自动生成名称为"TSEND_C_DB"的背景数据块。TSEND_C 指令可以用 TCP 协议或 ISO on TCP 协议。它们均使本地机与远程机进行通信，TSEND_C 指令使本地机向远程机发送数据。TSEND_C 指令及参数如表 8-1 所示。TRCV_C 指令使本地机接收远程机发送来的数据，TRCV_C 指令及参数如表 8-2 所示。

表 8-1 TSEND_C 指令及参数

指令	参数	描述	数据类型
TSEND_C — EN ENO — — REQ DONE — — CONT BUSY — — LEN ERROR — — CONNECT STATUS — — DATA — ADDR — COM_RST	EN	使能	BOOL
	REQ	当上升沿时，启动向远程机发送数据	BOOL
	CONT	1 表示连接，0 表示断开连接	BOOL
	LEN	发送数据的最大长度，用字节表示	UDINT
	CONNECT	连接数据 DB	ANY
	DATA	指向发送区的指针，包含要发送数据的地址和长度	ANY
	ADDR	可选参数（隐藏），指向接收方地址的指针	ANY
	COM_RST	可选参数（隐藏），重置连接：0 表示无关；1 表示重置现有连接	BOOL
	DONE	0 表示任务没有开始或正在进行；1 表示任务没有错误地执行	BOOL
	BUSY	0 表示任务已经完成；1 表示任务没有完成或一个新任务没有触发	BOOL
	ERROR	0 表示没有错误；1 表示处理过程中有错误	BOOL
	STATUS	状态信息	WORD

表8-2 TRCV_C指令及参数

指令	参数	描述	数据类型
TRCV_C — EN　　ENO — — EN_R　DONE — — CONT　BUSY — — LEN　ERROR — — ADHOC　STATUS — — CONNECT　RCVD_LEN — — DATA — ADDR — COM_RST	EN	使能	BOOL
	EN_R	为1时,为接收数据做准备	BOOL
	CONT	1表示连接,0表示断开连接	BOOL
	LEN	要接收数据的最大长度,用字节表示。如果在DATA参数中使用具有优化访问权限的接收区,LEN参数值必须为0	UDINT
	ADHOC	可选参数(隐藏),TCP协议选项使用Ad-hoc模式	BOOL
	CONNECT	连接数据DB	ANY
	DATA	指向接收区的指针	ANY
	ADDR	可选参数(隐藏),指向连接类型为UDP的发送地址的指针	ANY
	COM_RST	可选参数(隐藏),重置连接;0表示无关;1表示重置现有连接	BOOL
	DONE	0表示任务没有开始或正在进行;1表示任务没有错误地执行	BOOL
	BUSY	0表示任务已经完成;1表示任务没有完成或一个新任务没有触发	BOOL
	ERROR	0表示没有错误;1表示处理过程中有错误	BOOL
	STATUS	状态信息	WORD
	RCVD_LEN	实际接收到的数据量(以字节为单位)	UDINT

(2) 设置 PLC_1 的 TSEND_C 连接参数。

要设置 PLC_1 的 TSEND_C 连接参数,先选中指令,用鼠标右键单击该指令,在弹出的对话框中单击"属性",打开属性对话框,然后选择其左上角的"组态"选项卡,单击其中的"连接参数"选项,如图8-3所示。在右边窗口伙伴的"端点"中选择"PLC_2",则接口、子网及地址等随之自动更新。此时"连接类型"和"连接ID"两栏呈灰色,即无法进行选择和数据的输入。在"连接数据"栏中输入连接数据块"PLC_1_Send_DB",或单击"连接数据"栏后面的倒三角,单击"新建"生成新的数据块。单击本地 PLC_1 的"主动建立连接"复选框,此时"连接类型"和"连接ID"两栏呈现亮色,即可以选择"连接类型",ID 默认是"1"。在伙伴站的"连接数据"栏输入连接的数据块"PLC_2_Receive_DB",或单击"连接数据"后面的倒三角,单击"新建"生成新的数据块,新的连接数据块生成后连接 ID 也自动生成,这个 ID 号在后面的编程中会用到。

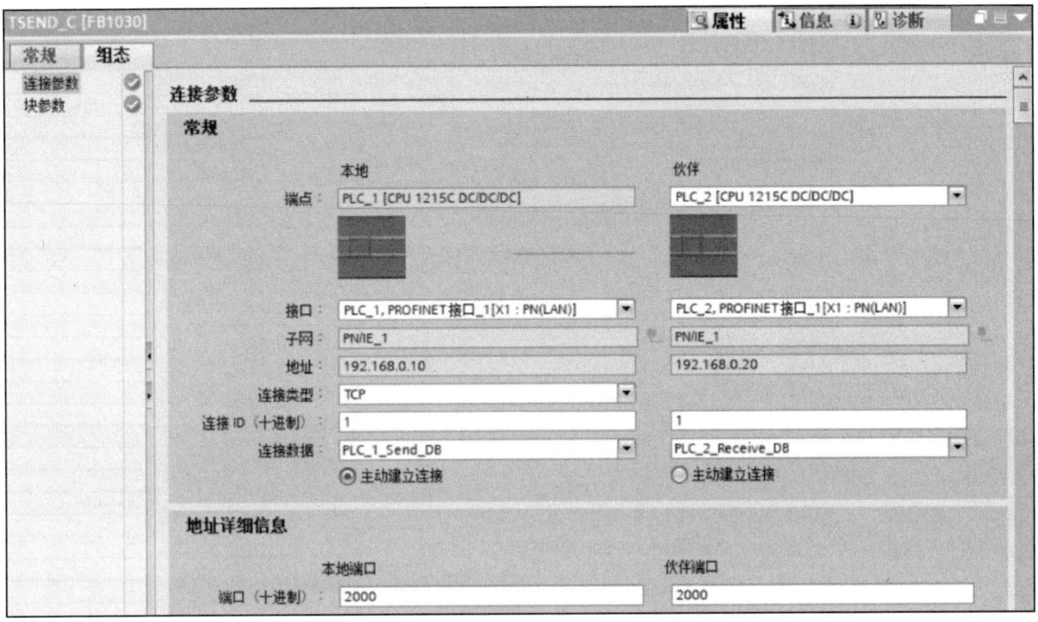

图 8 – 3 设置 TSEND_C 连接参数

连接类型可以选择为"TCP""ISO on TCP"和"UDP"。这里选择"TCP",在"地址详细信息"栏可以看到通信双方的端口号为 2000。如果连接类型选择为"ISO on TCP",则需要设定 TSAP 地址,此时本地 PLC_1 可以设置成"PLC1",伙伴方 PLC_2 可以设置成"PLC2"。使用 ISO on TCP 通信,除了连接参数的定义不同,其他组态编程与 TCP 通信完全相同。

(3) 设置 PLC_1 的 TSEND_C 块参数。

要设置 PLC_1 的 TSEND_C 块参数,先选中指令,用鼠标右键单击该指令,在弹出的对话框中单击"属性",打开属性对话框,然后选择左上角的"组态"选项卡,单击其中的"块参数"选项,如图 8 – 4 所示。在输入参数中,"启动请求"使用"Clock_2Hz",上升沿激发发送任务,"连接状态"设置常数 1,表示建立连接并一直保持连接。在输入/输出参数中,"相关的连接指针"为前面建立的连接数据块 LC_1_Send_DB,"发送区域"中使用指针寻址或符号寻址,本案例设置为"P#I0.0 BYTE 1",即定义的是发送数据 IB0 开始的 1B 数据。在此只需要在"起始地址"栏中输入 I0.0,在"长度"栏输入 1,在后面方框中选择"BYTE"即可。"发送长度(LEN)"设为 1,即最大发送的数据为 1 B。在输出参数中,请求完成(DONE)、请求处理(BUSY)、错误(ERROR)、错误信息(STATUS)可以不设置或使用数据块中变量。

设置 TSEND_C 指令块参数,程序编辑器中的指令将随之更新,也可以直接编辑指令,如图 8 – 5 所示。

(4) 在 OB1 主程序中调用 TRCV 接收指令。

为了使 PLC_1 能接收到来自 PLC_2 的数据,在 PLC_1 调用接收指令 TRCV,并组态其参数。

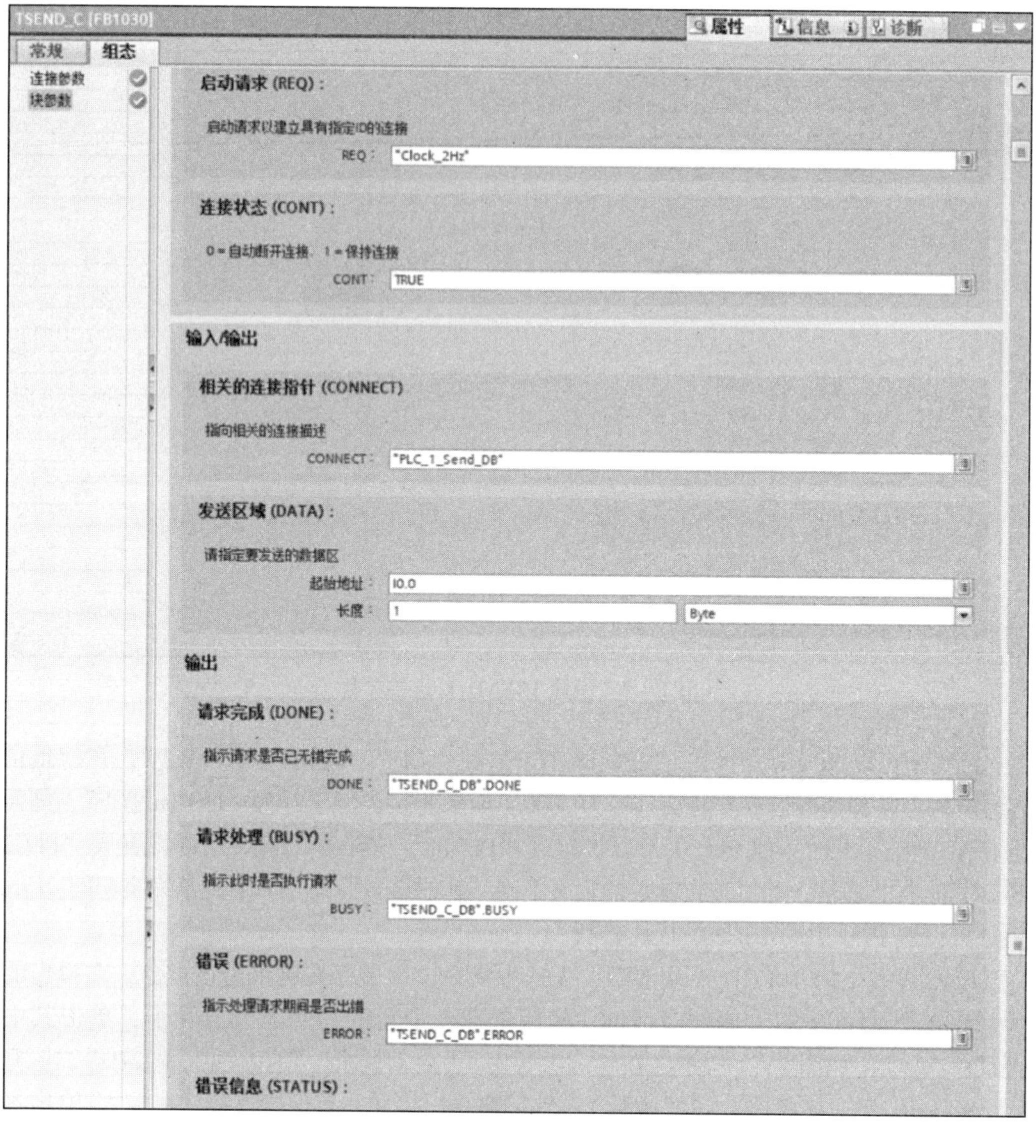

图 8-4 设置 TSEND_C 块参数

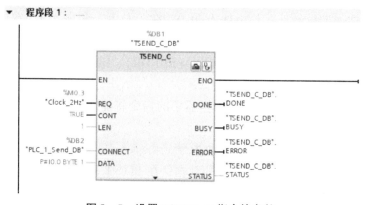

图 8-5 设置 TSEND_C 指令块参数

接收数据与发送数据使用同一连接，所以使用不带连接管理的 TRCV 指令，该指令在右侧指令树中的"通信＼开发式用户通信＼其他"的指令夹中，其编程如图 8-6 所示。该指令中"EN_R"参数为 1，表示准备好接收数据；ID 号为 1，使用的是 TSEND_C 的连接参数中的"连接 ID"的参数地址；"DATA"为 QB0，表示接收的数据区；"RCVD_LEN"为实际接收到数据的字节数。

本地使用 TSEND_C 指令发送数据，在通信伙伴（远程站）就得使用 TRCV_C 指令接收数据。双向通信时，本地调用 TSEND_C 指令发送数据和 TRCV 指令接收数据；在远程站调用 TRCV_C 指令接收数据和 TSEND 指令发送数据。TSEND 和 TRCV 指令只有块参数需要设置，无连接参数需要设置。

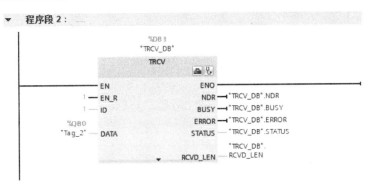

图 8-6　调用接收指令 TRCV 并组态参数

5. PLC_2 的编程

要实现上述通信，还需要在 PLC_2 中调用 TRCV_C 和 TSEND 指令，并组态其参数。打开 PLC_2 主程序 OB1 的编辑窗口，在右侧"通信"指令文件夹中，打开"开放式用户通信"文件夹，双击或拖动 TRCV_C 指令至某个程序段中，自动生成名称为"TRCV_C_DB"的背景数据块。组态 TRCV_C 指令的连接参数如图 8-7 所示，连接参数的组态与 TSEND_C 基本相似，各参数要与通信伙伴 CPU 对应设置。

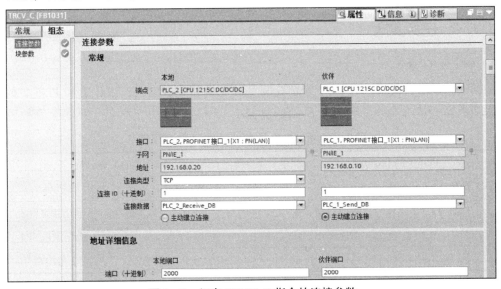

图 8-7　组态 TRCV_C 指令的连接参数

设置通信接收 TRCV_C 指令块参数，如图 8-8 程序段 1 所示，PLC_2 是将 IB0 中数据发送到 PLC_1 的 QB0 中，则在 PLC_2 调用 TSEND 发送指令并组态相关参数，发送指令与接收指令使用同一个连接，所以也使用不带连接的发送指令 TSEND，其块参数组态如图 8-8 程序段 2 所示。PLC_2 的 OB1 程序包含 TRCV_C 指令和 TSEND 指令，如图 8-8 所示。

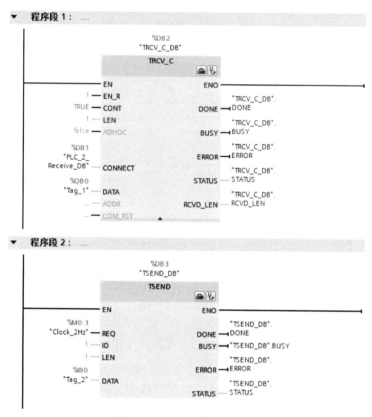

图 8-8 PLC_2 的 OB1 程序

8.1.4 任务实施

1. 确定 I/O 分配

根据任务要求，需要两台 PLC 分别控制 1 号电机和 2 号电机，PLC_1 和 PLC_2 的 I/O 分配表如表 8-3 所示。

表 8-3 两台电机异地启停控制 I/O 分配表

PLC_1 的 I/O 分配		PLC_2 的 I/O 分配	
地址	元件	地址	元件
I0.0	本地启动 SB1	I0.0	远程启动 SB3
I0.1	本地停止 SB2	I0.1	远程停止 SB4
Q0.0	1 号电机	Q0.0	2 号电机

2. 硬件组态

用鼠标双击桌面上的 TIA V14 图标，打开博途编程软件，在 PORTAL 视图中选择"创建新项目"，输入项目名称"两台电机的异地启停控制"，选择项目保存路径，然后单击"创建"按钮创建项目完成。在项目视图的项目树窗口中用鼠标双击"添加新设备"图标，添加两台 PLC 设备，设备名称分别为 PLC_1 和 PLC_2，分别启用系统和时钟存储器字节 MB1 和 MB0。

在 PLC 项目视图的"设备组态"中，单击 CPU 的属性的"PROFINET 接口"中"以太网地址"选项，可以设置 PLC 的 IP 地址，在此设置 PLC_1 和 PLC_2 的 IP 地址分别为 192.168.0.10 和 192.168.0.20。切换到"网络视图"（或用鼠标双击项目树的"设备和网络"选项），要创建 PROFINET 的逻辑连接，首先进行以太网的连接。选中 PLC_1 的 PROFINET 接口的绿色小方框，拖动到另一台 PLC 的 PROFINET 接口上，松开鼠标，则连接建立并保存窗口设置，如图 8-2 所示。

3. 编辑变量表

分别打开 PLC_1 和 PLC_2 下的"PLC 变量"文件夹，双击"添加新变量表"，生成的变量表如图 8-9 所示。

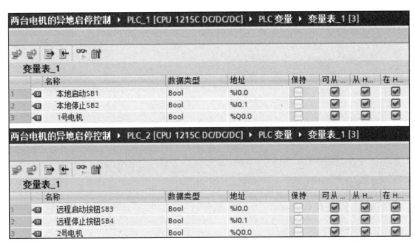

图 8-9　PLC_1 和 PLC_2 的变量表

4. 编写程序

打开 PLC_1 主程序 OB1 的编辑窗口，在右侧"开放式用户通信"文件夹，双击或拖动 TSEND_C 和 TRCV_C 指令到程序段中，自动生成 TSEND_C_DB 和 TRCV_C_DB 的背景数据块。连接类型为 TCP 协议的设置在 8.1.3 案例分析中已有介绍，这里的连接类型使用 ISO on TCP 协议，与 TCP 协议的设置类似。

打开 PLC_1 程序中 TSEND_C 的属性窗口，选择连接参数，如图 8-10 所示。块参数的设置与上文 8.1.3 案例分析中类似，如图 8-11 所示，输出部分的参数默认不设置。

在 PLC_2 程序中配置 TRCV_C 指令用同样的方法，其连接参数配置如图 8-12 所示。这里选择 PLC_1 作为主动建立连接的 CPU，TRCV_C 指令块参数配置如图 8-13 所示。

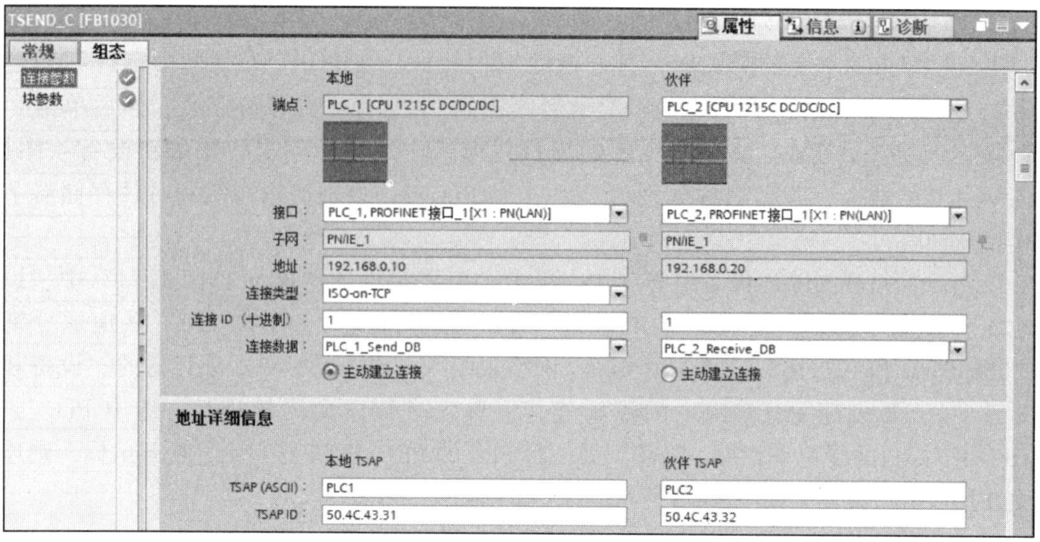

图 8-10 PLC_1 中设置 TSEND_C 的连接参数

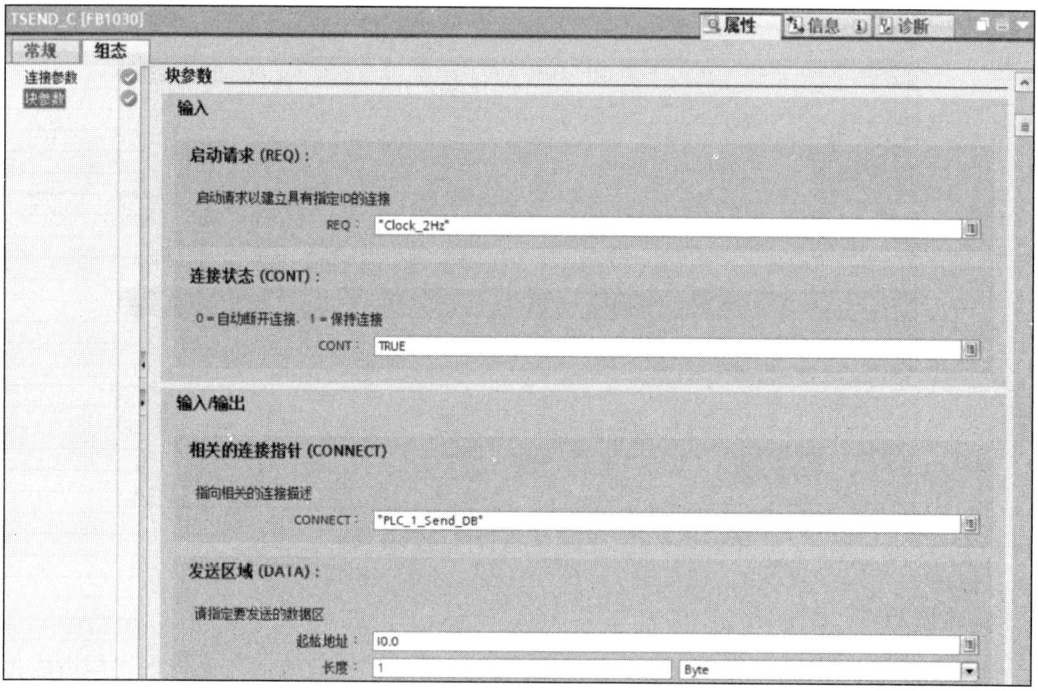

图 8-11 PLC_1 中 TSEND_C 的块参数

PLC_2 主程序中的 TSEND_C 指令和 PLC_1 主程序中的 TRCV_C 指令的设置与上述类似,不再赘述。根据任务要求,PLC_1 主程序如图 8-14 所示。PLC_2 主程序与 PLC_1 主程序类似,仅输入输出地址的名称发生改变,这里不再重复展示。该任务的程序比较简单,就是普通的启保停程序,加上调用 TSEND_C 和 TRCV_C 指令。按下本地启动按钮 SB1,Q0.0 接通并自锁,本地 1 号电机启动。PLC_1 调用 TSEND_C 指令,把 I0.0 的状态发送给 PLC_2,PLC_2 调用 TRCV_C 指

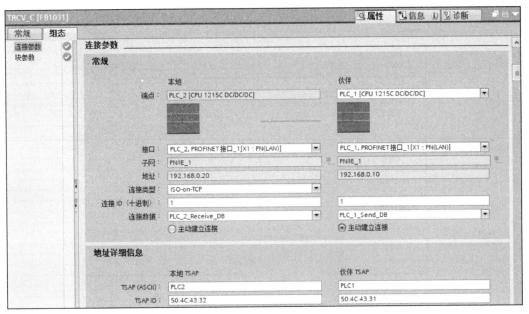

图 8–12 PLC_2 中设置 TRCV_C 的连接参数

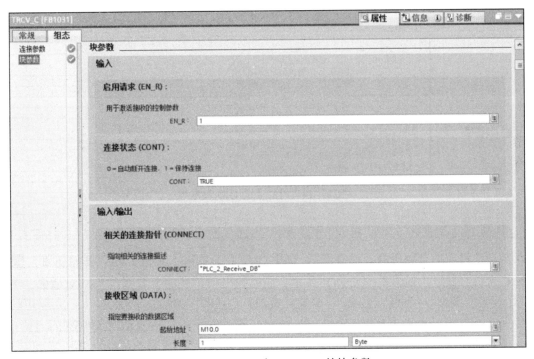

图 8–13 PLC_2 中 TRCV_C 的块参数

令,把 PLC_1 中 I0.0 的状态存储到 M10.0 中,远程 2 号电机也启动。按下本地停止按钮 SB2,Q0.0 断开,本地 1 号电机停止,PLC_1 调用 TSEND_C 指令,把 I0.1 的状态发送给 PLC_2,PLC_2 调用 TRCV_C 指令,把 PLC_1 中 I0.1 的状态存储到 M10.1 中,远程 2 号电机也停止。按下远程启动按钮SB3和远程停止按钮SB4，程序的工作原理与上述类似，不再赘述。

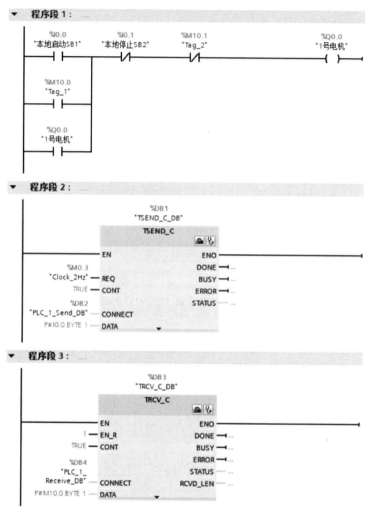

图8-14 PLC_1的OB1程序

5. 仿真与调试

打开项目"两台电机的异地启停"，选中PLC_1，单击工具栏上的"开始仿真"按钮，出现仿真窗口，如图8-15（a）所示，同时弹出"扩展的下载到设备"对话框，单击"开始搜索"按钮、"下载"按钮、"装载"按钮，完成程序的仿真下载。

选中PLC_2，单击工具栏上的"开始仿真"按钮，出现仿真窗口，如图8-15（b）所示，其他操作与PLC_1类似。

单击PLC_1仿真窗口上的按钮，启用仿真的项目视图，单击左上角的按钮，创建仿真的新项目，输入项目名称，选择项目路径等。单击"创建"按钮，创建PLC_1程序的仿真项目。仿真设备连接后，项目及PLC设备右边会出现打上绿色的"√"，表示连接成功。在项目树下的"SIM表格"下的"SIM表格_1"中输入PLC程序相关的变量。同样的方法，同时创建PLC_2程序的仿真项目和SIM表格。

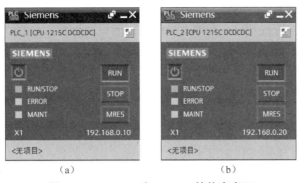

图 8-15　PLC_1 和 PLC_2 的仿真窗口

在 PLC_1 的仿真表格里，在"本地启动按钮 SB1"变量的修改方框前打上"√"，这时"1 号电机"变量也出现了"√"，表示 1 号电机启动，这时在 PLC_2 的仿真表格里的"2 号电机"变量也出现了"√"，表示 2 号电机也启动，如图 8-16 所示。去掉的"本地启动按钮 SB1"变量的"√"，两台电机仍运行。把"本地停止按钮 SB2"变量的修改方框前打上"√"，"1 号电机"和"2 号电机"变量的"√"消失，两台电机都停止。按下远程启动按钮 SB3 和远程停止按钮 SB4，观察电机的动作是否和控制要求一致，若一致说明本任务仿真成功。

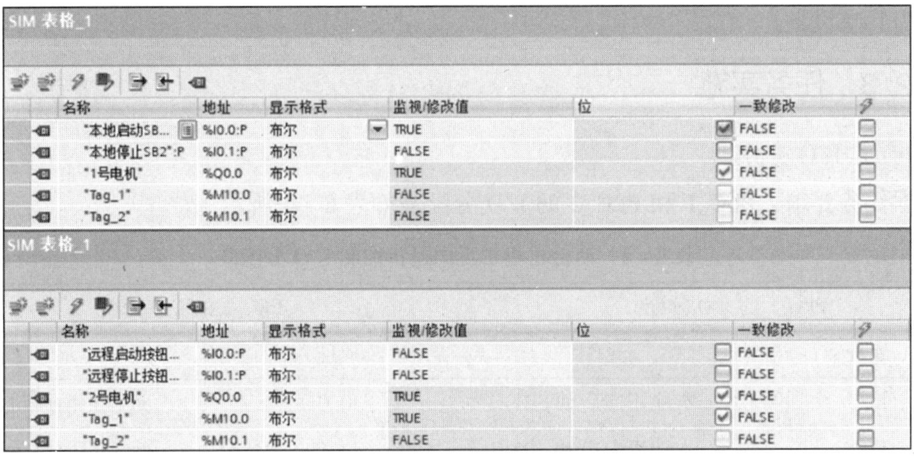

图 8-16　两台电机异地启停的仿真

将编辑好的用户程序及设备组态下载到 CPU 中，并连接好线路。按下对应的启动按钮和停止按钮，观察两台电机是否启动和停止，若电机的运行与控制要求一致，说明本任务调试成功。

8.2　两台电机的正反向运行控制

8.2.1　任务要求

本地按钮控制本地 1 号电机的启动和停止。远程按钮控制远程 2 号电机的启动和停止。

按下本地正向启动按钮 SB1，本地 1 号电机正向启动运行，远程 2 号电机也只能正向启动运行，按下本地反向启动按钮 SB2，本地 1 号电机反向启动运行，远程 2 号电机也只能反向启动运行。按下本地停止按钮 SB3，本地 1 号电机停止。

若远程 2 号电机先启动，则本地 1 号电机也得与远程 2 号电机运行方向一致。按下远程正向启动按钮 SB4，远程 2 号电机正向启动运行，本地 1 号电机也只能正向启动运行，按下远程反向启动按钮 SB5，本地 1 号电机也只能反向启动运行。按下远程停止按钮 SB6，远程 2 号电机停止。电机运行过程中若出现过载，热继电器 FR 动作，电机停止。

要求用 Profinet IO 通信方式实现上述控制功能。

8.2.2 相关知识

CPU 的"I-Device"（智能设备）功能简化了与 IO 控制器的数据交换和 CPU 操作过程（如用作子过程的智能预处理单元）。智能设备可作为 IO 设备链接到上位 IO 控制器中，预处理过程则由智能设备中的用户程序完成。集中式或分布式（PROFINET IO 或 PROFIBUS DP）IO 中采集的处理器值由用户程序进行预处理，并提供给 IO 控制器。S7-1200 V4.0 及以上版本开始支持智能 IO 设备功能。智能 IO 设备的优势：简单链接 IO 控制器；实现 IO 控制器之间的实时通信；通过将计算容量分发到智能设备可减轻 IO 控制器的负荷；由于在局部处理过程数据，从而降低了通信负载；可以管理单独 TIA 项目中子任务的处理；智能设备可以作为共享设备。

8.2.3 任务实施

1. 确定 I/O 分配

根据任务要求，PLC_1 和 PLC_2 的 I/O 分配表如表 8-4 所示。

表 8-4 两台电机正反向运行控制 I/O 分配表

PLC_1 的 I/O 分配		PLC_2 的 I/O 分配	
地址	元件	地址	元件
I0.0	本地正向启动 SB1	I0.0	远程正向启动 SB4
I0.1	本地反向启动 SB2	I0.1	远程反向启动 SB5
I0.2	本地停止 SB3	I0.2	远程停止 SB6
I0.3	热继电器常开 FR	I0.3	热继电器常开 FR
Q0.0	正转接触器 KM1	Q0.0	正转接触器 KM1
Q0.1	反转接触器 KM2	Q0.1	反转接触器 KM2

2. 硬件组态

用鼠标双击桌面上的 ![TIA] 图标，打开博途编程软件，在 PORTAL 视图中选择"创建新项目"，输入项目名称"两台电机正反向运行控制"，选择项目保存路径，然后单击"创建"按钮，创建项目完成。在项目视图的项目树窗口中用鼠标双击"添加新设备"图标，添加两台 PLC 设备，设备名称分别为 PLC_1 和 PLC_2。

在 PLC 项目视图的“设备组态”中，单击 CPU 的属性的“PROFINET 接口”中“以太网地址”选项，可以设置 PLC 的 IP 地址，在此设置 PLC_1 和 PLC_2 的 IP 地址分别为 192.168.0.10 和 192.168.0.20。切换到“网络视图”（或用鼠标双击项目树的“设备和网络”选项），要创建 PROFINET 的逻辑连接，首先进行以太网的连接。选中 PLC_1 的 PROFINET 接口的绿色小方框，拖动到另一台 PLC 的 PROFINET 接口上，松开鼠标，则连接建立，保存窗口设置，如图 8-2 所示。

在 PLC_2 项目视图的“设备组态”中，单击 CPU 的属性的“操作模式”选项，把 IO 设备前的方框打上“√”，把 PLC_1 分配为 IO 控制器。在“智能设备通信栏”的“传输区域”添加传输区 1 和传输区 2，分配 IO 控制器和智能设备的地址，长度可以根据实际情况而定，这里设置为 10 个字节的长度，如图 8-17 所示。

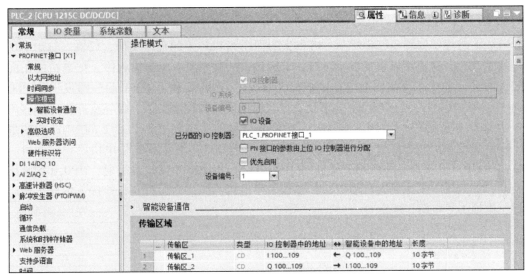

图 8-17　PLC_2 的操作模式

3. 编辑变量表

分别打开 PLC_1 和 PLC_2 下的“PLC 变量”文件夹，双击“添加新变量表”，生成变量表，如图 8-18、图 8-19 所示。

两台电机正反向运行控制 ▸ PLC_1 [CPU 1215C DC/DC/DC] ▸ PLC 变量 ▸

变量表_1

	名称	数据类型	地址	保持
1	本地正向启动SB1	Bool	%I0.0	
2	本地反向启动SB2	Bool	%I0.1	
3	本地停止SB3	Bool	%I0.2	
4	热继电器常开FR	Bool	%I0.3	
5	正转接触器KM1	Bool	%Q0.0	
6	反转接触器KM2	Bool	%Q0.1	
7	Tag_1	Bool	%Q100.0	
8	Tag_2	Bool	%I100.0	
9	Tag_3	Bool	%Q100.1	
10	Tag_4	Bool	%I100.1	

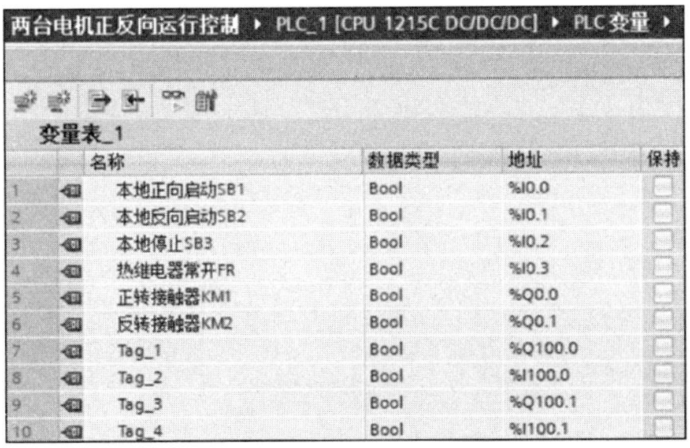

图 8-18　PLC_1 的变量表

两台电机正反向运行控制 ▸ PLC_2 [CPU 1215C DC/DC/DC] ▸ PLC变量 ▸

变量表_1

		名称	数据类型	地址	保持
1		远程正向启动SB4	Bool	%I0.0	
2		远程反向启动SB5	Bool	%I0.1	
3		远程停止SB6	Bool	%I0.2	
4		热继电器常开FR	Bool	%I0.3	
5		正转接触器KM1	Bool	%Q0.0	
6		反转接触器KM2	Bool	%Q0.1	
7		Tag_1	Bool	%Q100.0	
8		Tag_2	Bool	%I100.0	
9		Tag_3	Bool	%Q100.1	
10		Tag_4	Bool	%I100.1	

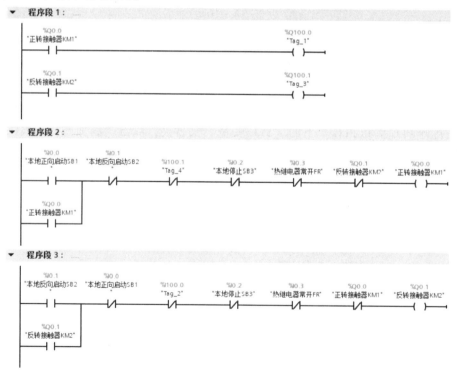

图 8-19　PLC_2 的变量表

4. PLC_1 的编程

PLC_1 的程序如图 8-20 所示。PLC_2 的程序和 PLC_1 的程序类似，仅输入输出地址的名称发生改变，这里不再重复展示。PLC_1 程序中的程序段 1 为传输程序，把电机的正向运行或反向运行的状态存储在 Q100. 0 和 Q100. 1 中，Q100. 0 和 Q100. 1 的数据发送给 PLC_2 的 I100. 0 和 I100. 1。程序段 2、程序段 3 与普通正反转的程序类似，仅在支路中分别多串联了一个 I100. 0 变量和一个 I100. 1 变量。I100. 0 变量的状态取决于 PLC_2 的 Q100. 0 变量状态，I100. 1 变量的状态取决于 PLC_2 的 Q100. 1 变量状态。若远程 2 号电机已正向运行，则 PLC_2 的 Q100. 0 接通，传送给 PLC_1 的 I100. 0，使得 I100. 0 变量也接通，I100. 0 的常闭触点断开，那么按下本地反向启动按钮，本地 1 号电机不能反向运行，只能按下本地正向启动按钮，本地 1 号电机正向运行。

图 8-20　PLC_1 的程序

5. 下载与调试

按任务要求连接好线路并下载程序。下载成功并与 PLC 建立好在线连接后，打开需要监视的程序，启动程序状态监视。打开项目树中 PLC 的“监控与强制表”文件夹，PLC_1 和 PLC_2 各建立一个监控表。按下外部的本地启动按钮 SB1，Q0.0 接通，本地 1 号电机正向运行，PLC_1 的监控表如图 8－21 所示，从图中可以看到 Q0.0 的监视值为“TRUE”，Q100.0 的监视值也为“TRUE”。PLC_2 的监控表如图 8－22 所示，从图中可以看到 I100.0 的监视值也为“TRUE”。PLC_1 的程序状态监视与图 8－21 监控表中的状态一致，PLC_2 的程序状态监视与图 8－22 监控表中的状态一致，这时 2 号远程电机只能正向启动，不能反向启动。若按下本地反向启动按钮，则 2 号远程电机只能反向启动，不能正向启动。按下远程 2 号电机的正向或反向启动按钮，再按下本地 1 号电机的反向或正向启动按钮，观察本地 1 号电机能否启动以及是否与远程 2 号电机同向运行。若电机的运行与控制要求一致，则说明调试成功，完成任务要求。

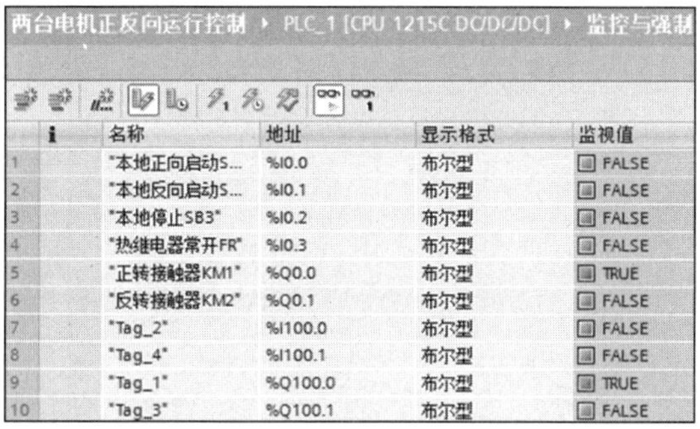

两台电机正反向运行控制 ▸ PLC_1 [CPU 1215C DC/DC/DC] ▸ 监控与强制

	i	名称	地址	显示格式	监视值
1		"本地正向启动S...	%I0.0	布尔型	FALSE
2		"本地反向启动S...	%I0.1	布尔型	FALSE
3		"本地停止SB3"	%I0.2	布尔型	FALSE
4		"热继电器常开FR"	%I0.3	布尔型	FALSE
5		"正转接触器KM1"	%Q0.0	布尔型	TRUE
6		"反转接触器KM2"	%Q0.1	布尔型	FALSE
7		"Tag_2"	%I100.0	布尔型	FALSE
8		"Tag_4"	%I100.1	布尔型	FALSE
9		"Tag_1"	%Q100.0	布尔型	TRUE
10		"Tag_3"	%Q100.1	布尔型	FALSE

图 8－21　PLC_1 的监控表

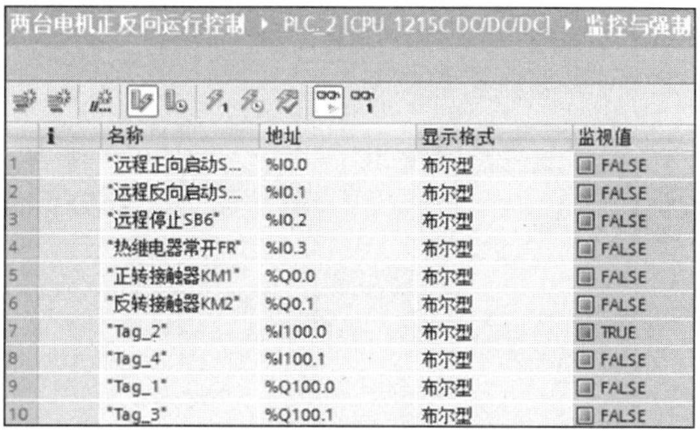

两台电机正反向运行控制 ▸ PLC_2 [CPU 1215C DC/DC/DC] ▸ 监控与强制

	i	名称	地址	显示格式	监视值
1		"远程正向启动S...	%I0.0	布尔型	FALSE
2		"远程反向启动S...	%I0.1	布尔型	FALSE
3		"远程停止SB6"	%I0.2	布尔型	FALSE
4		"热继电器常开FR"	%I0.3	布尔型	FALSE
5		"正转接触器KM1"	%Q0.0	布尔型	FALSE
6		"反转接触器KM2"	%Q0.1	布尔型	FALSE
7		"Tag_2"	%I100.0	布尔型	TRUE
8		"Tag_4"	%I100.1	布尔型	FALSE
9		"Tag_1"	%Q100.0	布尔型	FALSE
10		"Tag_3"	%Q100.1	布尔型	FALSE

图 8－22　PLC_2 的监控表

8.3　拓展知识

8.3.1　S7－1200 之间的 S7 通信

1. S7 协议简介

S7 协议是专门为西门子控制产品优化设计的通信协议，它是面向连接的协议，在进行数据交换之前，必须与通信伙伴建立连接。面向连接的协议具有较高的安全性。

连接是指两个通信伙伴之间为了执行通信服务建立的逻辑链路，而不是指两个站之间用物理媒体（例如电缆）实现的连接。S7 连接是需要组态的静态连接，静态连接要占用 CPU 的连接资源。基于连接的通信分为单向连接和双向连接，S7－1200 仅支持 S7 单向连接。单向连接中的客户机（Client）是向服务器（Server）请求服务的设备，客户机调用 GET/PUT 指令读、写服务器的存储区。服务器是通信中的被动方，用户不用编写服务器的 S7 通信程序，S7 通信是由服务器的操作系统完成的。因为客户机可以读、写服务器的存储区，单向连接实际上可以双向传输数据。V2.0 及以上版本的 S7－1200 CPU 的 PROFINET 通信口可以作为 S7 通信的服务器或客户机。

2. 创建 S7 连接

在名为"PLC S7 通信"的项目中，PLC_1 和 PLC_2 均 CPU 1215C。它们的 PN 接口的 IP 地址分别为 192.168.0.10 和 192.168.0.20，子网掩码为 255.255.255.0，组态时启用双方的 MB0 为时钟存储器字节。

双击项目树中的"设备和网络"，打开网络视图，单击左上角的"连接"按钮，用选择框设置类型为 S7 连接。选中 PLC_1，右键选择"添加新的连接"，在创建新连接对话框内，选择连接对象"PLC_2"，选择"主动建立连接"后，建立连接，如图 8-23 所示。用"拖拽"的方法建立两个 CPU 的 PN 接口之间的名为"S7_连接_1"的连接，如图 8-24 所示。打开网络视图后，为了高亮（用双轨道线）显示连接，应单击按下网络视图左上角的"连接"按钮，将光标放到网络线上，单击出现的小方框中的"S7_连接_1"，连接会变为高亮显示，出现"S7 连接_1"字样。

图 8-23 创建新连接

选中"S7 连接_1"，再选中下面的巡视窗口的"属性＞常规＞常规"（图 8-24），可以看到 S7 连接的常规属性。选中左边窗口的"特殊连接属性"，右边窗口可以看到未选中"单向组态"复选框，勾选"主动建立连接"复选框，由本地站点 PLC_1 主动建立连接。选中巡视窗口左边的"地址详细信息"，可以看到通信双方默认的 TSAP（传输服务站点）。

单击网络视图右边竖条上向左的小三角形按钮，打开从右到左弹出的视图中的"连接"选项卡，如图 8-25 所示，可以看到生成的 S7 连接的详细信息，连接的 ID 为 100。单击图 8-25 左边竖条上向右的小三角按钮，关闭弹出的视图。使用固件版本为 V4.0 及以上的 S7-1200 CPU 作为 S7 通信的服务器，需要做以下设置才能保证 S7 通信正常。选中服务器（PLC_2）的设备视图中的 CPU 1215C，再选中巡视窗口中的"属性＞常规＞防护与安全"，在"连接机制"区勾选"允许来自远程对象的 PUT/GET 通信访问"复选框。

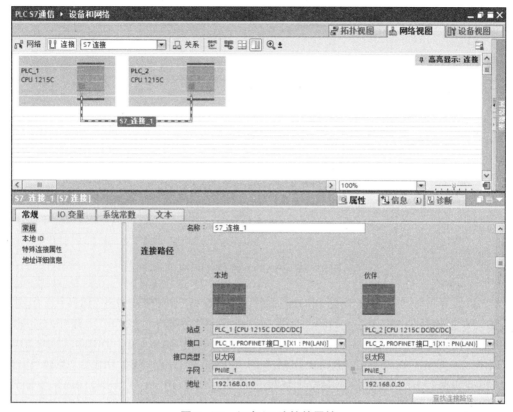

图 8-24 组态 S7 连接的属性

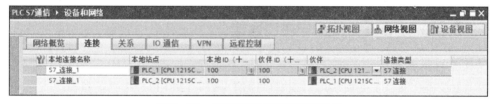

图 8-25 网络视图中的连接选项卡

3. 编写程序

为 PLC_1 生成 DB1 和 DB2，为 PLC_2 生成 DB3 和 DB4，在这些数据块中生成由 100 个整数组成的数组，不启用数据块属性中的"优化的块访问"功能。

在 S7 通信中，PLC_1 作通信的客户机。打开 PLC_1 的 OB1 程序编辑区，将右边的指令列表的"通信"选项板的"S7 通信"文件夹中的指令 GET 和 PUT 拖拽到梯形图中，如图 8-26 所示。在时钟存储器位 M0.5 的上升沿，GET 指令每 1 s 读取 PLC_2 的 DB3 中的 100 个整数，用本机的 DB2 保存。PUT 指令每 1 s 将本机的 DB1 中的 100 个整数写入 PLC_2 的 DB4。PLC_1 的 OB1 程序如图 8-26 所示。PLC_2 在 S7 通信中作服务器，不用编写调用指令 GET 和 PUT 的程序。

在双方的 OB100 中，将 DB1 和 DB3 中要发送的 100 个字分别预置为"16#1214"和"16#1215"。选中项目树中的 PLC_1，单击工具栏上的"开始仿真"按钮，出现仿真软件

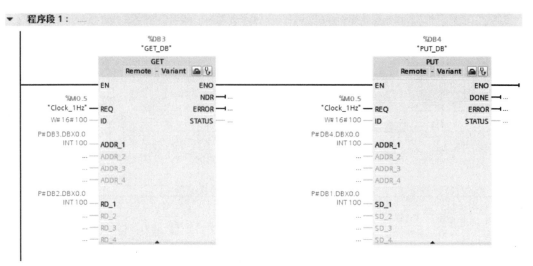

图 8-26　PLC_1 的 OB1 程序

的窗口，将保存接收到的数据 DB2 和 DB4 中的 100 个字清零。在双方的 OB1 中，用周期为 0.5 s 的时钟存储器位 M0.3 的上升沿，将要发送的第 1 个字加 1。将 PLC_1 和 PLC_2 的程序和组态数据下载到仿真 PLC，在 PLC_1 的 SIM 表格中输入 DB2.DBW0、DB2.DBW2、DB2.DBW198 变量，在 PLC_2 的 SIM 表格中输入 DB4.DBW0、DB4.DBW2、DB4.DBW198 变量。仿真切换到 RUN 模式后，观察上述变量的值，DB2.DBW0 和 DB4.DBW0 不断增大，DB2 和 DB4 中的 DBW2 和 DBW198 应是通信伙伴首次扫描预置的值，分别为 16#1215、16#1214。将程序和组态数据下载到 PLC，用 PLC_1 和 PLC_2 的监控表监控接收到的数据，观察变量的数值，若与仿真结果一致，则说明通信程序调试成功。

8.3.2　S7-1200 之间的自由口通信

1. 自由口通信简介

S7-1200 PLC 通信扩展模块可实现串口通信，S7-1200 PLC 串口通信模块有三种型号，分别为 CM1241 RS232 接口模块、CM1241 RS485 接口模块、CM1241 RS422/485 接口模块。CM1241 RS232 接口模块支持基于字符的点到点（PtP）通信，如自由口协议和 MODBUS RTU 主从协议。CM1241 RS485 接口模块支持基于字符的点到点（PtP）通信，如自由口协议、MODBUS RTU 主从协议及 USS 协议。两种串口通信模块都必须安装在 CPU 模式的左侧，且数量之和不能超过 3 块，它们都由 CPU 模块供电，无须外部供电。模块上都有一个 DIAG（诊断）LED 灯，可根据此 LED 灯的状态判断模块状态。模块上部盖板下有 Tx（发送）和 Rx（接收）两个 LED 灯指示数据的收发。

2. 自由口通信指令

S7-1200 的自由口通信指令也称为点到点通信指令，在右边的"通信"指令窗口的"通信处理器"文件夹下"点到点"文件夹中。这些指令分为用于组态的指令和用于通信的指令。

SEND_PTP 指令用于发送报文，RCV_PTP 指令用于接收报文，如图 8-27 所示。所有的 PTP 指令的操作是异步的，用户程序可以使用轮询方式确认发送和接收的状态，这两条指令可以同时执行。通信模块发送和接收报文的缓冲区最大为 1 024B。

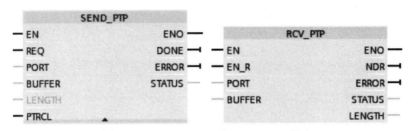

图 8-27 SEND_PTP 和 RCV_PTP 指令

RCV RST 用于清除接收缓冲区，SGN_GET 用于读取通信信号的当前状态，SGN_SET 用于设置通信信号的状态。SGN_GET 发送指令的各个参数含义请参考 S7-1200 PLC 的系统手册或软件里的帮助文件。

3. 通信程序的轮询结构

通信程序必须周期性调用 S7-1200 的点到点通信指令，检查接收的报文。下面是主站的典型轮询顺序：

（1）在 SEND_PTP 指令的 REQ 信号的上升沿，启动发送过程。
（2）继续执行 SEND_PTP 指令，完成报文的发送。
（3）SEND_PTP 的输出位 DONE 为"1"时，指示发送完成，用户程序可以准备接收从站返回的响应报文。
（4）反复执行 RCV_PTP，模块接收到响应报文后，RCV_PTP 指令的输出位 NDR 为"1"，指示已接收到新数据。
（5）用户程序处理响应报文。
（6）返回第 1 步，重复上述循环。

从站的典型轮询顺序：

（1）在 OB1 中调用 RCV_PTP 指令。
（2）模块接收到请求报文后，RCV_PTP 指令的输出位 DONE 为"1"，指示新数据准备就绪。
（3）用户程序处理请求报文，并生成响应报文。
（4）用 SEND_PTP 指令将响应报文发送给主站。
（5）反复执行 SEND_PTP，确保发送完成。
（6）返回第 1 步，重复上述循环。

从站的等待响应期间，必须尽量频繁地调用 RCV_PTP 指令，以便能够在主站超时之前接到来自主站的发送。可以在循环中断 OB 中调用 RCV_PTP 指令，但是循环时间间隔不能太长，应保证在主站的超时时间内执行两次 RCV_PTP 指令。

两台 PLC 之间的自由口通信的操作步骤请参考相关说明书或西门子官网的技术文档。

练习

1. PLC_1 的 MB10 的初始数据为 16#0F，PLC_2 的 MB20 的初始数据为 16#F0，用 TCP 或 ISO on TCP 协议的以太网通信把 PLC_1 的 MB10 和 PLC_2 的 MB20 里的数据互换。
2. 用 Profinet IO 通信方式实现两台电机的异地启停控制，具体要求同任务 8.1。

模块 9 PLC在运动控制系统中的应用

9.1 液体搅拌机的PLC控制

9.1.1 任务要求

某工业液体搅拌机,由西门子变频器G120C、调速电机及PLC控制。电机控制过程如下:

(1) 第一阶段以350 r/min 速度正转,正转10 s 后以700 r/min 速度反转6 s,再以875 r/min 速度正转8 s 后,停止10 s;进入第二阶段:电机以1 050 r/min 速度正转8 s 接着以700 r/min 速度正转10 s,接着以525 r/min 速度反转8 s,再以350 r/min 速度反转6 s 后停止。

(2) 第二阶段后电机停止12 s,再重新按照上述的速度运行,总共循环3次才停止。

系统有一个启动按钮,一个停止按钮。按下启动按钮,系统允许启动,电机按照上述的转速自动运行,任意时刻按下停止按钮,电机立即停止。

PLC外部设置一个启动按钮和一个停止按钮,触摸屏上也设置一个启动按钮和一个停止按钮,电机的运行速度可显示在触摸屏上。

电机最大转速为1 400 r/min,最小转速为0,电机从0到最大转速1 400 r/min 时的加速时间为4 s,以上所有的转速时间都包含加减速时间。

调速电机铭牌参数如下:额定功率0.1 kW,额定频率为50 Hz,额定电压380 V,额定电流1.12 A,额定转速14 300 r/min。

9.1.2 相关知识

1. 变频器的操作面板

变频器的操作面板如图9-1所示,图中每个图标的功能及状态描述,请参考西门子变频器 G120C 的使用手册。

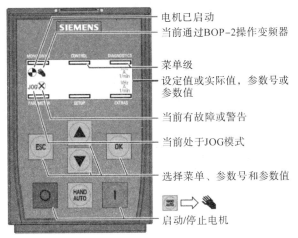

图 9-1　变频器的操作面板

变频器操作面板 BOP 的菜单有 6 个，分别为 MONITOR、CONTROL、DIAGNOS、PARAMS、SETUP、EXTRAS。"MONITOR" 实现运行参数的显示，"CONTROL" 实现操作面板 BOP 控制，"DIAGNOS" 实现故障报警的查看，"PARAMS" 实现参数的修改，"SETUP" 实现设备的快速调试，"EXTRAS" 实现设备的工厂恢复和参数的备份。每个菜单的具体功能请参考西门子变频器 G120C 的使用手册。

2. 变频器的参数设置

借助操作面板 BOP 可以选择所需参数号、修改参数并调整变频器的设置。参数值的修改是在菜单 "PARAMS" 和 "SETUP" 中进行的。

使用 ▲ 和 ▼ 键将光标移动到 "PARAMS"，按 OK 键显示两种参数访问级别，"STANDARD" 标准访问级别，所访问的参数个数少于 "EXPERT"。使用 ▲ 和 ▼ 键将光标移动到 "EXPERT"，按 OK 键，"EXPERT" 访问级别可以显示所有的参数。

当 BOP 的参数号闪烁时，选择参数号有两种方法，方法 1：用 ▲ 和 ▼ 查找所需的参数号，按 OK，确定相应的参数号。方法 2：按 OK，保持 2 s，再用 ▲ 和 ▼ 依次查找参数号的每一位的值，按 OK，确定相应的参数号。

当 BOP 的某个参数的参数值闪烁时，修改参数值有两种方法，方法 1：用 ▲ 和 ▼ 查找所需的参数值，按 OK，确定相应的参数值。方法 2：按 OK，保持 2 s，再用 ▲ 和 ▼ 依次查找参数值的每一位的数值。按 OK，确定相应的参数值。

以下介绍在菜单 "PARAMS" 下修改参数值的步骤，以修改参数 P1121 的值为例。

（1）使用 ▲ 和 ▼ 键将光标移动到 "PARAMS"，按 OK 键。使用 ▲ 和 ▼ 键将光标移动到 "EXPERT"，按 OK 键。

（2）用 ▲ 和 ▼ 键滚动到带 P 的参数，长按 OK 键直到参数号第一个数字开始闪烁，用 ▲ 和 ▼ 键修改第二位数字到 1，按 OK 键。

（3）下一个数字开始闪烁，同样的方法修改参数号的位数，直到把参数号改成 P1121 参数，按 OK 键。

（4）P1121 参数值开始闪烁，参数 P1121 的默认值为 10。按 ■ 键，保持 2 s，再用 ▲ 和 ▼ 键依次修改参数的每一位值，修改完后按 ■ 键确认。

3. 变频器的快速调试

初次使用 G120 变频器、或在调试过程中出现异常或已经使用过需要再重新调试。这些情况下都需要将变频器恢复到出厂设置。通过变频器的操作面板 BOP 恢复出厂设置可以采用两种方式，一种是通过"EXTRAS"菜单项的"DRVRESET"实现，另一种是在快速调试"SETUP"菜单项中集成的"RESET"实现。

快速调试通过设置电机参数、变频器的命令源、频率给定源等基本设置信息，从而达到简单快速运转电机的一种操作模式。使用操作面板 BOP 进行快速调试步骤如下：

（1）在 BOP 上选择菜单"SETUP"。若需要在开始基本调试前，恢复所有参数的出厂设置，请使用 ▲ 和 ▼ 键找到"RESET"，按 ■ 键激活复位出厂设置，自动进入快速调试的步骤。

（2）P1300 选择电机的控制方式。电机的控制类型有：VF LIN——采用线性特性曲线的 V/F 控制，VF QUAD——采用平方矩特性曲线的 V/F 控制，SPDNEN——转速控制，TRQNEN——转矩控制。

（3）根据电机的铭牌数据设置电机参数：P304 额定电压、P305 额定电流、P307 额定功率、P311 额定转速。

（4）设置电机的最小和最大转速、加减速时间。P1080 电机的最小转速、P1082 电机的最大转速、P1120 电机的加速时间、P1121 电机的减速时间。在快速调试阶段，这里的参数也可以不设置，采用默认值。

（5）设置电机识别和速度控制器的优化。P1900 = 0：不做优化。P1900 = 1：若是 V/F 控制，只做静态优化，若是 VC 控制，静态、动态都优化。P1900 = 2：只做静态优化。根据电机的具体情况选择 P1900 的值。

（6）菜单"SETUP"里的其他参数可采用默认设置，不做修改。出现"FINISH"时确认基本调试的结束。用 ▲ 和 ▼ ■ 键选择"YES"。

（7）操作面板 BOP 出现"BUSY"表示变频器处于参数修改的进程中，"DONE"表示调试完成。若有故障，则显示"FAULT"，先排除故障，再重新调试。

9.1.3　任务实施

1. 硬件组态

1）添加设备

打开 TIA Portal V14，创建一个新项目，添加新的设备。PLC 是 CPU 1215C DC/DC/DC/ 中的 6ES7 215 - 1AG40 - 0XB0 型号。HMI 触摸屏是 SIMATIC 精智面板中 7 英寸显示屏 TP700 Comfort 中 6AV2 124 - 0GC01 - 0AX0，这两个设备的添加方法不再赘述。

在博途软件的项目视图中，单击"设备和网络"，我们看到已添加了 PLC 和触摸屏两个设备。将右边的硬件目录中"其他现场设备 → PROFINET IO → Drives → Siemens AG → SINAMICS → SINAMICS G120 CU250S - 2 PN Vector V4.7"模块拖拽到网络视图空白处。变频器型号所在位置，如图 9 - 2 所示。

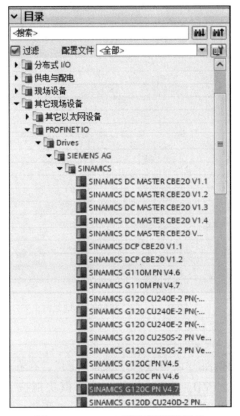

图 9-2 G120C 型变频器的型号

在"网络视图"界面,单击鼠标左键 PLC 和触摸屏的网口连接起来,在变频器的下方"未分配"处单击,出现"选择 IO 控制器"选项,单击"PLC_1. PROFINET 接口_1",完成与 IO 控制器的网络连接,如图 9-3 所示。

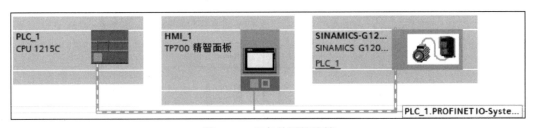

图 9-3 设备的网络连接

2) 组态设备名称和分配 IP 地址

选择 CPU,单击"以太网地址",分配 IP 地址为 192.168.0.1,设置其设备名称为"plc_1"。用同样的方法设置 HMI 触摸屏,分配 IP 地址为 192.168.0.2,设备名称为"hmi_1"。

选择 G120C,单击"以太网地址",分配 IP 地址为 192.168.0.3,设置其设备名称为"sinamics - g120c - pn",如图 9-4 所示。这里要注意 PLC、触摸屏、变频器的 IP 地址不能重复。

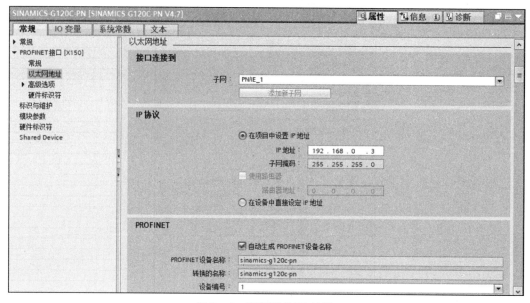

图 9-4 变频器的 IP 地址

3) 组态变频器 G120C 的报文

在网络视图中单击"变频器"设备进入"设备视图",在右边有个硬件目录,在这个硬件目录中双击"标准报文 1,PZD-2/2"模块,或将模块拖拽到"设备概览"视图的插槽中,在设备概览的列表里就出现了标准报文,如图 9-5 所示。右键单击"标准报文 1"选择"属性",确定输入/输出地址,可采用默认设置,如图 9-6 所示。

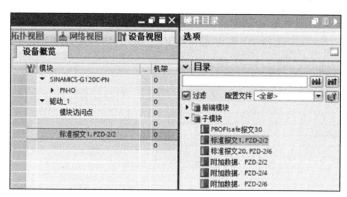

图 9-5 变频器添加报文

4) 下载硬件配置

鼠标单击"PLC_1"选项,单击"下载到设备"按钮,选择 PG/PC 接口类型,PG/PC 接口和子网的链接,单击"开始搜索"按钮,选中搜索到的设备"PLC_1",单击"下载"按钮,完成下载操作。

2. 变频器 G120C 的配置

在完成 S7-1200 的硬件配置下载后,S7-1200 与 G120C 还无法进行通信,必须为

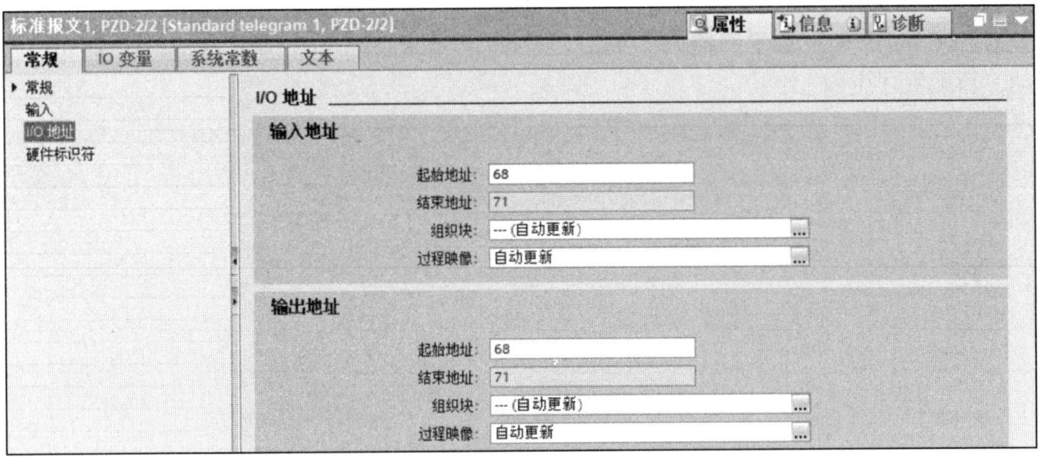

图 9-6 标准报文 1 的 I/O 地址

G120C 分配设备名称和 IP 地址，保证为 G120C 实际分配的设备名称与硬件组态中为 G120C 分配的设备名称一致。

如图 9-7 所示，选择"更新可访问的设备"，并单击"在线并诊断"，单击"命名"，设置 G120 PROFINET 设备名称为"sinamics-g120c-pn"，并单击"分配名称"按钮，从消息栏中可以看到提示。

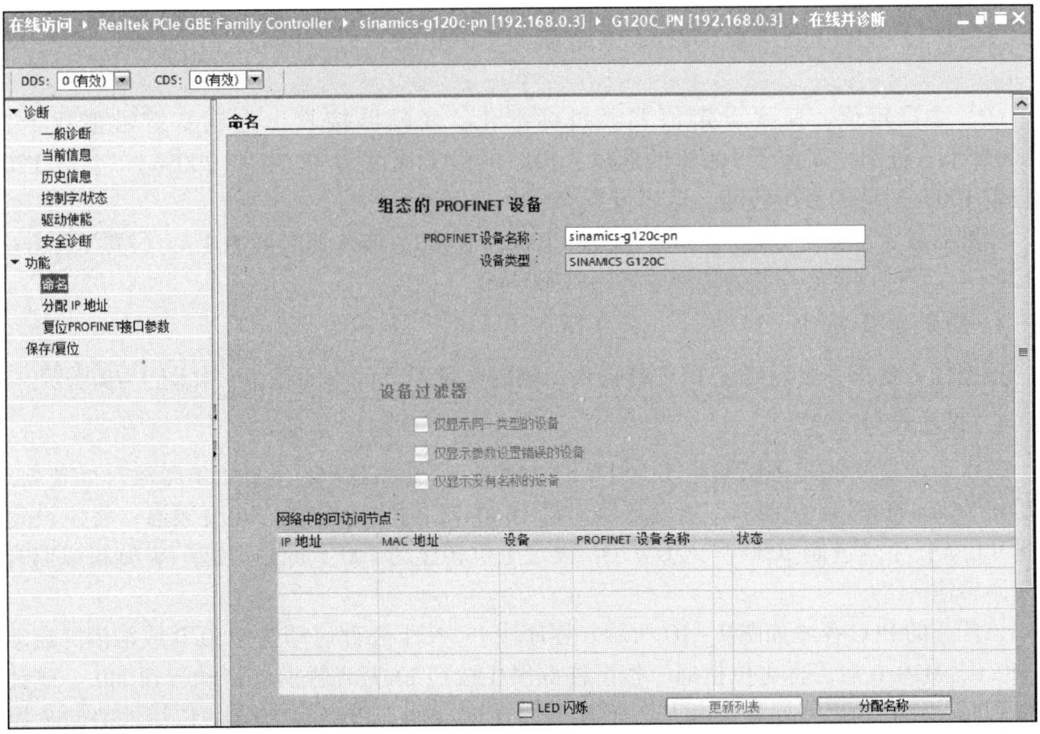

图 9-7 G120C 变频器分配名称

变频器 G120C 实际分配的 IP 地址要与硬件组态中为 G120C 分配的 IP 地址一致。如

图9-8所示,选择"更新可访问的设备",并单击"在线并诊断",单击"分配IP地址",设置G120C的IP地址和子网掩码,单击"分配IP地址"按钮,分配完成后,需重新启动驱动,新配置才生效。

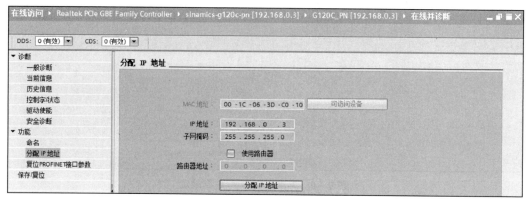

图9-8 G120C变频器分配IP地址

在变频器里设置P15=7,选择"现场总线控制";P922=1,选择"标准报文1,PZD2/2"。

S7-1200通过PROFINET PZD通信方式将控制字1(STW1)和主设定值(NSOLL_A)周期性地发送至变频器,变频器将状态字1(ZSW1)和实际转速(NIST_A)发送到S7-1200。

(1)控制字:有关控制字,(STW1)详细定义请参考相关说明书。常用控制字:047E(16进制)——OFF1停车,047F(16进制)——正转启动,0C7F(16进制)——反转启动。

(2)主设定值:速度设定值要经过标准化,变频器接收十进制有符号整数16384(4000H十六进制)对应于100%的速度,接收的最大速度为32 767(200%)。参数P2000中设置100%对应的参考转速,这里设置P2000=1 400。

变频器最大速度为1 400 r/min,设置P1082=1 400,加减速时间为4 s,设置P1120=4,P1121=4。转速设定值来源为现场总线,P1000=6。

3. 确定变量表

根据任务要求,可以确定PLC的输入、输出变量及其他中间变量,如图9-9所示。

4. 程序设计

首次启动变频器需将控制字1(STW1)16#047E写入QW68,使变频器运行准备就绪,然后将16#047F写入QW68启动变频器。将16#047E写入QW68停止变频器;将主设定值(NSOLL_A)十六进制2000写入QW70,设定电机转速为700 r/min。读取IW70可以监视电机实际转速。

该任务的PLC程序如图9-10所示。程序段1:按下外部启动按钮I0.0或触摸屏启动按钮M0.0,M20.0启停标志位接通,按下外部停止按钮I0.1或触摸屏启动按钮M0.1或计数次数到时,M20.0启停标志位断开。不在七段速度期间,PLC将16#047E写入QW68控制字,扫描首周期,M10.0开始连续7位清零。程序段2:M20.0启停标志位接通后,9个定时器分别计时9个时间段,包括7段速度的时间、中间暂停和一个周期后的停止时间,一个周期时间到后接通时间标志位M2.0。程序段3:在7段速度的各个时间段内分别接通位存

变频器的PLC控制 ▸ PLC_1 [CPU 1215C DC/DC/DC] ▸ PLC 变量 ▸ 变量表_1 [21]

变量表_1

	名称	数据类型	地址	保持	可从...
1	启动按钮	Bool	%I0.0	☐	☑
2	停止按钮	Bool	%I0.1	☐	☑
3	触摸屏启动	Bool	%M0.0	☐	☑
4	触摸屏停止	Bool	%M0.1	☐	☑
5	一段速度	Bool	%M10.0	☐	☑
6	二段速度	Bool	%M10.1	☐	☑
7	三段速度	Bool	%M10.2	☐	☑
8	四段速度	Bool	%M10.3	☐	☑
9	五段速度	Bool	%M10.4	☐	☑
10	六段速度	Bool	%M10.5	☐	☑
11	七段速度	Bool	%M10.6	☐	☑
12	速度显示	Real	%MD30	☐	☑
13	启停标志位	Bool	%M20.0	☐	☑
14	时间标志位	Bool	%M2.0	☐	☑
15	主设定值	Int	%QW70	☐	☑
16	实际转速	Int	%IW70	☐	☑
17	临时数据1	Int	%MW100	☐	☑
18	控制字	Word	%QW68	☐	☑
19	临时数据2	Real	%MD200	☐	☑
20	Tag_1	Bool	%M50.0	☐	☑
21	Tag_2	Bool	%M50.1	☐	☑

图 9－9　液体搅拌机控制的 PLC 变量表

储器 M10.0～M10.6，存储七段速度的时间。程序段 4：时间标志位 M2.0 接通后计一次数，若有按下外部启动按钮或触摸屏启动按钮，计数器清零。程序段 5：在每个速度的时间段里分别把相应的 16#047F 或 16#0C7F 写入 QW68 正转或反转变频器，并写入对应速度的十六进制到 QW70，比如 350 r/min 对应的十六进制为 16#1000。程序段 6：把变频器反馈过来的实际转速 IW70 转化成浮点数类型的转速传送给 MD30。

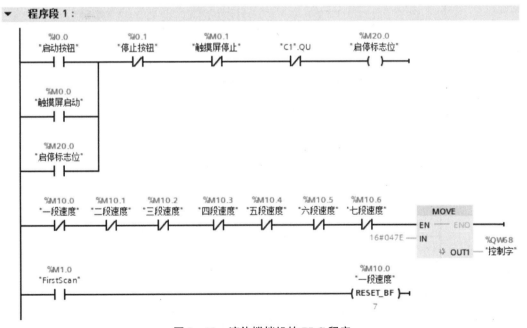

图 9－10　液体搅拌机的 PLC 程序

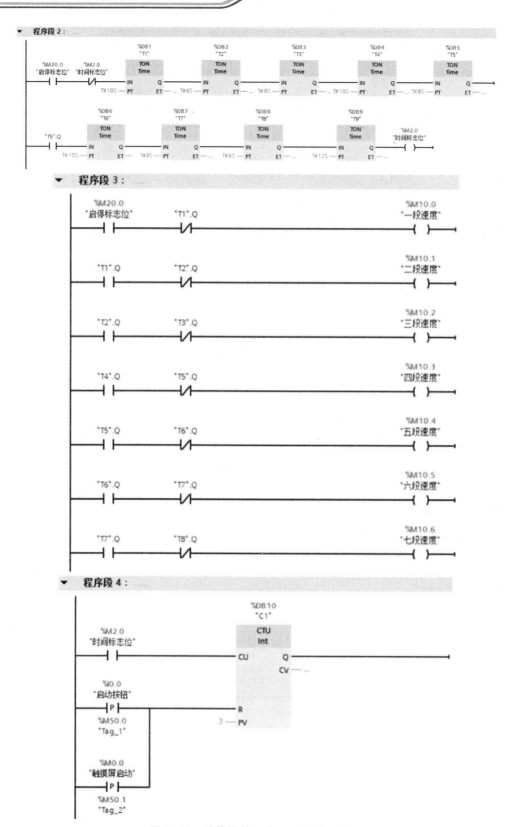

图 9-10 液体搅拌机的 PLC 程序（续）

▼ 程序段 5：

```
%M10.0
"一段速度"
——| |——————————MOVE——————
              EN — ENO
   16#047F — IN
              ⇒ OUT1 — %QW68 "控制字"

              ——————MOVE——————
              EN — ENO
   16#1000 — IN
              ⇒ OUT1 — %QW70 "主设定值"

%M10.1
"二段速度"
——| |——————————MOVE——————
              EN — ENO
   16#0C7F — IN
              ⇒ OUT1 — %QW68 "控制字"

              ——————MOVE——————
              EN — ENO
   16#2000 — IN
              ⇒ OUT1 — %QW70 "主设定值"

%M10.2
"三段速度"
——| |——————————MOVE——————
              EN — ENO
   16#047F — IN
              ⇒ OUT1 — %QW68 "控制字"

              ——————MOVE——————
              EN — ENO
   16#2500 — IN
              ⇒ OUT1 — %QW70 "主设定值"

%M10.3
"四段速度"
——| |——————————MOVE——————
              EN — ENO
   16#047F — IN
              ⇒ OUT1 — %QW68 "控制字"

              ——————MOVE——————
              EN — ENO
   16#3000 — IN
              ⇒ OUT1 — %QW70 "主设定值"

%M10.4
"五段速度"
——| |——————————MOVE——————
              EN — ENO
   16#047F — IN
              ⇒ OUT1 — %QW68 "控制字"

              ——————MOVE——————
              EN — ENO
   16#2000 — IN
              ⇒ OUT1 — %QW70 "主设定值"
```

图 9-10 液体搅拌机的 PLC 程序（续）

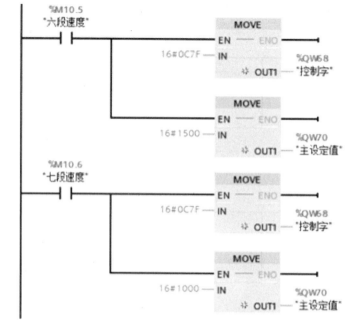

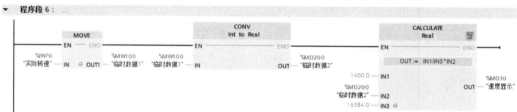

图 9-10 液体搅拌机的 PLC 程序（续）

5. 触摸屏设计

根据任务要求，在 HMI 触摸屏里添加两个按钮，分别关联触摸屏启动 M0.0 和触摸屏停止 M0.1 变量。在 HMI 触摸屏添加一个"I/O 域"，双击打开"属性"窗口，在"常规"选项里把"过程"中的变量关联"速度显示"变量 MD30，"类型"中的模式为"输出"类型。触摸屏界面如图 9-11 所示。

6. 仿真与调试

选中 PLC_1，按前文 2.3 介绍的方法，创建 PLC_1 程序的仿真项目。仿真设备连接后，在项目树下的"SIM 表格"下的"SIM 表格_1"中输入 PLC

图 9-11 触摸屏界面

程序相关的变量，双击"启动按钮"I0.0，模拟按下启动按钮，"一段速度"M10.0 接通，如图 9-12 所示。观察每段速度对应的变量是否按时间要求陆续接通，若与控制要求一致，则说明本次任务仿真成功。

根据任务要求，PLC 外部接一个启动按钮和一个停止按钮，G120C 变频器按照说明书接好输入电源与电机，PLC、触摸屏及变频器的网口用网线连接。将编辑好的用户程序及设

SIM 表格_1

名称	地址	显示格式	监视/修改值	位	一致修改
"启动按钮":P	%I0.0:P	布尔	FALSE		FALSE
"停止按钮":P	%I0.1:P	布尔	FALSE		FALSE
"一段速度"	%M10.0	布尔	TRUE	☑	FALSE
"二段速度"	%M10.1	布尔	FALSE		FALSE
"三段速度"	%M10.2	布尔	FALSE		FALSE
"四段速度"	%M10.3	布尔	FALSE		FALSE
"五段速度"	%M10.4	布尔	FALSE		FALSE
"六段速度"	%M10.5	布尔	FALSE		FALSE
"七段速度"	%M10.6	布尔	FALSE		FALSE
"C1".CV		DEC+/-	0		0

图 9－12　PLC 程序仿真 SIM 表

备组态下载到 CPU 中。下载成功并与 PLC 建立好在线连接后，打开需要监视的程序，单击程序编辑器工具栏上的“启用/禁用监视”按钮，启动程序状态监视。打开项目树中 PLC 的“监控与强制表”文件夹，双击其中的“添加新监控表”，生成一个名为“监控表_1”的新监控表。按下外部启动按钮 I0.0 或触摸屏启动 M0.0，“启停标志位”M20.0 接通，同时“一段速度”M10.0 接通，如图 9－13 所示。观察每个速度段的运行、速度显示及计数次数是否符合控制要求。若监视结果、电机的运行速度与控制要求一致，则说明调试成功，完成任务要求。

变频器的PLC控制 ▸ PLC_1 [CPU 1215C DC/DC/DC] ▸ 监控与强制表 ▸ 监控表_1

	名称	地址	显示格式	监视值	修改值	注释
1	"启停标志位"	%M20.0	布尔型	TRUE		
2	"一段速度"	%M10.0	布尔型	TRUE		
3	"二段速度"	%M10.1	布尔型	FALSE		
4	"三段速度"	%M10.2	布尔型	FALSE		
5	"四段速度"	%M10.3	布尔型	FALSE		
6	"五段速度"	%M10.4	布尔型	FALSE		
7	"六段速度"	%M10.5	布尔型	FALSE		
8	"七段速度"	%M10.6	布尔型	FALSE		
9	"速度显示"	%MD30	浮点数	349.91...		
10	"C1".CV		带符号十...	0		

图 9－13　PLC_1 的监控表

9.2　机床主轴电机的转速控制

9.2.1　任务要求

某台数控车床，主轴的电机转速由变频器控制。PLC 的模拟量输出作为变频器的模拟量输入。按下启动按钮，主轴电机启动，电机转速默认为 700 r/min，按升速按钮，电机转速升高，按降速按钮，电机转速降低，电机主轴转速在 0～1 400 r/min 可调。合上反向开关，电机按当前的速度反转运行。按下停止按钮，电机减速停止。当转速低于 300 r/min 时，低速指示灯亮，当转速高于 1 000 r/min 时，高速指示灯亮。

电机最大转速为 1 400 r/min，最小转速为 0，电机从 0 到最大转速 1 400 r/min 时的加速时间为 4 s。触摸屏上除设置启动按钮、停止按钮、反向开关、低速指示灯、高速指示灯外，还能实时显示电机转速。

9.2.2 相关知识

1. PLC 的模拟量概述

模拟量是指在时间和数值上都连续的物理量，其表示的信号称为模拟信号。模拟量在连续的变化过程中任何一个取值都是一个具体有意义的物理量，如电压、电流、温度、压力、流量、液位等。在工业控制系统中，会经常遇到模拟量，并需要按照一定的控制要求实现对模拟量的采集和控制。

PLC 应用于模拟量控制时，要求 PLC 具有 A/D（模/数）和 D/A（数/模）转换功能，能对现场的模拟量信号与 PLC 内部的数字量信号进行转换；PLC 还必须具有数据处理能力，特别是应具有较强的算术运算功能，能根据控制算法对数据进行处理，以实现控制目的。

S7-1200 PLC 可通过 PLC 本体即内置的模拟量输入/输出接口、模拟量信号板（SB）、模拟量信号模块（SM）等方式进行模拟量控制。S7-1200 PLC 的模拟量信号模块包括 SM1231 模拟量输入模块、SM1232 模拟量输出模块、SM1234 模拟量输入/输出模块。

2. PLC 的模拟量输入

PLC 的模拟量输入模块是把模拟量转换成数字量输出的 PLC 工作单元，简称 AD 模块。S7-1200 PLC 均在本体内置了两个模拟量输入点，输入类型为电压型，量程范围为 0 ~ 10 V，满量程范围为 -27 648 ~ 27 648。

模拟量输入信号板可直接插到 S7-1200 CPU 中，CPU 的安装尺寸保持不变，所以更换使用方便。主要包括 SB1231 AI 1×12 位 1 路模拟量输入板和 SB 1231 AI 1×16 位热电偶 1 路热电偶模拟量输入板，模拟量信号板参数见表 9-1。

表 9-1 模拟量输入信号板参数

型号	SB1231 AI 1×12 位	SB 1231 AI 1×16 位热电偶
输入点数	1	1
类型	电压或电流	浮动 TC 和 mV
范围	±10 V、±5 V、±2.5 V 或 0 ~ 20 mA	配套热电偶
分辨率	11 位 + 符号位	温度：0.1 ℃/0.1 ℉ 电压：15 位 + 符号位
满量程范围（数据字）	-27 648 ~ 27 648	-27 648 ~ 27 648

模拟量输入信号模块安装在 CPU 右侧的相应插槽中，可提供多路模拟量输入/输出点数；模拟量输入可通过 SM1231 模拟量输入模块或 SM1234 模拟量输入/输出模块提供。模拟量输入模块参数见表 9-2。

模拟量经过 A/D 转换后的数字量，在 S7-1200 CPU 中以 16 位二进制补码表示，其中最高位（第 15 位）为符号位。如果一个模拟量模块精度小于 16 位，则模拟转换的数值将左移到最高位后，再保存到模块中。例如，某一模块分辨率为 13 位（符号位 + 12 位），则低三位被置零，即所有数值都是 8 的倍数。

表 9-2　模拟量输入模块参数

型号	SM1231 AI4×13 位	SM1231 AI8×13 位	SM1231 AI4×16 位	SM1234 AI4×13 位/AQ2×14 位
输入点数	4	8	4	4
类型	电压或电流（差动）			
范围	±10 V、±5 V、±2.5 V 0～20 mA 或 4～20 mA		±10 V、±5 V、±2.5 V、±1.25 V 0～20 mA 或 4～20 mA	±10 V、±5 V、±2.5 V 0～20 mA 或 4～20 mA
满量程范围（数据字）	电压：-27 648～27 648 电流：0～27 648			

西门子 PLC 模拟量转换的二进制数值：单极性输入信号时（如 0～10 V 或 4～20 mA），对应的正常数值范围为 0～27 648（16#0000～16#6C00）；双极性输入信号时（如 -10～10 V），对应的正常数值范围为 -27 648～27 648。在正常量程区以外，设置过冲区和溢出区，当检测值溢出时，可启动诊断中断。

3. PLC 的模拟量输出

PLC 的模拟量输出模块是把数字量转换成模拟量输出的 PLC 工作单元，简称 DA 模块。S7-1200 PLC 将 16 位的数字量线性转换成标准的电压或电流信号，S7-1200 PLC 可以通过本体集成的模拟量输出点，或模拟量输出信号板、模拟量输出模块将 PLC 内部数字量转换为模拟量输出以驱动各执行机构。

在 S7-1200 PLC 中，CPU 1215C、CPU 1217C 内置了两路模拟量输出，输出类型为电流，量程范围为 0～20 mA，满量程范围（数据字）0～27 648。模拟量输出信号板可直接插接到 S7-1200 CPU 中，CPU 的安装尺寸保持不变，所以更换方便。模拟量输出板型号为 SB 1232 AQ 1×12 位，输出类型为电压或电流，范围为 ±10 V 或 0～20 mA。电压分辨率为 12 位；电流分辨率为 11 位。满量程范围（数据字），电压：-27 648～27 648；电流：0～27 648。

模拟量输出模块安装在 CPU 右侧的相应插槽中，可提供多路模拟量输出。模拟量输出可通过 SM1232 模拟量输出模块或 SM1234 模拟量输入/输出模块提供。模拟量输出模块参数见表 9-3。

表 9-3　模拟量输出模块参数

型号	SM1232 AQ 2×14 位	SM1232 AQ 4×14 位	SM1234 AI 4×13 位/AQ 2×14 位
输出点数	2	4	2
类型	电压或电流		
范围	±10 V、0～20 mA 或 4～20 mA		±10 V、0～20 mA 或 4～20 mA
满量程范围（数据字）	电压：-27 648～27 648；电流：0～27 648		

9.2.3 案例分析

1. 控制要求

采用 S7-1200 内置的模拟量输入/输出点或 SM1234 模拟量输入/输出模块，对外部 0~10 V 模拟量进行监测，实现以下功能：

通过 10 V 电源和滑动变阻器组合成可调电压源，调节模拟量输入值，通过 5 盏指示灯组合状态显示输入值的范围：当模拟量输入值≥1 V 时，HL1（Q0.1）点亮；当模拟量输入值≥3 V 时，HL1、HL2（Q0.1、Q0.2）点亮；当模拟量输入值≥5 V 时，HL1~HL3（Q0.1、Q0.2、Q0.3）点亮；当模拟量输入值≥7 V 时，HL1~HL4（Q0.1、Q0.2、Q0.3、Q0.4）点亮；当模拟量输入值≥9 V 时，5 盏灯（Q0.1、Q0.2、Q0.3、Q0.4、Q0.5）全部点亮，并把输入的电压值转换成相对应的电流输出，用万用表测量电流值。把 PLC 输入电压值、输出电流值以及 5 盏灯的亮灭情况显示在触摸屏上。

2. 硬件组态

方案一：采用 PLC 内置的模拟量输入输出点。

打开博途软件，新建一个项目，并添加控制器 CPU 1215C DC/DC/DC，硬件组态与之前的任务一样。打开 PLC_1 设备视图，单击右侧"设备视图"箭头，展开"设备概览"界面，可以看到自动分配的模拟量输入输出通道的地址，模拟量输入输出通道地址分配如图 9-14 所示。

设备概览							
…	模块	插槽	I 地址	Q 地址	类型	订货号	固件
	▼ PLC_1	1			CPU 1215C DC/DC/DC	6ES7 215-1AG40-0XB0	V4.2
	DI 14/DQ 10_1	1 1	0…1	0…1	DI 14/DQ 10		
	AI 2/AQ 2_1	1 2	64…67	64…67	AI 2/AQ 2		

图 9-14 模拟量输入输出通道地址分配

模拟量模块以通道为单位，一个通道占一个字（2B）的地址，所以在模拟量地址中只有偶数。在属性对话框"I/O 地址"选项卡中，用户可以修改系统自动分配的地址，一般习惯采用系统分配的地址。两路模拟量输入的默认地址分别为 IW64（通道 0）和 IW66（通道 1），模拟量输入电压值为 0~10 V，对应数字量为 0~27 648。两路模拟量输出的默认地址分别为 QW64（通道 0）和 QW66（通道 1），模拟量输出电流值为 0~20 mA，对应数字量为 0~27 648。PLC_1 的模拟量输入通道 0 如图 9-15 所示，PLC_1 的模拟量输出通道 0 如图 9-16 所示。通道 1 和通道 0 相比，除了地址不同，其他属性类似。CPU 内置的模拟量通道类型，无法对其更改。

图 9-15 PLC_1 的模拟量输入通道 0

图 9-16 PLC_1 的模拟量输出通道 0

方案二：采用 SM1234 模拟量输入/输出模块。

通常每个模拟量信号模块都可以更改其测量信号的类型和范围。S7-1200 PLC 的模拟量模块的系统默认地址为 I/QW96~I/QW222。一个模拟量模块最多有 8 个通道，S7-1200 给每一个模拟量分配 16B（8 个字）的地址。

在 PLC_1 的设备视图中右边的"硬件目录"中选择 AI/AQ→AI 4×13BIT/ AQ 2×14BIT→6ES7 234-4HE 32-0XB0，双击把它放到 PLC_1 的右边，如图 9-17 所示。

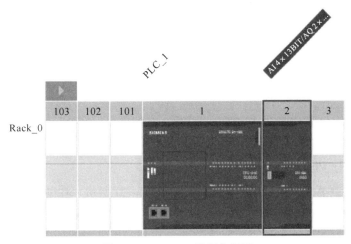

图 9-17 PLC_1 的设备视图

双击模拟量输入/输出模块，打开模块的属性窗口，如图 9-18 所示。在"常规"属性中包括"常规"和"AI4/AQ2"两个选项，"常规"项给出了该模块的名称、描述、注释、订货号及固件版本等。在"AI4/AQ2"选项中的"模拟量输入"项中可看到模块的输入默认地址为 IW96，该项中还可设置信号的测量类型、测量范围及滤波级别（一般选择"弱"级，可以抑制工频信号对模拟量信号的干扰），单击测量类型后面的按钮，可以看到测量类型有电压和电流两种；单击测量范围后面的按钮，若测量类型选为电压，则电压范围为 ±2.5 V、±5 V、±10 V；若测量类型选为电流，则电流范围为 0~20 mA 或 4~20 mA。在此对话框中可以激活输入信号的"启用溢出中断"等功能。该模块的"模拟量输出"选项如图 9-19 所示。从图 9-19 中可看到模块的输出默认地址为 QW96，该选项中还可设置输出模拟量的信号类型（电压或电流）及范围。若输出为电压信号，则范围为 ±10 V；若输出为电流信号，则范围为 0~20 mA 或 4~20 mA。

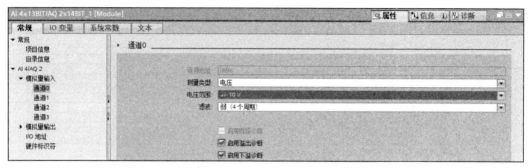

图 9-18 模拟量模块的输入通道设置

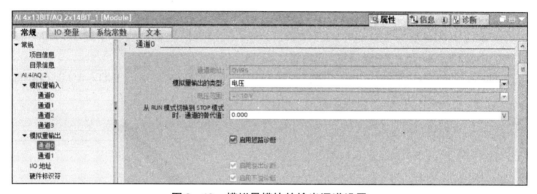

图 9-19 模拟量模块的输出通道设置

该选项中还可以设置 CPU 进入 STOP 模式后,各输出点保持最后的值或使用替换值,还可以激活电压输出的短路诊断功能,电流输出的断路诊断功能以及超出上下界限的诊断功能。

3. 外部接线与 PLC 变量

根据案例的控制要求,PLC 的外部接线图如图 9-20 所示。在硬件组态中讲到了两种方案的组态,对这个案例的 PLC 编程来说,除了地址不同外,编程都一样,这里就采用 PLC 内置的模拟量输入输出点这个方案完成该案例。其 PLC 的变量表如图 9-21 所示。

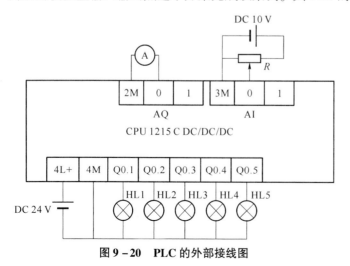

图 9-20 PLC 的外部接线图　　　　图 9-21 案例的 PLC 变量表

4. PLC 程序设计

根据案例的控制要求，编制其 PLC 程序，如图 9-22 所示。程序中，NORM_X 是标准化指令，通过将输入（MW10）的值（0~27 648）映射到线性标尺（0~1）对其进行标准化处理；SCALE_X 是缩放指令，通过将输入（MD20）的值映射到指定的（0~10 V 或 0~20 mA）范围对其进行电压或电流转换与显示。

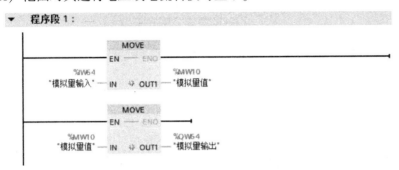

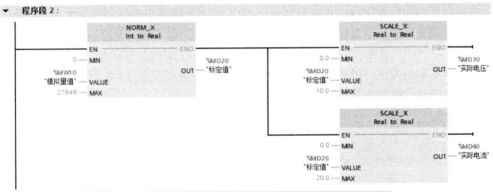

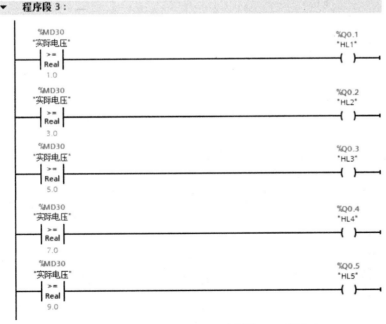

图 9-22 案例的 PLC 程序

5. 触摸屏界面设计

根据案例要求，在 HMI 触摸屏里添加两个"I/O 域"，双击打开"属性"窗口，在"常规"选项里把"过程"中的变量分别关联"实际电压"变量 MD30、"实际电流"变量 MD40，"类型"中的模式为"输出"类型，添加 5 个圆代表 5 盏灯，分别关联变量 Q0.1～Q0.5，当变量为"1"时，灯的颜色由灰色变成红色。触摸屏的界面如图 9-23 所示。

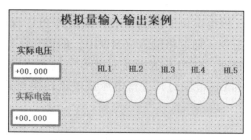

图 9-23 案例的触摸屏界面

6. 下载与调试

根据案例的控制要求，完成 PLC 的外部接线，其中 CPU 1215 C DC/DC/DC 本体自带的模拟量输入输出在 CPU 的右上方，输入点的标记为 AI，3M 是公共端（接电压的负端），0 是通道 0 端子，1 是通道 1 端子。输出点的标记为 AQ，2M 是公共端，0 是通道 0 端子，1 是通道 1 端子。将编辑好的用户程序及设备组态下载到 CPU 中。下载成功并与 PLC 建立好在线连接后，打开需要监视的程序，单击按钮，启动程序状态监视。调节滑动变阻器，使 PLC 的输入电压值分别为 1 V、3 V、5 V、7 V、9 V，观察触摸屏指示灯及 PLC 外部指示灯的亮灭情况，触摸屏显示的电压和电流值、模拟量输出端口实际测量的电流值见表 9-4。从表 9-4 中可看出，测量的输出电流约为输入电压的二倍。

表 9-4 输入电压、输出电流记录

给定输入电压/V	触摸屏显示电压/V	触摸屏显示电流/mA	测量输出电流/mA
1	1.012 3	2.024	1.9
3	3.036	6.073	5.9
5	5.037	10.073	9.9
7	7.043	14.074	13.9
9	9.050	18.112	18

打开项目树中 PLC 的"监控与强制表"文件夹，双击其中的"添加新监控表"，生成一个名为"监控表_1"的新监控表。当给定输入电压为 1 V 时，监控表如图 9-24 所示，HL1 灯亮。观察每个输入电压段对应的变量的值是否符合控制要求。若测量的输出电流及监视结果与控制要求一致，则说明调试成功，完成案例的控制要求。

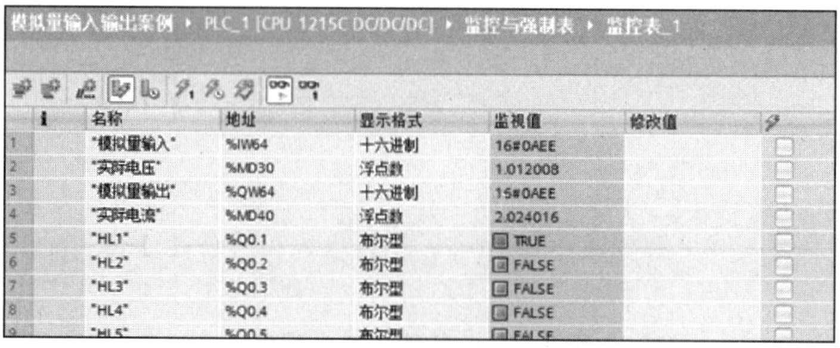

图 9-24 电压为 1 V 时的监控表

9.2.4 任务实施

1. 变频器的模拟量输入设置分析

变频器将模拟量输入设为设定值源，需要设置 P1000、P1070 参数，变频器对外部端子进行了多种预设置，根据操作说明及任务要求，可设置 P15 = 12，这个预设置里带模拟量端子，并且控制电机的方法采用双线制控制方法 1。该方法的控制如表 9-5 所示。它通过一个控制指令（ON/OFF1）控制电机的启停，通过另一个控制指令控制电机的正转、反转。变频器的外部端子 DI0 可以接一个 ON/OFF1 功能的按钮，外部端子 DI1 接一个切换电机旋转方向的开关。要将控制指令和选中的数字量输入互联在一起，那么设置 P0840 = r722.0，表示 ON/OFF1 功能的按钮与 DI0 互联；P1113 = r722.1，表示反向功能的开关与 DI1 互联。双线制控制方法 1 的具体说明、参数的含义请查看变频器 G120C 操作说明书。

表 9-5 双线制控制方法 1

电机动作	控制指令	典型应用
正转　停止　反转　停止		
电机ON/OFF 换向	双线制控制，方法 1 1. 接通和关闭电机（ON/OFF1） 2. 切换电机旋转方向（反转）	传送带应用中的现场控制

使用参数 P0756 确定变频器模拟量输入端的类型。P0756 = 0，为单极电压输入 0~10 V；P0756 = 2，为单极电流输入 0~20 mA；P0756 = 4，为 ±10 V 的电压输入。其他类型的设置请查看 G120C 操作说明书。

2. 变频器的参数设置

设置变频器参数如下：P1000 = 2，P0015 = 12，P0840 = r722.0，P1070 = 755.0，P1113 = r722.1，P1080 = 0，P1082 = 1 400，P1120 = 4，P1121 = 4，P0756 = 0 或 2。P0756 的参数可以根据具体情况选择设置成 0 或 2。若 P0756 设置成 0，变频器的模拟量输入端 AI+、AI- 为 0~10 V 的电压输入，变频器的 DIP 开关位置为"U"，即 AI 输入端为电压型，而 PLC 自带的模块量输出为电流型，可以在 PLC 的模拟量输出端 AQ 处并联一个 500 Ω 的电阻。若设置成 2，那么变频器的模拟量输入端 AI+、AI- 为 0~20 mA 的电流输入，则需要把变频器控制单元正面保护盖后面 AI 对应的 DIP 开关位置改为"I"。这个任务选择设置 P0756 参数值为 2，变频器为 0~20 mA 的电流输入。

3. 外部接线

该任务的外部接线如图 9-25 所示。本任务所用的 PLC 型号为 CPU 1215 DC/DC/DC，供电电源和负载电压均为直流 24 V。

4. PLC 的变量表

根据任务要求,确定 PLC 的输入、输出及中间变量的地址和名称,如图 9-26 所示。该任务没要求在外部设置按钮,因此启动按钮、停止按钮、升速按钮、降速按钮均在触摸屏上设置,简化了 PLC 的外部接线。

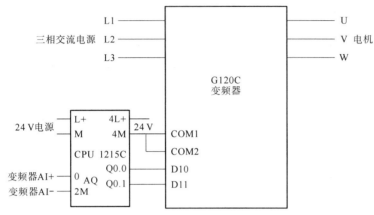

图 9-25　PLC 与变频器的外部接线　　　　图 9-26　PLC 的变量表

5. PLC 程序设计

根据任务的控制要求及 PLC 的变量表,编制 PLC 的程序,如图 9-27 所示。程序段 1:触摸屏启动按钮按下,启动信号 Q0.0 接通,触摸屏停止按钮按下,启动信号 Q0.0 断开,反向开关通断实现输出反向信号 Q0.1 的断开。程序段 2:启动信号接通时,把初始值(13 824 的数据字对应转速 700 r/min)送给模拟量输出 QW64,电机转速为 700 r/min;若触摸屏停止按钮按下时,电机转速为 0。程序段 3:按下升速按钮,PLC 的模拟量输出 QW64 增加,电机转速增加;按下降速按钮,PLC 的模拟量输出 QW64 减少,电机转速降低。程序段 4:把模拟量输出的 QW64 数据字转换成电机实际转速,若有合上反向开关,触摸屏显示的电机实际转速由正变为负,转换程序中的数据转换也可以采用案例中的标准化指令和缩放指令来实现。程序段 5:当电机实际转速小于 300 r/min 时,触摸屏上的低速指示灯亮;当电机实际转速大于 1 000 r/min 时,触摸屏上的高速指示灯亮。

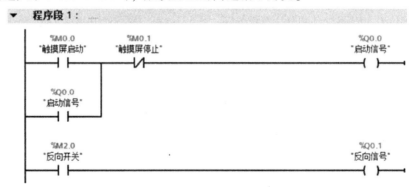

图 9-27　PLC 程序

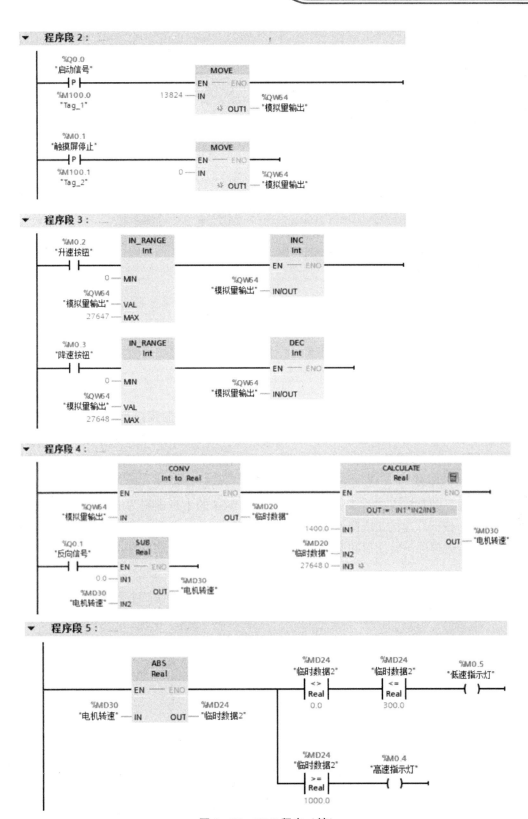

图 9-27 PLC 程序（续）

6. 触摸屏界面设计

根据任务要求，在 HMI 触摸屏里添加 4 个按钮：启动、停止、升速、降速按钮，1 个反向开关。1 个"I/O 域"，双击打开"属性"窗口，在"常规"选项里把"过程"中的变量分别关联"电机转速"变量 MD30，"类型"中的模式为"输出"类型。添加 2 个圆代表 2 个灯：高速指示灯、低速指示灯，分别关联变量 M0.4、M0.5，变量为"1"时，灯的颜色由灰色变成红色。触摸屏的界面如图 9 – 28 所示。

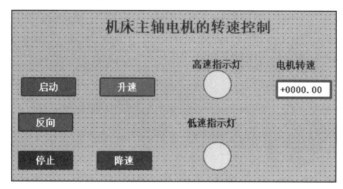

图 9 – 28　触摸屏的界面

7. 下载与调试

根据任务的控制要求，完成 PLC 的外部接线。将编辑好的用户程序及设备组态下载到 CPU 中。下载成功并与 PLC 建立好在线连接后，打开需要监视的程序，单击"启用/禁用监视"按钮，启动程序状态监视。打开项目树中 PLC 的"监控与强制表"文件夹，双击其中的"添加新监控表"，生成一个名为"监控表_1"的新监控表。按下触摸屏的启动按钮，启动信号接通，其监控表如图 9 – 29 所示，其中 QW64 的十六进制为 16#3600，对应的十进制为 13 824。按下升速按钮或降速按钮，观察触摸屏上的电机转速值变化及监控表上的各个变量的值。若触摸屏的转速值和监视结果与控制要求一致，则说明调试成功，完成任务的控制要求。

9.3 PID 控制的应用

9.3.1 PID 控制原理

在工业生产中，一般用闭环控制方式来控制温度、压力、流量这一类连续变化的模拟量。使用最多的是 PID 控制，即比例 – 积分 – 微分控制，PID 控制具有以下优点：

(1) 即使没有控制系统的数学模型，也能得到比较满意的控制效果。

(2) 通过调用 PID 指令来编程，程序设计简单，参数调整方便。

(3) 有较强的灵活性和适应性，根据被控对象的具体情况，可采用 P、PI、PD 和 PID 等方式。S7 – 1200 的 PID 指令采用了不完全微分 PID 和抗积分饱和改进的控制算法。

PLC 模拟量闭环控制系统的组成如图 9 – 30 所示，点画线部分在 PLC 内。在模拟量闭环控制系统中，被控量 $c(t)$ 是连续变化的模拟量，某些执行机构（如电动调节阀和变频器等）要求 PLC 输出模拟信号 $m(t)$，而 PLC 的 CPU 只能处理数字量。$c(t)$ 被测量元件（传感器）和变送器转换为标准量程的直流电流、电压信号 $pv(t)$，AI（模拟量输入）模块中的 A/D 转换器将它们转换为多位二进制数过程变量 $pv(n)$。$sp(n)$ 为设定值，误差 $e(n) = sp(n) - pv(n)$。AQ（模拟量输出）模块的 D/A 转换器将 PID 控制器的数字量输出值 $m(n)$ 转换为模拟量 $m(t)$，再去控制执行机构。PID 程序的执行是周期性的操作，其间隔时间称为采样周期 T_S。

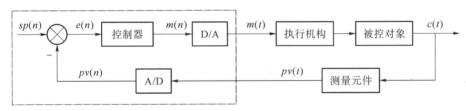

图 9 – 30　PLC 模拟量闭环控制系统的组成

闭环负反馈控制可以使过程变量 PV_n 等于或跟随设定值 $sp(n)$。假设被控量 $c(t)$ 是加热炉的温度，实际温度值 $c(t)$ 低于给定的温度值，误差 $e(n)$ 为正，$m(t)$ 将增大，使执行机构（电动调节阀）的开度增大，进入加热炉的天然气流量增加，加热炉的温度升高，最终使实际温度接近或等于设定值。

PID 调节控制质量的好坏取决于控制规律的合理选取和参数的整定。调节规律的选取原则为：调节规律有效，能迅速克服干扰。比例 P 调节作用的动作与偏差的大小成正比。增大比例 P 项将加快系统的响应，其作用是放大误差的幅值，它能快速影响系统的控制输出值。积分 I 调节作用的动作与偏差对时间的积分成正比。它具有消除稳态误差的作用，能对稳定后有累积误差的系统进行误差修整，减小稳态误差。微分 D 调节作用的动作与偏差的变化速度成正比。微分具有超前作用，它可以使系统超调量减小，稳定性增加，动态误差减小。

9.3.2 PID 指令的应用案例

1. S7-1200 的 PID 控制器介绍

PID 控制连续地采集测量的被控制变量的实际值（简称实际值或输入值），并与期望的设定值比较。根据得到的系统误差，PID 控制器计算控制器的输出，使被控制变量尽可能快地接近设定值或进入稳态。

S7-1200 使用 PID_Compact 指令实现 PID 控制，该指令的背景数据块称为 PID_Compact_1 工艺对象。PID 控制器具有参数自调节功能和自动、手动模式。PID 控制器的结构主要分为：循环中断组织块、PID 功能块、PID 工艺对象数据块。使用 PID_Compact 控制器的步骤主要有：在循环 OB 中插入 PID_Compact；组态工艺对象；使用集成的自整定功能进行调试和整定。

2. 案例分析

利用温度传感器，将 0~100℃ 的温度转换为 0~1V 的电压信号，送到 CPU 本机集成的模拟量输入通道 AI0，加热器用 Q0.0 输出的 PWM 脉冲来控制。

1）生成一个新项目

打开博途编程软件的项目视图，生成一个名称为"PID 应用案例"的新项目。双击项目树中的"添加新设备"，添加一个 PLC 设备，CPU 的型号为 CPU 1215C。

2）编辑 PLC 变量表

根据任务要求，确定 PLC 的变量表，如图 9-31 所示。Current Temp 是当前温度值，由 PLC 自带的模拟量通道 0 输入，对应的地址为 IW64。Setpoint Temp 是设置温度值，由变量 MD0 提供。Heater 是加热器，用 Q0.0 输出来控制。En_Manual 是自动/手动切换开关，对应的地址为 I0.6。PID_State 是 PID 控制器的当前运行模式，PID_error 是显示状态的错误信息。

	名称	数据类型	地址	保持	可从
1	Current Temp	Int	%IW64		☑
2	Setpoint Temp	Real	%MD0		☑
3	Heater	Bool	%Q0.0		☑
4	En_Manual	Bool	%I0.6		☑
5	PID_State	Int	%MW4		☑
6	PID_error	DWord	%MD8		☑

图 9-31 PLC 应用案例的变量表

3）添加组织块

双击项目视图中程序块下的"添加新块"，选择"组织块"中的循环中断组织块，名称为"Cyclic interrupt"，默认编号为 30，在循环中断组织块 OB30 的属性中单击"循环中断"，设置循环时间为 20 ms。

4）调用 PID 指令

在 OB30 程序编辑界面，打开指令卡的"工艺"窗口的 PID 控制文件夹，将其中的"PID_Compact"指令双击或拖放到 OB30 中，对话框"调用选项"被打开，将默认的背景数据块的名称改为 PID_DB，单击"确定"按钮。生成的背景数据块 PID_DB 在项目树的文件夹"工艺对象"中。PID_Compact 指令的输入/输出参数如表 9-6、表 9-7 所示。

表 9-6 PID_Compat 指令的输入参数

参数名称	数据类型	说 明	默认值
Setpoint	Real	自动模式的控制设定值	0.0
Input	Real	作为实际值（即反馈值）来源的用户程序的变量	0.0
Input_PER	Int	作为实际值来源的模拟量输入	0
Disturbance	Real	扰动变量或预控制值	0.0
ManualEnable	Bool	上升沿选择手动模式，下降沿选择最近激活的操作模式	FALSE
ManualValue	Real	手动模式的 PID 输出变量	0.0
ErrorAck	Bool	确认后将复位 ErrorBits 和 Warning	FALSE
Reset	Bool	重新启动控制器，"1"状态时进入未激活模式，控制器输出变量为 0，临时值被复位，PID 参数保持不变	FALSE
ModeActivate	Bool	"1"状态时 PID_Compact 将切换到保存 Mode 参数中工作模式	FALSE
Mode	Int	指定 PID_Compact 将转换到的工作模式	0

表 9-7 PID_Compact 指令的输出参数

参数名称	数据类型	说 明	默认值
ScaledInput	Real	经比例缩放的实际值的输出（标定的过程值）	0.0
Output	Real	用于控制器输出的用户程序变量	0.0
Output_PER	Int	PID 控制的模拟量输出	0
Output_PWM	Real	使用 PWM 的控制开关输出	FLASE
SetpointLimit_H	Bool	"1"状态时设定值的绝对值达到或超过上限	FLASE
SetpointLimit_L	Bool	"1"状态时设定值的绝对值达到或低于下限	FLASE
InputWarning_H	Bool	"1"状态时实际值（过程值）达到或超过报警上限	FLASE
InputWarning_L	Bool	"1"状态时实际值（过程值）达到或低于报警下限	FLASE
State	Int	PID 控制器的当前运行模式，0~5 分别表示未激活、预调节、精确调节、自动模式、手动模式、带错误监视的替代输出值	0

续表

参数名称	数据类型	说　明	默认值
Error	Bool	"1"状态时，则此周期内至少有一条错误消息处于未决状态	
ErrorBits	DWORD	参数显示了处于未决状态的错误消息。通过 Reset 或 ErrorACK 的上升沿来保持并复位 ErrorBits	DW#16#0

5）参数组态

单击 PID_Compact 指令块，在指令的"属性"选项中进行基本参数组态。在"组态"选项的"基本设置"中，控制类型选择"温度"，将模式设置为"自动模式"，如图 9-32 所示。对于 PID 输出增大时被控量减小的设备（例如制冷设备），应勾选"反转控制逻辑"复选框。如果勾选了"CPU 重启后激活 Mode"复选框，CPU 重启后将激活图中设置的自动模式。

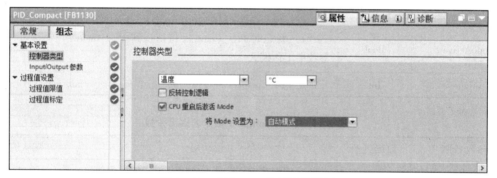

图 9-32　组态 PID 控制器的类型

在"Input/Output 参数"选项，"Setpoint"部分，在下拉式列表中选择指令来源，关联"Setpoint Temp"变量；"Input"部分，选择 Input_PER 模拟量外设输入，下面的下拉式列表中指令来源，关联"Current Temp"变量，如图 9-33 所示。

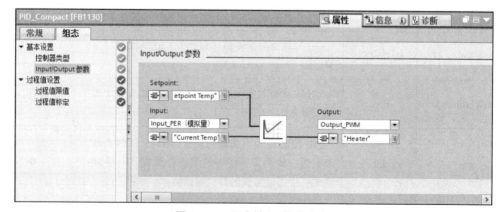

图 9-33　组态输入/输出参数

在"过程值设置"中的"过程值限值"选项,设置过程值上限为100,下限为0,如图9-34所示。

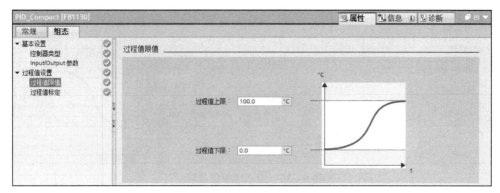

图9-34 组态过程值限值

在"过程值标定(也称输入值标定)"可以缩放过程(输入)值。在S7-1200内部,0~10 V电压信号对应数值范围0~27 648。任务要求0~100 ℃的温度对应0~1 V的电压信号,因此这里的过程值上限设置为1 000 ℃,如图9-35所示。

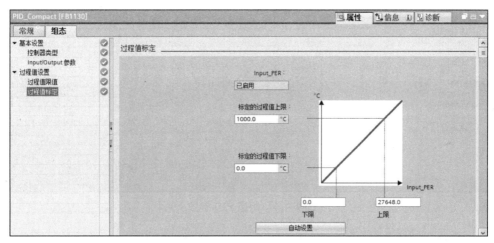

图9-35 组态过程值标定

单击PID_Compact指令块右上方的图标,打开指令的"高级设置",也可以打开项目树中的文件夹"PLC_1 \ 工艺对象 \ PID_ DB",用鼠标双击其中的"组态"来打开控制器的参数。单击"过程值监视"选项,设置过程值的报警上限为90和下限为10,如图9-36所示。运行时如果过程值超过设置的上限值或低于下限值,指令的Boolean输出参数"InputWarning_H"或"InputWarning_L"将变为"1"状态。

单击"PWM限制"选项,在右边的PWM限制区,可以设置PWM的最短接通时间和最短关闭时间,这里分别设置为0.5 s。该设置影响指令的输出变量"Output_PWM"。PWM的开关量输出受PID_Compact指令的控制,与CPU集成的脉冲发生器无关。

单击"输出值"选项,在右边的输出值限值设置输出变量的限制值,使手动模式或自动模式时PID的输出值不超过上限或不低于下限,这里采用默认值,上限为100%,下限为

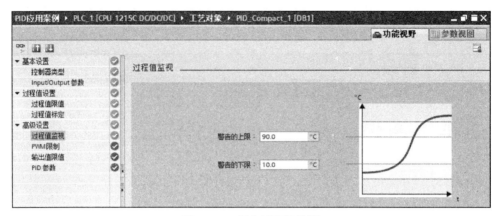

图 9-36 组态过程值监视

0。单击"PID 参数",在右边的 PID 参数区,看到默认的参数设定值,如图 9-37 所示。若要手动设置参数,可把窗口左上角的"启用手动输入"复选框打上"√"。

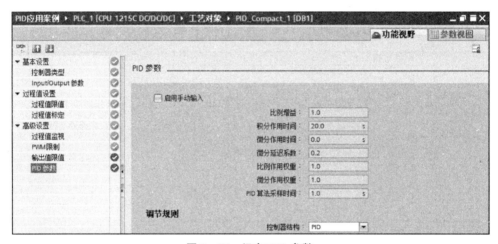

图 9-37 组态 PID 参数

除了在 PID_Compact 工艺对象的组态窗口和指令下面的巡视窗口中设置 PID_Compact 指令的参数外,也可以直接输入指令的参数,未设置(采用默认值)的参数为灰色。单击指令方框下边沿向下的箭头,将显示更多的参数;单击指令方框下边沿向上的箭头,将不显示指令中灰色的参数,如图 9-38 所示。单击某个参数的实参,可以输入地址或常数。

6)下载与调试

打开项目树中 PLC 的"监控与强制表"文件夹,双击其中的"添加新监控表",生成一个名为"监控表_1"的新监控表。其监控表如图 9-39 所示。

将程序及设备组态下载到 CPU 中,打开调试面板进行 PID 参数的整定。可以在项目树下,打开"工艺对象",用鼠标双击"PID_DB"数据块下的"调试"或者单击"PID_Compact"指令上的 图标,打开 PID 调试面板,进行参数自整定。PID 调试面板如图 9-40 所示。

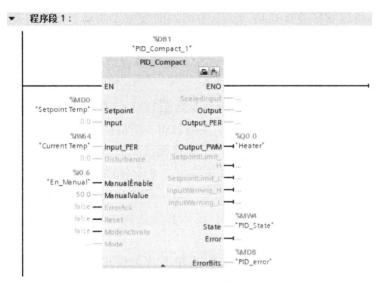

图 9-38 PID 指令及参数

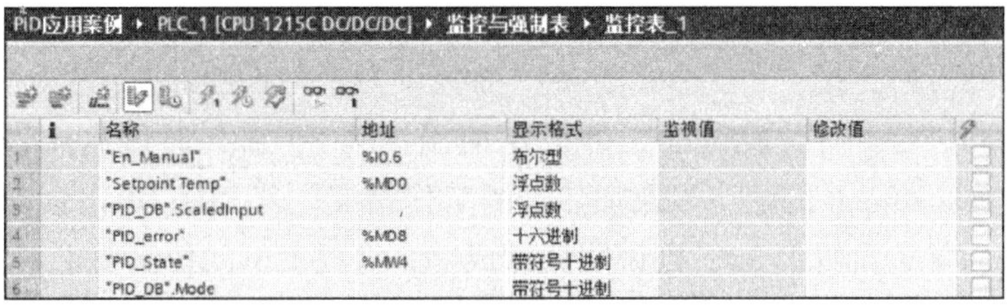

图 9-39 PLC_1 的监控表

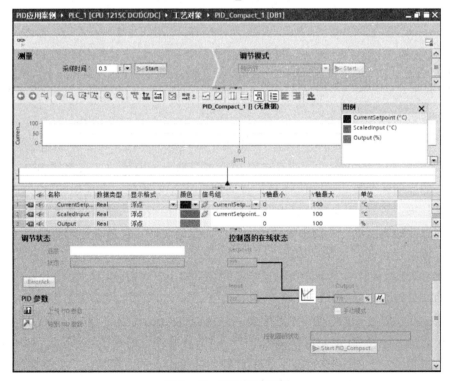

图 9-40 PID 调试面板

CPU 与计算机建立好连接通信后，单击调试面板中"测量"窗口左侧"Start"按钮，然后再单击"调试模式"窗口中的"Start"按钮（选择精确调节）。系统在进入此模式时会自动调整输出，使系统进入振荡，反馈值在多次穿越设定值后，系统会自动计算出 PID 参数。

单击调试面板 PID 参数窗口的上传 PID 参数按钮，将参数上传到项目。由于整定过程是 CPU 内部进行的，整定后的参数并不在项目中，所以需要上传参数到项目。上传参数时要保证编程软件与 CPU 之间的在线连接，并且调试面板要在测量模式，即实时监控状态值。单击"上传"按钮后，PID 工艺对象数据块会显示与 CPU 中的值不一致，因为此时项目中工艺对象数据块的初始值与 CPU 的值不一致。可将此块重新下载，方法是：用鼠标右键单击该数据块选择"在线比较"选项，进入在线比较编辑器，将模式设为"下载到设备"，单击"执行"按钮，完成参数同步。

根据案例的要求，在外部接一个开关控制 I0.6 作为模式选择开关，把加热器的模拟量电压输入接到 CPU 右上方的模拟量输入通道 0，PLC 的输出 Q0.0 控制加热器的工作。当开关接通时，指令的输入参数"ManualEnable（启动手动）"为"1"状态，控制器将进入手动模式。当开关断开时，把"PID_DB. Mode"参数设为 3，控制器进入自动模式。在自动模式时，把"Setpoint Temp"设置成 80，即设定值温度为 80 ℃，通过监控表可以观察变量 Q0.0、PID_DB. ScaledInput 的值，以及加热器的工作情况。若 PID_DB. ScaledInput 变量的数值通过 PID 调节后接近设置值 80，则说明调试成功，完成案例的控制要求。

9.4 PWM 脉冲与高速计数器的应用

9.4.1 PWM 脉冲的应用

1. PWM 脉冲介绍

西门子 S7 - 1200 PLC 提供两个输出通道用于高速脉冲输出，可以分别组态为脉冲串输出 PTO 或脉冲调制输出 PWM。脉冲串输出 PTO 可以输出一串脉冲（占空比 50%），用户可以控制脉冲的周期和个数。占空比就是负载周期，其含义是在一串理想的脉冲序列中（如方波），正脉冲的持续时间与脉冲总周期的比值。PWM 控制是一种脉冲宽度调制技术，即通过对一系列脉冲的宽度进行调制来等效地获得所需要的波形。它是一种周期固定、脉冲宽度可以调节（占空比可调）的脉冲输出。

PTO 或 PWM 两种脉冲发生器映射到特定的数字输出，可以使用板载 CPU 输出，也可以使用可选的信号板输出。S7 - 1200 每个 CPU 有 2 个（CPU 硬件版本为 2.2）或 4 个（CPU 硬件版本为 3.0 及以上）PTO/PWM 发生器，分别通过 CPU 集成的 Q0.0 ~ Q0.3（或信号板上的 Q 4.0 ~ Q4.3）或 Q0.4 ~ Q0.7 输出 PTO 或 PWM 脉冲。如表 9 - 8 所示，列出了在使用默认输出组态时，2 个 PTO/PWM 发生器的脉冲功能输出点的占用情况。如果更改了输出点的编号，则输出点编号将为用户指定的编号。无论是在 CPU 上还是在连接的信号板上，

PTO1/PWM1 都使用前两个数字输出，PTO2/PWM2 使用接下去的两个数字输出，PWM 仅需要一个输出，而 PTO 的每个通道可选择使用两个输出。如果脉冲功能不需要输出，则相应的输出可用于其他用途。

表 9-8 脉冲功能输出点的占用情况

脉冲		默认输出分配	
脉冲类型	板载 CPU/信号板	脉冲	方向
PTO1	板载 CPU	Q0.0	Q0.1
	信号板	Q4.0	Q4.1
PWM1	板载 CPU	Q0.0	—
	信号板	Q4.0	—
PTO2	板载 CPU	Q0.2	Q0.3
	信号板	Q4.2	Q4.3
PWM2	板载 CPU	Q0.2	—
	信号板	Q4.2	—

TIA 软件使用 PWM 指令可以直接在程序编辑区右边指令表的"扩展指令"下的"脉冲"获得，即 CTRL_PWM 指令。CTRL_PWM 指令的调用也需要背景数据块的支持。CTRL_PWM 指令的输入/输出参数类型、数据类型及说明如表 9-9 所示。

表 9-9 CTRL_PWM 指令的相关说明

参数	参数类型	数据类型	初始值	说明
PWM	IN	Word	0	PWM 标识符：已启用脉冲发生器的名称将变为"常量"变量表中的变量，并可用作 PWM 参数
ENLBLE	IN	Bool		1 = 启动脉冲发生器，0 = 停止脉冲发生器
BUSY	OUT	Bool	0	功能忙
STATUS	OUT	Word	0	执行条件代码

2. PWM 的应用案例

1）控制要求

电机需要进行软启动、软停止控制。按一下启动按钮，电机在 10 s 内从零转速线性增速到额定转速；按下停止按钮，电机在 10 s 内从额定转速减速到零转速。

2）PWM 的组态

使用 PWM 之前，首先对脉冲发生器组态，具体步骤如下：

（1）打开 PLC 的设备视图，选中其中的 CPU。

（2）打开下面的巡视窗口的"属性"选项卡，选中左边"PTO1/PWM1"中的"常规"参数组，用复选框选中右边窗口的复选框"启用该脉冲发生器"，激活该脉冲发生器。

（3）选中左边窗口的"参数分配"组，如图9-41所示，在右边的窗口可以设置下列参数。

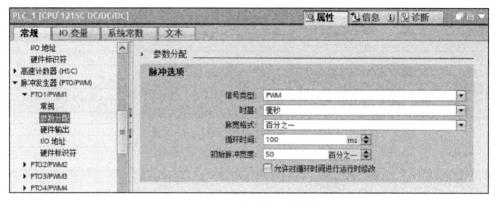

图9-41 设置脉冲发生器的参数

使用"信号类型"下拉式列表，选择脉冲发生器PWM。使用"时基（时间基准）"下拉式列表，可选择毫秒或微秒，这里选毫秒。使用"脉宽格式"下拉式列表，可选择下列脉冲宽度格式：百分之一（0～100）、千分之一（0～1 000）、万分之一（0～10 000）和模拟量格式（0～27 648），这里选百分之一。使用输入域"循环时间"，设置脉冲的周期值，单位与上述参数"时基"一致。使用输入域"初始脉冲宽度"，设置脉冲的占空比。脉冲宽度的设置单位与上述参数"脉宽格式"一致，这里选择50，即50%占空比的脉冲列。

（4）对于PWM1来说，其硬件输出是默认的脉冲输出Q0.0。

（5）选中左边窗口的"IP地址"参数组，在右边窗口可以看到PWM输出地址项的起始地址、结束地址，如图9-42所示。它为PWM所分配的脉宽调制地址，此地址为WORD型，用于存放脉宽值，可以在系统运行时修改此值以达到修改脉宽的目的。在默认情况下，PWM1地址为QW1000，PWM2地址为QW1002，PWM3地址为QW1006，PWM4地址为QW 1008。用户也可以修改其起始地址，这个案例采用默认值。

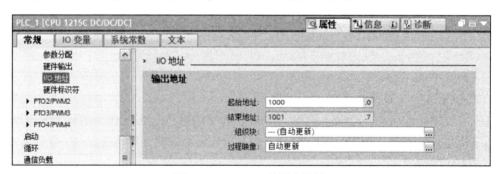

图9-42 PWM的输出地址

（6）选中左边窗口的"硬件标识符"参数组，在右边窗口可以看到其硬件标识符为265。

3）案例的变量表

根据案例的要求，确定 PLC 的变量表如图 9－43 所示。

变量表_1

	名称	数据类型	地址	保持	可从...
1	启动按钮	Bool	%I0.0	☐	☑
2	停止按钮	Bool	%I0.1	☐	☑
3	PWM输出	Int	%QW1000	☐	☑
4	PWM故障	Bool	%M0.0	☐	☑
5	运行状态	Bool	%M0.1	☐	☑
6	定时器上升沿1	Bool	%M0.2	☐	☑
7	定时器上升沿2	Bool	%M0.3	☐	☑
8	脉冲输出宽度	Int	%MW20	☐	☑
9	PWM状态字	Word	%MW2	☐	☑

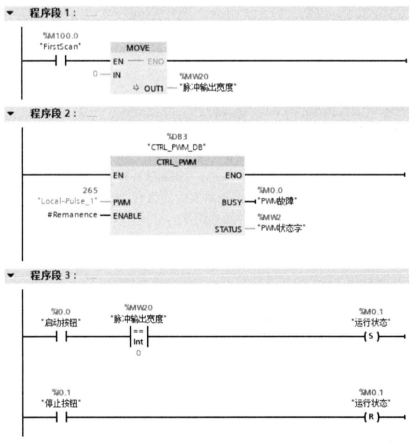

图 9－43　PLC 的变量表

4）PLC 程序

该案例的 PLC 程序如图 9－44 所示。程序中 PWM 指令的编辑如下：将右边的“扩展指令”窗口的文件夹“脉冲”中的 CTRL_PWM 指令拖放到 OB1，单击出现的“调用选项”对话框中的“确定”按钮，生成该指令默认名称的背景数据块 CTRL_PWM_DB。用鼠标双击指令的 PWM 左边，单击出现的▤按钮，用下拉式列表中“Local～Pulse_1”，其硬件标识符为 265。

图 9－44　PLC 程序

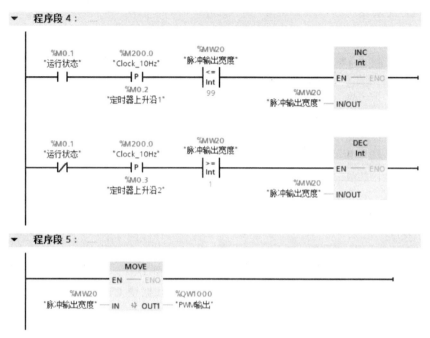

图 9-44 PLC 程序（续）

PLC 程序的简要介绍如下：程序段 1，首次循环，设置脉冲输出宽度为 0。程序段 2，用于调用 CTRL_PWM 指令。程序段 3，按下启动按钮，运行状态置 1；按下停止按钮，运行状态置 0。程序段 4，运行状态为 1 时，进入线性增速阶段，0.1 s 增加一个脉冲宽度，从 0~100；运行状态为 0 时，进入线性减速阶段，0.1 s 减少一个脉冲宽度，从 100 至 0。程序段 5，将脉冲宽度输出到 QW1000 的 PWM 输出口。

在实际应用中，我们还可以通过外部的模拟量输入 IW 送给 PWM 的脉冲输出宽度 QW1000。在图 9-41 的设置脉冲发生器的参数中要将"脉宽格式"设为"S7 模拟量格式"。这时若将"循环时间"设为"1 000 ms"，"初始脉冲宽度"设为"0"，那么脉冲周期为 1 s，模拟量值在 0~27 648 变化。当模拟量发生变化时，CPU 输出的脉冲宽度也随之变化，但周期不变，可用于控制脉冲方式的加热设备。

9.4.2 高速计数器的应用案例

1. 高速计数器的介绍

生产实践中，经常会遇到需要检测高频脉冲的场合，例如检测步进电机的运动距离，计算异步电机转速等，而 PLC 中的普通计数器受限于扫描周期的影响，无法计量频率较高的脉冲信号。

S7-1200 CPU 提供了最多 6 个高速计数器，其独立于 CPU 的扫描周期进行计算，可测量的单相脉冲频率最高为 100 kHz，双相或 A/B 相频率最高为 30 kHz。高速计数器可用于连接增量型旋转编码器，通过对硬件组态和调用相关指令块来使用此功能。

1）高速计数器的工作模式

高速计数器的工作模式有 5 种，分别为：单相计数器，外部方向控制；单相计数器，内部方向控制；双相加/减计数器，双脉冲输入；A/B相正交脉冲输入；监控PTO输出，即能监控到高速脉冲输出序列的个数。

每种高速计数器都有外部复位和内部复位两种工作状态。所有的计数器无须启动条件设置，在硬件设备中设置完成后下载到CPU中即可启动高速计数器。高速计数器功能支持的输入电压为DC 24 V，目前不支持DC 5 V的脉冲输入。表9–10所示为高速计数器的工作模式和硬件输入定义。

表9–10 高速计数器的工作模式与硬件输入定义

		描述	输入点定义			功能
HSC	HSC1	使用CPU集成I/O或信号板或监控PTO1	I0.0 I4.0 PTO1	I0.0 I4.0 PTO1方向	I0.3	
	HSC2	使用CPU集成I/O或监控PTO2	I0.2 PTO2	I0.2 PTO2方向	I0.1	
	HSC3	使用CPU集成I/O	I0.4	I0.5	I0.7	
	HSC4	使用CPU集成I/O	I0.6	I0.7	I0.5	
	HSC5	使用CPU集成I/O或信号板	I1.0 I1.4	I1.1 I4.1	I1.2	
	HSC6	使用CPU集成I/O	I1.3	I1.4	I1.5	
模式		单相计数，内部方向控制	时钟			
					复位	
		单相计数，外部方向控制	时钟	方向		计数或频率
					复位	计数
		双相计数，两路时钟输入	增时钟	减时钟		计数或频率
					复位	计数
		A/B相正交计数				计数或频率
					Z相	
		监控PTO输出	时钟	方向		计数

由于不同计数器在不同的模式下，同一个物理点会有不同的定义，在使用多个计数器时需要注意，不是所有计数器可以同时定义为任意工作模式。高速计数器的输入使用与普通数字量输入相同的地址，当某个输入点已定义为高速计数器的输入点时，就不能再应用于其他功能，但在某个模式下，没有用到的输入点还可以用于其他功能的输入。

监控PTO的模式只有HSC1和HSC2支持。使用此模式时，不需要外部接线，CPU在内部已做了硬件连接，可直接检测通过PTO功能所发脉冲。

S7-1200 PLC除了提供计数功能外，还提供了频率测量功能，有三种不同的频率测量周期：1.0 s、0.1 s和0.01 s。频率测量周期是这样定义的：计算并返回频率值的时间间隔。

返回的频率值为上一个测量周期中所有测量值的平均值,无论测量周期如何选择,测量出的频率值总是以 Hz(每秒脉冲数)为单位。

2)高速计数器寻址

CPU 将每个高速计数器的测量值以 32 位双整数型有符号数的形式存储在输入过程映像区内,在程序中可直接访问这些地址,可以在设备组态中修改这些存储地址。由于过程映像区受扫描周期的影响,在一个扫描周期内高速计数器的测量数值不会发生变化,但高速计数器中的实际值有可能会在一个扫描周期内发生变化,因此可通过直接读取外设地址的方式读取到当前时刻的实际值。以 ID000 为例,其外设地址为"ID1000:P"。表 9 – 11 所示为高速计数器默认地址列表。

表 9 – 11 高速计数器默认地址列表

高速计数器号	数据类型	默认地址	高速计数器号	数据类型	默认地址
HSC1	DINT	ID1000	HSC4	DINT	ID1012
HSC2	DINT	ID1004	HSC5	DINT	ID1016
HSC3	DINT	ID1008	HSC6	DINT	ID1020

3)中断功能

S7 – 1200 在高速计数器中提供了中断功能,用以在某些特定条件下触发程序,共有三种中断条件:①当前值等于预置值;②使用外部信号复位;③带有外部方向控制时,计数方向发生改变。

4)高速计数器指令块

将程序编辑区右边的指令表"工艺"窗口下的"计数"文件夹下的"其他"文件夹里的 CTRL_HSC 指令拖放到 OB1,单击出现的"调用选项"对话框中的"确定"按钮,生成该指令默认名称的背景数据块 CTRL_HSC_0_DB。高速计数器指令需要使用背景数据块来存储参数。CTRL_HSC 指令的参数含义如表 9 – 12 所示。

表 9 – 12 CTRL_HSC 指令的参数

参数	数据类型	含义
HSC	HW_HSC	高速计数器硬件标识符
DIR	BOOL	为"1"表示使能新方向
CV	BOOL	为"1"表示使能新初始值
RV	BOOL	为"1"表示使能新参考值
PERIODE	BOOL	为"1"表示使能新频率测量周期
NEW_DIR	INT	方向选项:"1"表示正向,"0"表示反向
NEW_CV	DINT	新初始值
NEW_RV	DINT	新参考值
NEW_PERIODE	INT	新频率测量周期
BUSY	BOOL	为"1"表示指令正处于运行状态
STATUS	WORD	指令的执行状态,可查找指令执行期是否出错

高速计数器的应用步骤主要包括：①在 CPU 的属性对话框中激活高速计数器并设置相关参数；②添加硬件中断块，关联相对应的高速计数器所产生的预置值中断；③在中断块中添加高速计数器指令块，编写修改预置值程序，设置复位计数器等参数；④将程序下载，执行功能。

2. 高速计数器的应用案例

1）控制要求

使用高速脉冲 PWM 功能产生周期为 200 μs，占空比为 50% 的 PWM 脉冲输出控制步进电机运行。用一个开关 SD 控制 PWM 脉冲发生器的启动和停止。这台步进电机的输出轴上安装旋转增量式编码器作为检测脉冲送给 PLC 的高速计数器计数，编码器的线数为 600 P/R。步进电机转一圈带动丝杠移动 4 mm。当步进电机移动 4 cm 时，计数器复位，置位 Q1.0，指示灯亮。当步进电机再移动 6 cm，复位 Q1.0，指示灯灭，周而复始执行此功能。

2）分析及硬件接线

根据控制要求可知，编码器的线数为 600 P/R，即电机转一圈，编码器输出 600 个脉冲。步进电机移动 4 cm，相当于转 10 圈，高速计数器要计数 6 000 个脉冲，步进电机移动 6 cm，相当于转 15 圈，高速计数器要计数 9 000 个脉冲。

在使用高速脉冲输出，需要使用直流型 PLC，这里选用 CPU 1215C DC/DC/DC 型的 PLC。PWM 脉冲输出点 Q0.0 接到步进电机的脉冲信号端，编码器的 A 相接到 PLC 的 I0.0，PLC 的供电电源端 L+、M 接 24 V 电源，开关 SD 的一端接 PLC 的 I1.0，开关 SD 的另一端接 24 V 电源的正端，电源的负端接到 PLC 的 1M。PLC 的负载端 4L+、4M 接 24 V 电源，PLC 的输出点 Q1.0 接到 24 V 指示灯的正端，指示灯的负端接到 PLC 的 4M。步进电机、编码器的电源等其他接线按照产品使用说明书正确接线。

3）硬件组态

打开博途软件，添加 PLC 设备 CPU 1215C。打开下面的巡视窗口的"属性"选项卡，选中左边"PTO1/PWM1"中的"常规"参数组，用复选框选中右边窗口的复选框"启用该脉冲发生器"，激活该脉冲发生器。在左边窗口的"参数分配"组里设置：信号类型为PWM，时基为微秒，脉宽格式为百分之一，循环时间为 200 μs，初始脉冲宽度为 50%，其他为默认设置。选中 PLC 巡视窗口的"属性"选项卡左边的"常规"选项，单击高速计数器（HSC）下的 HSC1，打开其"常规"参数组，在右边窗口用复选框选中"启用该高速计数器"，即激活 HSC1，如图 9-45 所示。

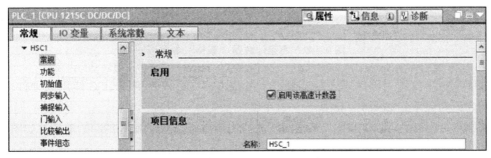

图 9-45　高速计数器"常规"参数组

选中图9-45左边窗口的"功能",如图9-46所示。

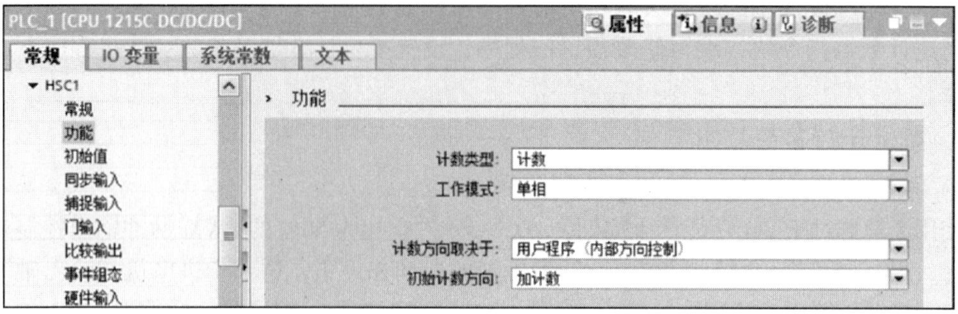

图9-46 高速计数器"功能"参数组

在右边窗口设置以下参数:

使用"计数类型"下拉式列表,可选"计数""时间段""频率"或"运行控制"。如果设置为"时间段"和"频率",使用"频率测量周期"下拉式列表,可以选择0.01 s、0.1 s和1 s,这个案例选"计数"。

使用"工作模式"下拉式列表,可选"单相""两相位""A/B计数器"或"AB计数器四倍频",这个案例选"单相"。

使用"计数方向取决于"下拉式列表,可选"用户程序(内部方向控制)"或"输入(外部方向控制)"。这里案例选"用户程序(内部方向控制)"。

使用"初始计数方向"下拉式列表,可选"加计数"或"减计数",这个案例选"加计数"。选中左边窗口的"初始值",可以设置"初始计数器值"和"初始参考值"。这个案例设置"初始计数器值"为"0",将"初始参考值"设为6 000。

选中左边窗口的"事件组态"参数组,勾选"为计数器值等于参考值这一事件生成中断"复选框,在"硬件中断"下拉式列表中选择新增硬件中断(Hardware interrupt)组织块OB40,如图9-47所示。

图9-47 高速计数器"事件"参数组

选中左边窗口的"硬件输入"参数组,在右边窗口可以看到该HSC使用的硬件输入点和可用的最高频率,如图9-48所示。这个案例采用默认设置。

选中左边窗口的"I/O地址"参数组,在右边窗口可以修改HSC的起始地址,如图9-49所示。这个案例采用默认设置。

选中左边窗口的"硬件标识符"参数组,在右边窗口可以查看HSC的硬件标识符,HSC1的硬件标识符为257。

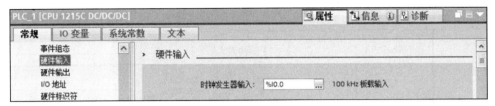

图 9-48　高速计数器"硬件输入"参数组

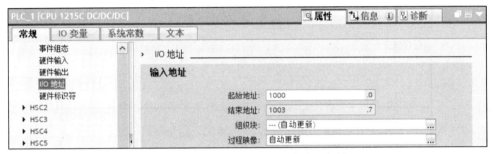

图 9-49　高速计数器"I/O 地址"参数组

4）编写程序

该案例的 OB1 程序如图 9-50 所示。当 PLC 的外部开关 SD 接通时，启动 PWM 脉冲发生器，步进电机运行。硬件中断 OB40 程序如图 9-51 所示。OB40 程序介绍如下：程序段 1，每次中断使指示灯 Q1.0 的状态发生改变，第一次中断时指示灯 Q1.0 亮。程序段 2，当编码器检测到 6 000 个脉冲时，即步进电机移动了 4 cm 时，第一次进入中断，使预置值（计数参考值）更改为 9 000，MD20 用于存储计数参考值。程序段 3，高速计数器硬件标识符为 257，使能更新初始值和参考值。当编码器检测到 9 000 个脉冲时，即步进电机移动了 6 cm 时，第二次进入中断，指示灯 Q1.0 灭，这样周而复始地执行。

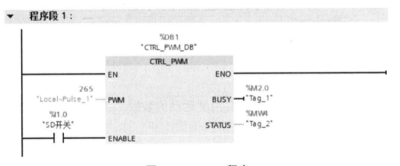

图 9-50　OB1 程序

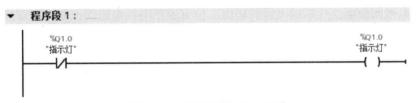

图 9-51　硬件中断 OB40 程序

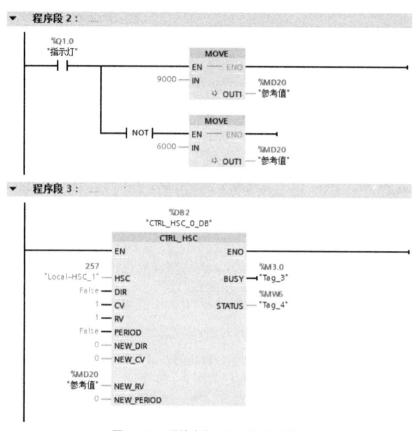

图 9-51 硬件中断 OB40 程序（续）

9.5 物料送仓控制系统的设计

9.5.1 任务要求

某个物料送仓系统是一个能实现四自由度运动的装置。该装置能实现升降、伸缩、气动手爪夹紧/松开和左右移动，它安装在一个由伺服电机、步进电机控制的传动组件上，该装置的气动手爪在传动组件带动下做运动，X、Y 轴运动机械部分是一个采用滚珠丝杠传动的模块化结构，导距为 4 mm，其主要由高精度丝杆、滚珠式平面承重导轨。X 轴的驱动方式为伺服电机驱动，Y 轴的驱动方式为步进电机驱动。气爪的伸缩控制（Z 轴）由一个三位五通的双电控电磁阀控制。气爪的夹紧放松由二位五通单电控电磁阀控制。在双杆气缸两端和气动手爪上分别装有磁感应开关，检测在动作过程中气缸是否到位。

系统的初始状态为气爪在原点位置，并处于缩回、放松状态。当按下复位按钮或初始上电时，步进电机、伺服电机执行回原点动作，气爪处于缩回、放松的初始状态。

在自动模式下，系统处于初始状态时，按下启动按钮，皮带物料检测开关检测到有物料时，传送带开始运行，当到料检测开关检测到物料到达待抓取位置时，皮带停止运行。延时后,步进电机和伺服电机带动气爪移动到抓取位置,夹紧物料并送到指定的仓位。

系统在动作变化时可以加入必要的延时环节,具体延时时间自定。在系统完成一个周期后,若皮带检测到有物料,自动开启下一个周期的工作。

该物料送仓系统有3个仓位。系统按仓位号依次判断仓位是否有物料,若1号仓位没有物料,则当前抓取的物料放在1号仓位,若已经有物料,则系统再判断2号仓位,以此类推。若已经满仓,系统满仓指示灯亮,则气动手爪待仓位有空时才抓取物料到指定仓位。

按下急停按钮,系统立即停止工作。急停后系统必须要先执行复位使系统处于初始状态后才能进行下一次的工作。

触摸屏上设置手/自动切换开关,急停按钮、启动按钮、复位按钮、X轴和Y轴的点动按钮、手动指示灯及X、Y轴的坐标显示。手动模式下,手动指示灯亮,按左移点动按钮,气动手爪向左移动,按右移点动按钮,气动手爪向右移动,按上移点动按钮,气动手爪向上移动,按下移点动按钮,气动手爪向下移动。气爪的位置能实时显示在触摸屏上。自动模式下,按下复位按钮,系统复位,再按下启动按钮,系统按自动模式运行。

9.5.2 相关知识

1. 步进电机及驱动器

步进电机是将电脉冲信号转变为角位移的执行机构。当步进驱动器接收到一个脉冲信号,它就驱动步进电机按设定的方向转动一个固定的角度(即步距角)。根据步进电机的工作原理,步进电机工作时需要满足一定相序的较大电流的脉冲信号,生产装备中使用的步进电机都配备有专门的步进电机驱动装置,来直接控制与驱动步进电机的运转工作。

步进电机受脉冲的控制,其转子的角位移量和转速与输入脉冲的数量和脉冲频率成正比,可以通过控制脉冲频率来控制电机转动的速度和加速度,从而达到调速的目的。步进电机及驱动器的外观如图9-52所示。

图9-52 步进电机及驱动器的外观

本任务中,选用Kinco步进电机2S42Q-0348,步进电机的步距角为1.8°,相电流为1 A,电机轴径为5mm。Kinco步进驱动器为2CM525,在驱动器侧面有一个蓝色的8位DIP功能设定开关,可以设定驱动器的工作方式和参数,在更改拨码开关的设定前要切断电源。DIP开关的细分设置决定了驱动器控制步进电机转一圈所需的脉冲数。8个DIP开关分别标记为SW1、SW2、SW3、SW4、SW5、SW6、SW7、SW8。前4个细分设定表,SW5为ON时自动半流功能有效,SW5为OFF时自动半流功能禁止。后3个为输出电流设定表,具体开关对应的ON、OFF对应的细分值和输出电流值,步进驱动器上有详细说明。

本任务中选择电机每转的脉冲数为1 600,根据步进驱动器的细分表,这里设置SW1、

SW2 为 OFF，SW3、SW4 为 ON。SW8 为 OFF，SW5、SW6、SW7 为 ON，输出电流有效值为 0.8 A。

2. 伺服电机及驱动器

伺服电机又称执行电机，其功能是把输入的电压信号变换成电机转轴的角位移或角速度输出。输入的电压信号又称控制信号或控制电压，改变控制电压的大小和电源的极性，就可以改变伺服电机的转速和转向。其主要特点是，当信号电压为零时无自转现象，转速随着转矩的增加而匀速下降。

伺服驱动器是用来控制伺服电机的一种控制器。伺服的控制模式主要有三种：位置控制模式、速度控制模式、转矩控制模式。位置控制模式是伺服中最常用的控制方式，它一般是通过外部输入脉冲的频率来确定伺服电机转动的速度，通过脉冲数来确定伺服电机转动的角度，所以一般用于定位装置。伺服电机及驱动器的外观如图 9-53 所示。

3. 工艺对象"轴"

S7-1200 在运动控制中使用了轴的概念，"轴"工艺对象是用户程序与驱动器之间的接口，用于接收用户程序中的运动控制命令，执行这些命令并监视其运行情况。通过对轴的组态，包括硬件接口、位置定义、动态特性、机械特性等，与相关的指令块组合使用，可实现绝对位置、相对位置、点动、转速控制及自动寻找参考点的功能。

驱动器由"轴"工艺对象通过 CPU S7-1200 的脉冲发生器控制。西门子 S7-1200 PLC 对运动控制需要先进行硬件配置，具体步骤包括：选择设备组态；选择合适的 PLC、定义脉冲发生器为 PTO。

4. 运动控制相关指令

运动控制指令使用相关工艺数据块和 CPU 的专用 PTO 来控制轴上的运动，通过指令库的工艺指令，可以获得运动控制指令，如图 9-54 所示。具体指令有：MC_Power 启动/禁用轴；MC_Reset 确认错误；MC_Home 使轴回原点，设置参考点；MC_Halt 停止轴；MC_MoveAbsolute 绝对定位轴；MC_MoveRelative 相对定位轴；MC_MoveVelocity 以速度预设值移动轴；MC_MoveJog 在点动模式下移动轴；MC_CommandTable 按运动顺序运行轴命令；MC_ChangeDynamic 更改轴的动态设置；MC_Write Param 写入工艺对象的参数；MC_ReadParam 读取工艺对象的参数。

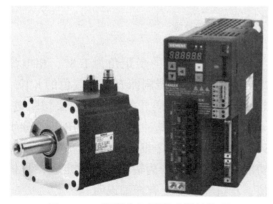

图 9-53 伺服电机及驱动器的外观　　　　图 9-54 运动控制指令

1) MC_Power 指令

轴在运动之前必须先被使能，使用运动控制指令"MC_Power"可集中启用或禁用轴。如果启用了轴，则分配给该轴的所有运动控制指令都将被启用。如果禁用了轴，则用于该轴的所有运动控制指令都将无效，并将中断当前的所有作业。

MC_Power 指令的具体输入端说明如下：

EN：MC_Power 指令的使能端，不是轴的使能端。MC_Power 指令在程序里必须一直被调用，并保证 MC_Power 指令在其他运动控制指令的前面被调用。

Axis：轴名称，可以有几种方式输入轴名称：用鼠标直接从博途软件左侧项目中拖拽轴的工艺对象；用键盘输入字符，则博途软件会自动显示出可以添加的轴对象；用拷贝的方式把轴的名称拷贝到指令上；用鼠标双击"Axis"，系统会出现右边带可选按钮的白色长条框，这时用鼠标单击"选择"按钮即可。

Enable：轴使能端。当 Enable 端变为高电平后，CPU 就按照工艺对象中组态好的方式使能外部驱动器；当 Enable 端变为低电平后，CPU 就按照 Stop Mode 中定义的模式进行停止。Stop Mode 为 0，紧急停止，按照组态好的急停曲线停止；Stop Mode 为 1，立即停止，输出脉冲立刻封锁；Stop Mode 为 2，带有加速度变化率控制的紧急停止。MC_Power 指令需要生成对应的背景数据块，其指令符号如图 9-55（a）所示。

2) MC_Reset 指令

MC_Reset 指令为错误确认，即如果存在一个需要确认的错误，则可通过上升沿激活 Execute 端进行复位。其指令符号如图 9-55（b）所示。

输入端：

EN：MC_Reset 指令的使能端；Axis：轴名称；Execute：MC_Reset 指令的启动位，用上升沿触发；Restart：Restart = 0，用来确认错误；Restart = 1，将轴的组态从装载存储器下载到工作存储器（只有在禁用轴的时候才能执行该命令）。

输出端 Done：Done = 1 时表示轴的错误已被确认。Error = 1 时表示任务执行期间出错。

3) MC_Home 指令

轴回原点由运动控制指令"MC_Home"启动，在回原点期间，参考点坐标设置在定义的轴机械位置处。其指令符号如图 9-55（c）所示。Execute 出现上升沿时开始任务，Mode 回原点模式，数据类型为 Int，共有 4 种回原点模式。

Mode = 0，绝对式直接回原点。无论参考凸轮位置如何，都设置轴位置，不取消其他激活的运动。立即激活"MC_Home"指令中"Position"参数的值可作为轴的参考点和位置值。轴必须处于停止状态时，才能将参考点准确分配到机械位置。

Mode = 1，相对式直接回原点。无论参考凸轮位置如何，都设置轴位置，不取消其他激活的运动。适用参考点和轴位置的规则：新的轴位置 = 当前轴位置 + "Position"参数的值。

Mode = 2，被动回原点。在被动回原点模式下，"MC_Home"不执行参考点逼近，不取消其他激活的运动。逼近参考点开关必须由用户通过运动控制语句或由机械运动执行。

Mode = 3，主动回原点。在主动回原点模式下，"MC_Home"执行所需要的参考点逼近，将取消其他所有激活的运动。

4) MC_Halt 指令

MC_Halt 指令为停止轴的运动。每个被激活的运动指令都可由该指令停止。为了使用 MC_Halt 指令，必须先启用轴。上升沿使能 Execute 后，轴会立即按照组态好的减速曲线停止。各参数含义与上述的指令类似，其指令符号如图 9-55（d）所示。

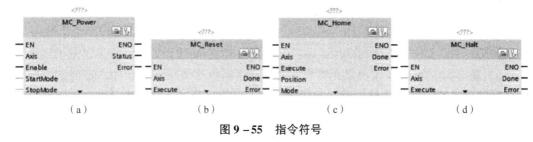

图 9-55　指令符号

(a) MC_Power；(b) MC_Reset；(c) MC_Home；(d) MC_Halt

5) MC_MoveAbsolute 指令

MC_MoveAbsolute 指令是绝对位置移动指令。它需要在定义好参考点、建立起坐标系后才能使用，通过指定参数 Position 和 Velocity 可到达机械限位内的任意一点，当上升沿使能 Execute 选项后，系统会自动计算当前位置与目标位置之间的脉冲数，并加速到指定速度，在到达目标位置时，减速到启动/停止速度。其指令符号如图 9-56（a）所示。

6) MC_MoveRelative 指令

MC_MoveRelative 指令是相对位置移动指令。它的执行不需要建立参考点，只需要定义运行距离、方向及速度。当上升沿使能 Execute 端后，轴按照设置好的距离与速度运行，其方向由距离值的符号决定。

绝对位置移动指令与相对位置移动指令的主要区别在于：是否需要建立坐标系统。绝对位置移动指令需要知道目标位置在坐标系中的坐标，并根据坐标自动决定运动方向而不需要定义参考点；相对位置移动指令只需要知道当前点与目标位置的距离，由用户给定方向，不需要建立坐标系。其指令符号如图 9-56（b）所示。

7) MC_MoveVelocity 指令

MC_MoveVelocity 指令是速度运行指令，使轴以预设的速度运行。Velocity：指定轴运动的速度，限值为启动/停止速度≤｜Velocity｜≤最大速度。Direction：为 0 时，旋转方向取决于参数 Velocity 值的符号；为 1 时，正方向旋转；为 2 时，负方向旋转。Current 数据类型为 Bool，当 Current 为 FALSE 时，禁用"保持当前速度"，使用参数"Velocity"和"Direction"的值，当 Current 为 TRUE 时，激活"保持当前速度"，不考虑参数"Velocity"和"Direction"的值。其指令符号如图 9-56（c）所示。

8) MC_MoveJog 指令

MC_MoveJog 指令，即在点动模式下以指定的速度连续移动轴。在使用该指令的时候，正向点动和反向点动不能同时触发。JogForward：正向点动，不是用上升沿触发；JogForward 为 1 时，轴运行；JogForward 为 0 时，轴停止。JogBackward：反向点动。在执行点动指令时，保证 JogForward 和 JogBackward 不会同时触发，可以用逻辑进行互锁。Velocity：点动速度。其指令符号如图 9-56（d）所示。

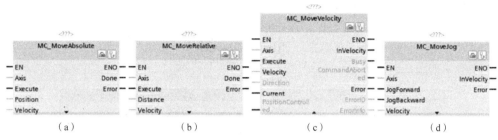

图 9-56　指令符号

(a) MC_MoveAbsolute；(b) MC_MoveRelative；(c) MC_MoveVelocity；(d) MC_MoveJog

　　MC_CommandTable 指令是按照运动顺序运行轴命令的指令，可将多个单独的轴控制命令组合到一个运动顺序中。"MC_CommandTable"适用于采用通过 PTO 驱动器连接的轴。MC_ChangeDynamic 指令是更改动态参数指令，即更改轴的动态设置参数，包括加速时间（加速度）值、减速时间（减速度）值、急停减速时间（急停减速度）值、平滑时间（冲击）值等。MC_WriteParam 指令是写参数指令，可在用户程序中写入或更改轴工艺对象和命令表对象中的变量；MC_ReadParam 指令是读参数指令，可在用户程序中读取轴工艺对象和命令表对象中的变量。

9.5.3　任务实施

1. 组态工艺"轴"

　　工艺对象"轴"是用户程序与驱动器之间的接口，工艺对象使用 PTO 生成用于控制伺服电机或步进电机的脉冲。与 PWM 输出一样可以选择 PTO1～PTO4，通过软件设置 PTO 脉冲选项。

　　打开 PLC 的设备视图，选中其中的 CPU，打开下面的巡视窗口的"属性"选项卡，选中左边"PTO1/PWM1"中的"常规"参数组，用复选框选中右边窗口的复选框"启用该脉冲发生器"，激活该脉冲发生器；选中左边窗口的"参数分配"组，在右边的窗口可以设置下列参数，如图 9-57 所示。

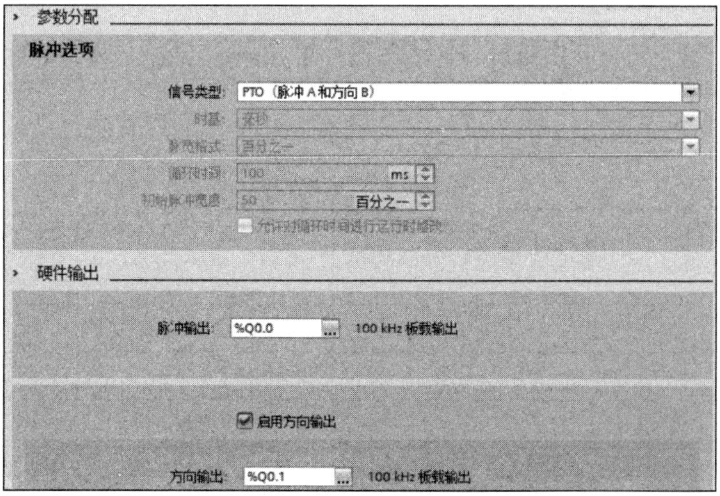

图 9-57　PTO 脉冲设置

这个脉冲控制伺服电机的运动,该任务中 Y 轴的运动由步进电机执行。因此,在"PTO1/PWM2"选项中设置第二个 PTO 脉冲,方法同图 9-57。脉冲输出为 Q0.2,方向输出为 Q0.3。

双击 PLC 的项目树中"工艺对象"下的"新增对象",创建一个新的工艺对象,名称为"伺服控制",如图 9-58 所示。

图 9-58 创建新的工艺对象

在创建"伺服控制"对象后,可在项目树的"工艺对象"中找到"伺服控制",选择"组态"菜单,在图 9-59 所示常规选项中,"驱动器"选择"PTO",测量单位选择"mm"。

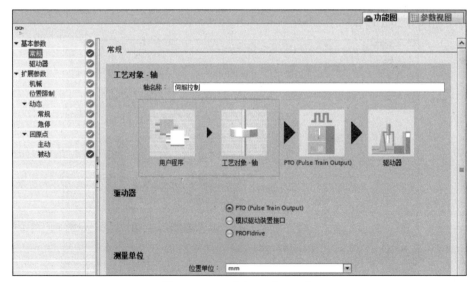

图 9-59 "常规"选项组态

在图 9-59 左边的列表中单击"驱动器",如图 9-60 所示。硬件接口的"选择脉冲发生器"选择"Pulse_1"。在"驱动装置的使能和反馈"选项可以设置"轴使能"信号,也可以选择不设置。"就绪输入"为设置驱动系统的正常输入点,当驱动设备正常时会给出一个开关量输出,并接到 CPU 中,告知驱动器是否正常。这里采用默认设置,将此参数设为"TRUE"。

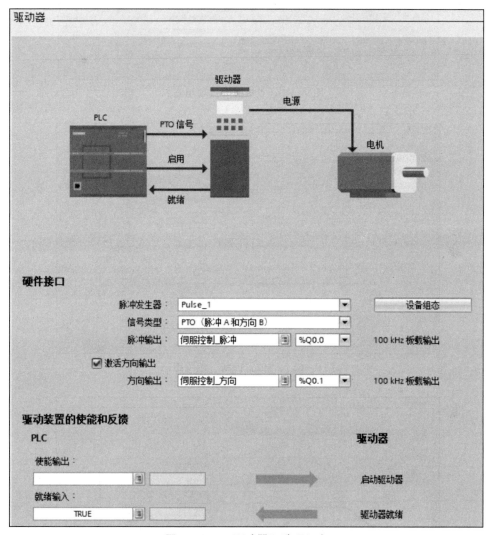

图 9-60 "驱动器"选项组态

"机械"选项组态如图 9-61 所示。选项"电机每转的脉冲数"为电机旋转一周所产生的脉冲个数;"电机每转的负载位移"为电机旋转一周后,生产机械所产生的位移。

"位置控制"选项组态如图 9-62 所示。S7-1200 PLC 的运动控制可以设置两种限位:软件限位、硬件限位。这里仅启用硬件限位,需要输入硬件下限位开关、硬件上限位开关,选择电平为高电平。这里的限位开关地址必须与 PLC 输入端连接的限位开关地址相对应。

图 9-63 所示为"动态"常规选项组态,包括速度限值的单位、最大转速、启动/停止速度、加速度、减速度、加速时间、减速时间。这里的加/减速度和加/减速时间需要用户根据实际工艺要求和系统本身的特性调试得出。运动控制功能所支持的最高频率根据所使用的硬件点决定。

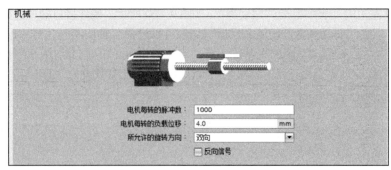

图 9–61 "机械"选项组态

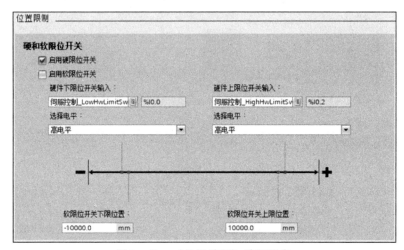

图 9–62 "位置控制"选项组态

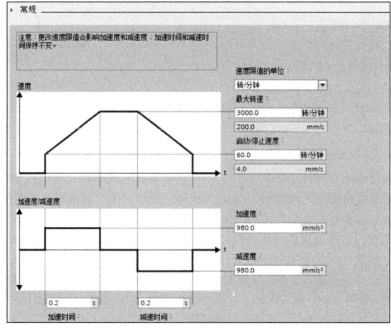

图 9–63 "动态"常规选项组态

"动态"急停选项组态如图9-64所示,这里需要定义急停的最大速度、启动/停止速度、急停减速时间等。

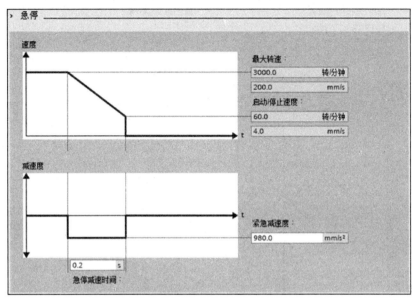

图9-64 "动态"急停选项组态

系统采用主动回原点,因此需要对"回原点"选项的"主动"部分组态,如图9-65所示。回原点组态中需要输入参考点开关,一般使用数字量输入作为参考点开关。"允许硬限位开关处自动反转"选项使能后,在轴碰到原点之前碰到硬限位开关,此时系统认为原点在反方向,会按组态好的斜坡减速曲线停车并反转。若该功能没有被激活并碰到硬件限位,则在回原点的过程中会因为错误而被取消,并紧急停止。逼近方向定义了在执行原点过程中的初始方向,包括正逼近速度和负逼近速度。逼近速度为进入原点区域时的速度;参考速度为到达原点位置时的速度。起始位置偏移量是当原点开关位置和原点实际位置有差别时,再次输入距离原点的偏移量。

在PLC的项目树中再创建一个新的工艺对象,名称为"步进控制"。组态过程与"伺服控制"组态类似,不再赘述。"驱动器"选项的"脉冲发生器"选择"Pulse_2","机械"选项的"电机每转脉冲数"为1 600,"位置限制"选项的"硬件下限位开关输入"为I0.4,"硬件上限位开关输入"为I0.5,"动态"选项中的"最大转速"设为600 r/min,"回原点"选项下设置主动回原点,输入原点开关为I0.3。

2. 伺服驱动器的参数设置

伺服驱动器的参数设置方法有两种,一是通过操作面板设置参数,二是通过V-ASSISTANT调试软件来设置参数。主要设置的参数有P29003=0,控制模式为外部脉冲位置控制模式,P29011=1 000,电机转动一圈电机所需要的给定脉冲数为1 000,P29300=47,将EMGS、CCWL、CWL、SON信号强制置高。具体参数的含义及设置方法请参考伺服驱动器的使用说明书。

3. 确定PLC变量表

"轴"工艺组态完成后,系统默认生成的变量如图9-66所示。

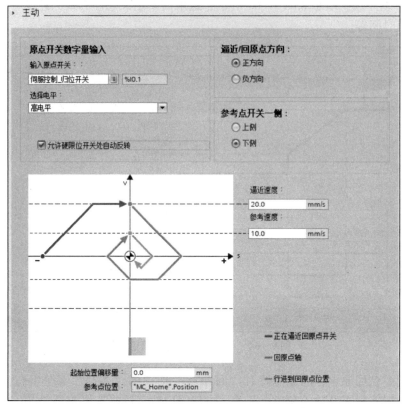

图 9-65　“回原点”主动选项组态

默认变量表

		名称	数据类型	地址	保持	可从...
1		伺服控制_脉冲	Bool	%Q0.0	☐	☑
2		伺服控制_方向	Bool	%Q0.1	☐	☑
3		伺服控制_LowHwLimitSwitch	Bool	%I0.0	☐	☑
4		伺服控制_HighHwLimitSwitch	Bool	%I0.2	☐	☑
5		伺服控制_归位开关	Bool	%I0.1	☐	☑
6		步进控制_脉冲	Bool	%Q0.2	☐	☑
7		步进控制_方向	Bool	%Q0.3	☐	☑
8		步进控制_LowHwLimitSwitch	Bool	%I0.5	☐	☑
9		步进控制_HighHwLimitSwitch	Bool	%I0.4	☐	☑
10		步进控制_归位开关	Bool	%I0.3	☐	☑

图 9-66　PLC 的默认变量表

根据系统的控制要求，除轴相关变量外，还需要定义触摸屏上的按钮、指示灯、*X* 轴与 *Y* 轴坐标等变量、各种检测开关、*Z* 轴气爪相关的输入/输出变量以及一些中间变量。PLC 的变量如图 9-67 所示。

4. PLC 程序设计

根据系统的控制要求和定义的变量，PLC 的程序分为主程序（Main）、急停函数块（Stop）、*X* 轴复位与点动函数块（x_go_home_jog）、*Y* 轴复位与点动函数块（y_go_home_jog）、变量复位函数块（all_go_home）、仓位选择函数块（storage_detection）、仓位 1 运行函数块（go_post1）、仓位 2 运行函数块（go_post2）、仓位 3 运行函数块（go_post3）。下面对该任务的主程序及部分函数块做简要的介绍。

模块9 PLC在运动控制系统中的应用

		名称	数据类型	地址
		变量表_1		
		名称	数据类型	地址
1		急停按钮	Bool	%M300.1
2		系统启动	Bool	%M110.0
3		系统复位	Bool	%M300.0
4		X轴点动左行	Bool	%M41.5
5		X轴点动右行	Bool	%M41.6
6		Y轴点动上行	Bool	%M42.0
7		Y轴点动下行	Bool	%M41.7
8		手动开关	Bool	%M120.0
9		仓位1	Bool	%I0.6
10		仓位2	Bool	%I0.7
11		仓位3	Bool	%I1.0
12		到料检测开关	Bool	%I2.0
13		Z轴缩回信号开关	Bool	%I2.1
14		Z轴气爪夹紧开关	Bool	%I2.2
15		Z轴伸出信号开关	Bool	%I2.3

		名称	数据类型	地址
16		皮带物料检测	Bool	%I2.5
17		皮带运输	Bool	%Q0.6
18		Z轴缩回	Bool	%Q0.7
19		Z轴伸出	Bool	%Q1.0
20		Z轴气爪夹紧	Bool	%Q1.1
21		X轴触发标志位1	Bool	%M40.1
22		X轴触发标志位2	Bool	%M40.4
23		Y轴触发标志位1	Bool	%M40.2
24		Y轴触发标志位2	Bool	%M40.3
25		设备初始状态	Bool	%M300.2
26		满仓标记位	Bool	%M120.3
27		手动信号指示灯	Bool	%M120.4
28		周期结束标志	Bool	%M220.0
29		皮带停止触发标志位	Bool	%M41.1
30		X轴坐标	Real	%MD500
31		Y轴坐标	Real	%MD504

图9-67 PLC的变量表

为了系统在自动运行期间，气爪能准确抓取物料，必须先手动运行 X 轴、Y 轴，记录到料抓取位置，1 号仓位、2 号仓位、3 号仓位的位置。每台实训设备的具体位置不一样，以实际记录的位置为准。本任务记录到的物料抓取位置为 (-61.786, +71.9)，1 号仓位 (-65.786, 34.9)，2 号仓位 (13.786, 34.9)，3 号仓位 (93.657, 34.9)。由于三个仓位在同一个高度，因此 Y 轴的坐标相同。

图9-68 所示为该任务的主程序。

(1) 程序段 1：首次扫描或按下系统复位按钮，主程序调用 all_go_home 函数块。按下急停按钮，主程序调用 Stop 函数块，这两个函数块均不包括 X 轴、Y 轴的复位。

(2) 程序段 2：调用 x_go_home_jog 函数块，Z 轴缩回状态时调用 y_go_home_jog 函数块，这两个函数为 X 轴、Y 轴的点动及复位函数块。

(3) 程序段 3：当触摸屏上按下手动开关时，系统切换到手动模式，手动信号指示灯接通。当 X 轴、Y 轴都在原点位置时，设备初始状态标记位接通，若仓位1、仓位2、仓位3 都检测到有物料，满仓标记位接通。

(4) 程序段 4：在自动模式下，非满仓时，按下系统启动按钮且设备处于初始状态或周期标记位接通时，主程序步 step [0] 置位，主程序 step [0] ~ step [4] 来自全局数据块 DB6 里生成的数组元素，这里当然也可以采用位存储器 M 来实现。

(5) 程序段 5：主程序步 step [0] 接通，皮带检测到有物料且到料处没有物料时，主程序步 step [1] 置位，Z 轴气爪为缩回状态。

(6) 程序段 6：程序步 step [1] 接通，复位主程序步 step [0]，1 s 后皮带运输开启，到料检测开关检测到物料到达后延时 0.5 s，主程序步 step [2] 置位。

(7) 程序段 7：程序步 step [2] 接通，复位主程序步 step [1]，皮带停止运输，延时 0.5 s 后皮带停止触发标志位接通，伺服驱动 X 轴、步进驱动 Y 轴以一定的速度移动到绝对坐标位置 (-61.786, +71.9)，移位到位后，主程序步 step [3] 置位。

(8) 程序段 8：程序步 step [3] 接通，复位主程序步 step [2]，Z 轴气爪夹紧，夹紧到位后延时 0.5 s，主程序步 step [4] 置位。

(9) 程序段9：程序步 step［4］接通，调用 storage_detection 函数块，进行仓位选择，复位主程序步 step［3］。

(10) 程序段10~12：若选择仓位1，则选定仓位数据 step［1］接通，调用 go_post1 函数，气爪把物料送到仓位1；若选择仓位2，则选定仓位数据 step［2］接通，调用 go_post2 函数，气爪把物料送到仓位2；若选择仓位3，则选定仓位数据 step［3］接通，调用 go_post1 函数，气爪把物料送到仓位1；以上程序段均需复位主程序步 step［4］。

(11) 程序段13：把伺服控制的 X 轴坐标、步进控制的 Y 轴坐标数据实时显示在触摸屏上。

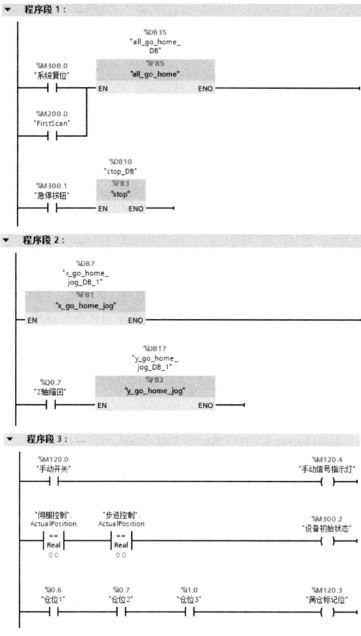

图 9-68 物料送仓控制系统的主程序

程序段 4：

```
  %M110.0      %M300.2      %M120.0      %M120.3                    %DB6.DBX0.0
  "系统启动"  "设备初始状态" "手动开关"  "满仓标记位"                  "主程序步".
   ──┤ ├────┬────┤ ├─────────┤/├─────────┤/├──────────────────────── step[0]
      │                                                                ─(S)─
  %M220.0    │
 "周期结束标志"│
   ──┤ ├────┘
```

程序段 5：

```
 %DB6.DBX0.0                                                         %DB6.DBX0.1
  "主程序步".    %I2.5        %I2.0                                   "主程序步".
    step[0]   "皮带物料检测" "到料检测开关"                            step[1]
   ──┤ ├────────┤ ├──────────┤/├───────────────────┬─────────────────  ─(S)─
                                                   │
                                                   │                  %Q1.0
                                                   │                 "Z轴伸出"
                                                   ├─────────────────  ─(R)─
                                                   │
                                                   │                  %Q0.7
                                                   │                 "Z轴缩回"
                                                   ├─────────────────  ─(S)─
                                                   │
                                                   │                 %M220.0
                                                   │              "周期结束标志"
                                                   └─────────────────  ─(R)─
```

程序段 6：

```
 %DB6.DBX0.1                                                         %DB6.DBX0.0
  "主程序步".                                                         "主程序步".
    step[1]                                                            step[0]
   ──┤ ├──────┬──────────────────────────────────────────────────────  ─(R)─
              │
              │                          %DB18
              │                      "IEC_Timer_0_
              │                          DB_11"
              │                          ┌─────┐
              │                          │ TON │
              │                          │Time │                       %Q0.6
              │                          │     │                      "皮带运输"
              ├──────────────────────────┤IN  Q├──────────────────────  ─(S)─
              │                   T#1S ──┤PT  ET├── ...
              │                          └─────┘
              │                                           %DB37
              │                                       "IEC_Timer_0_
              │                                           DB_12"
              │                                           ┌─────┐
              │     %Q0.6       %I2.0                     │ TON │
              │   "皮带运输"  "到料检测开关"               │Time │     %DB6.DBX0.2
              │                                           │     │     "主程序步".
              └─────┤ ├──────────┤ ├─────────────────────┤IN  Q├──────  step[2]
                                                  T#0.5S─┤PT  ET├── ...  ─(S)─
                                                           └─────┘
```

图 9-68 物料送仓控制系统的主程序（续）

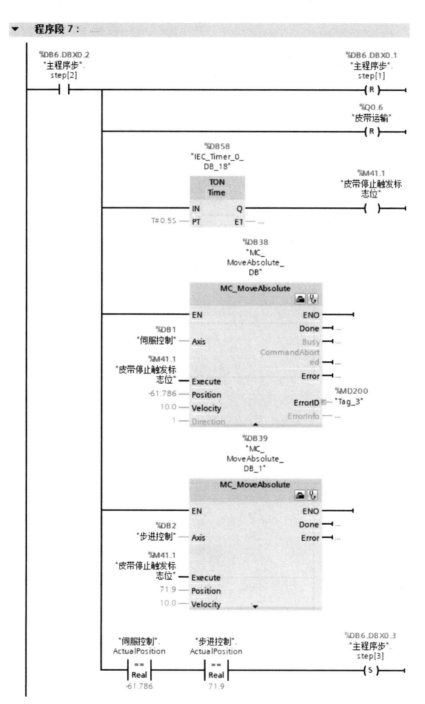

图 9-68 物料送仓控制系统的主程序（续）

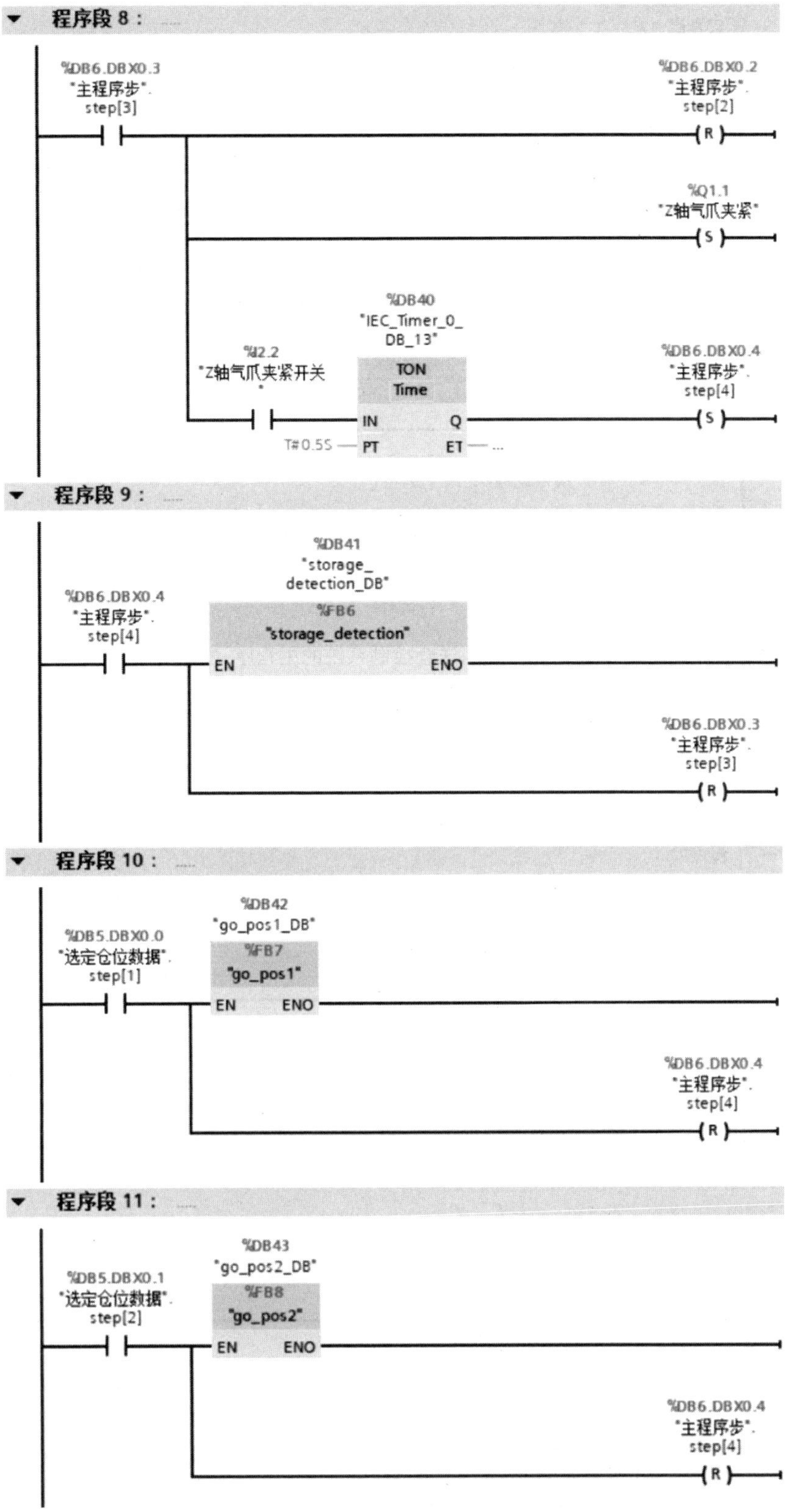

图 9-68　物料送仓控制系统的主程序（续）

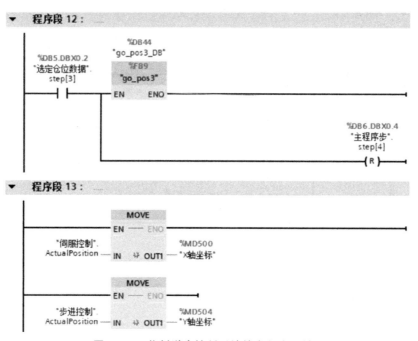

图 9-68 物料送仓控制系统的主程序（续）

图 9-69 所示为该任务的 x_go_home_jog 函数块。这个函数块程序里包括了 X 轴的复位、停止及手动模式下的 X 轴点动左行与点动右行，y_go_home_jog 函数块与此程序类似，不再赘述。

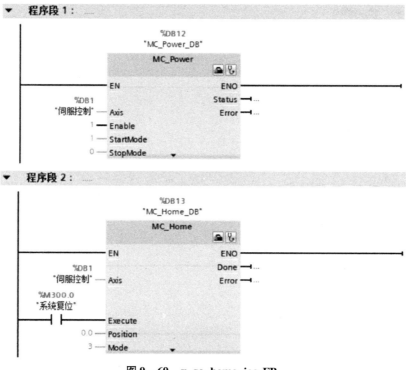

图 9-69 x_go_home_jog FB

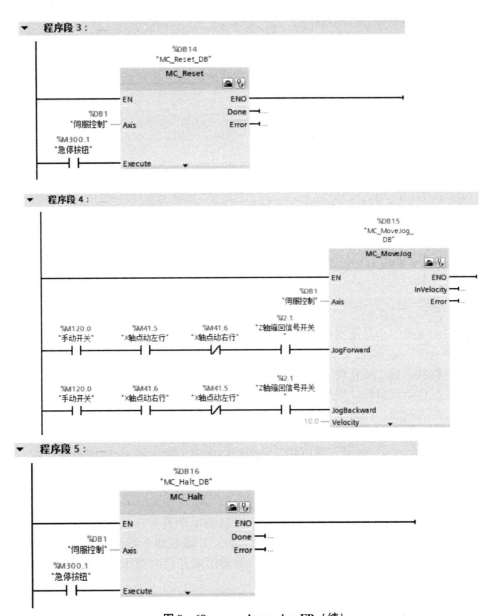

图 9-69 x_go_home_jog FB（续）

图 9-70 所示为该任务的 storage_detection 函数块，若仓位 1 没有物料，则选定仓位数据 step [1] 置 1，气爪把物料送到仓位 1；若仓位 1 有物料而仓位 2 没有物料，则选定仓位数据 step [2] 置 1，气爪把物料送到仓位 2；若仓位 1、2 有物料而仓位 3 没有物料，则选定仓位数据 step [3] 置 1，气爪把物料送到仓位 3。若 3 个仓位都有物料，则主程序中的满仓标记接通，不执行主程序步，直到有空仓位才执行物料抓取工作。

该任务中的其他函数块不再详细展示。X 轴、Y 轴的复位在函数块 x_go_home_jog 和 y_go_home_jog 中。all_go_home 函数块仅是数据块、标志位的复位，皮带的复位，以及 Z 轴气爪的放松及缩回（Q0.7 置 1）。Stop 函数块仅是各数据块、标志位复位，以及皮带、Z 轴气爪等输出变量 Q 的复位。

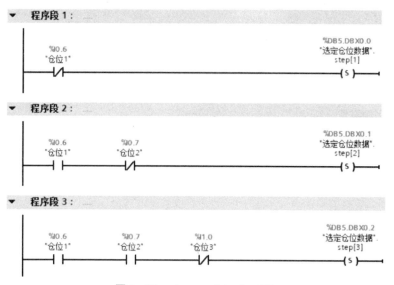

图 9－70　storage_detection FB

该主程序的主要工作是把皮带送到的物料用气爪抓取，go_post1 函数块是把气爪抓取的物料送到 1 号仓位，go_post2 函数块是把气爪抓取的物料送到 2 号仓位，go_post3 函数块是把气爪抓取的物料送到 3 号仓位。具体的送仓路径，本任务没有明确要求，可自行设计。比如可以先让气爪移动到目标位置的正上方 1 cm 左右，再伸出气爪，然后再向下移动 1 cm 到目标位置，气爪放松后，延时 1 s，气爪缩回。缩回到位后使 X 轴移动，让气爪移动到皮带到料位的正上方，延时 0.5 s 后，置位周期结束标志位。若此时系统仍为自动模式且非满仓状态，主程序步 step［0］置位，开启新一轮的物料抓取工作。go_post1 函数块、go_post2 函数块、go_post3 函数块的具体程序设计方法可参考主程序中物料抓取部分的顺序控制法。

5. 触摸屏界面设计

根据任务要求，在 HMI 触摸屏里添加 7 个按钮和 1 个开关：急停、系统启动、系统复位、X 轴点动左行、X 轴点动右行、Y 轴点动上行、Y 轴点动下行、手动开关；2 个"I/O 域"，分别显示 X 轴、Y 轴坐标；1 个指示灯，手动模式开启时指示灯亮。触摸屏的界面如图 9－71 所示。

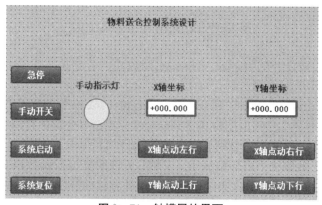

图 9－71　触摸屏的界面

6. 下载与调试

根据任务的控制要求，完成 PLC 的外部接线。将编辑好的用户程序及设备组态下载到 CPU 中。下载成功并与 PLC 建立好在线连接后，打开需要监视的程序，单击程序编辑器工具栏上的“启用/禁用监视”按钮，启动程序状态监视。

打开项目树中 PLC 的“监控与强制表”文件夹，双击其中的“添加新监控表”，生成一个名为“监控表_1”的新监控表。按下触摸屏的系统复位按钮，系统复位。系统默认处于自动模式。按下触摸屏上的手动开关，M120.0 置 1，系统切换到手动模式，手动信号指示灯亮，如图 9－72 所示。这时按 *X* 轴或 *Y* 轴的点动按钮，系统可进行左右、上下运动。系统可利用手动模式来移动 *X* 轴、*Y* 轴并记录所需要的坐标值。

在自动模式时，系统处于初始状态且皮带检测有物料时，按下触摸屏上的系统启动按钮，观察系统是否能按要求正确抓取物料并放到指定的仓位，若系统运行及监视结果与控制要求一致，则说明调试成功，完成任务要求。

运动控制系统实训项目 ▸ PLC_1 [CPU 1215C DC/DC/DC] ▸ 监控与强制表 ▸ 监控表_1

	i	名称	地址	显示格式	监视值	修改值	
1		"手动开关"	%M120.0	布尔型	TRUE		
2		"系统启动"	%M110.0	布尔型	FALSE		
3		"系统复位"	%M300.0	布尔型	FALSE		
4		"急停按钮"	%M300.1	布尔型	FALSE		
5		"X轴点动左行"	%M41.5	布尔型	FALSE		
6		"X轴点动右行"	%M41.6	布尔型	FALSE		
7		"Y轴点动上行"	%M42.0	布尔型	FALSE		
8		"Y轴点动下行"	%M41.7	布尔型	FALSE		
9		"手动信号指示...	%M120.4	布尔型	TRUE		
10		"X轴坐标"	%MD500	浮点数	0.0		
11		"Y轴坐标"	%MD504	浮点数	0.0		

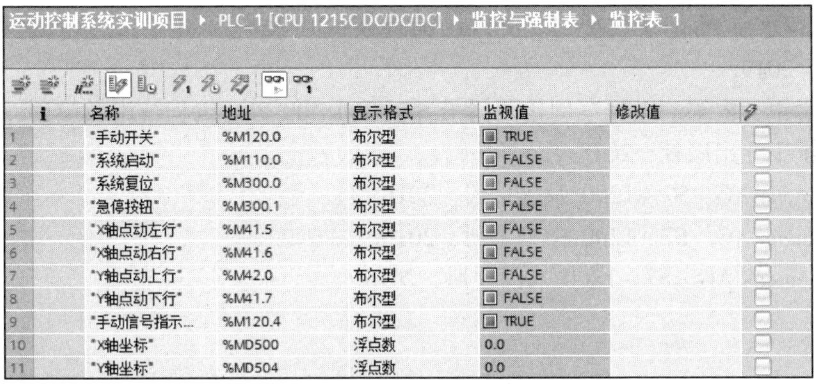

图 9－72　监控表

练习

1. 变频电机的转速控制

一台变频电机由变频器 G120C 进行调速，由 S7－1200 型 PLC 控制变频器。在触摸屏上设置有：低速按钮 SB1、高速按钮 SB2、反向开关 K1、停止按钮 SB3，一个正转指示灯和一个反转指示灯。电机的转速能显示在触摸屏上。按下低速按钮，变频器控制电机以 500 r/min 的速度运行，按下高速按钮，变频器控制电机以 1 000 r/min 的速度运行。按下反向开关，电机能以原有的速度反转运行。按下停止按钮，电机立即停止。

2. 伺服电机的自动往返控制

用 PLC 控制伺服电机的运行，按下启动按钮，伺服电机运行，从参考点（*A* 点）运动 8 cm到达 *B* 点，停止 2 s 后自动返回到参考点（*A* 点），停止 2 s 后重复以上动作，直到按下停止按钮，电机立即停止。电机处于停止状态时，电机若处于非参考点位置，则按下启动按钮先回参考点位置再进行往返运动。

参 考 文 献

[1] 廖常初. S7-1200 PLC 编程及应用 [M] 第3版. 北京：机械工业出版社，2019.
[2] 廖常初. S7-1200 PLC 应用教程 [M]. 北京：机械工业出版社，2019.
[3] 姚晓宁. S7-1200 PLC 技术及应用 [M]. 北京：电子工业出版社，2018.
[4] 刘华波，刘丹. 西门子 S7-1200 PLC 编程与应用 [M]. 北京：电子工业出版社，2018.
[5] 吴繁红. 西门子 S7-1200 PLC 应用技术项目教程 [M]. 北京：电子工业出版社，2017.
[6] 侍寿永. 西门子 S7-1200 PLC 编程及应用教程 [M]. 北京：机械工业出版社，2019.
[7] 陈贵银，祝福. 工程案例化西门子 S7-300/400 PLC 编程技术及应用 [M]. 北京：电子工业出版社，2018.
[8] Siemens AG. S7-1200 系统手册，2016.
[9] Siemens AG. S7-1200 样本手册，2016.
[10] Siemens AG. S7-1200 入门手册，2015.